物联网系统开发技术

李建荣　杨巨成　主编

张传雷　于洋　侯琳　副主编

清华大学出版社

北京

内 容 简 介

本书从物联网的基本概念、关键技术等基础知识入手,通过两个典型案例,讲述了物联网系统从架构、需求、设计到实现的全部开发过程。

本书理论与实践相结合,侧重讲述物联网系统各个阶段的开发技术,是编者多年从事物联网一线教学的经验积累与总结。

本书可作为高等院校本科专业"物联网技术导论""物联网系统开发""物联网系统设计""物联网工程实训项目开发"等课程的教材,也可作为工程技术人员开发物联网相关项目的参考用书。

图书在版编目(CIP)数据

物联网系统开发技术/李建荣,杨巨成主编. -- 北京:清华大学出版社,2025.7.
ISBN 978-7-302-69879-1

Ⅰ. TP393.4;TP18

中国国家版本馆 CIP 数据核字第 202590QF50 号

责任编辑:汪汉友　薛　阳
封面设计:何凤霞
责任校对:王勤勤
责任印制:宋　林

出版发行:清华大学出版社
　　　　网　　　址:https://www.tup.com.cn,https://www.wqxuetang.com
　　　　地　　　址:北京清华大学学研大厦 A 座　　　　　　　　邮　　　编:100084
　　　　社 总 机:010-83470000　　　　　　　　　　　　　　邮　　　购:010-62786544
　　　　投稿与读者服务:010-62776969,c-service@tup.tsinghua.edu.cn
　　　　质量反馈:010-62772015,zhiliang@tup.tsinghua.edu.cn
　　　　课件下载:https://www.tup.com.cn,010-83470236
印 装 者:大厂回族自治县彩虹印刷有限公司
经　　销:全国新华书店
开　　本:185mm×260mm　　　　**印　张:**10.75　　　　**字　数:**263 千字
版　　次:2025 年 8 月第 1 版　　　　　　　　　　　　　　**印　次:**2025 年 8 月第 1 次印刷
定　　价:34.50 元

产品编号:080522-01

前　言

本书从物联网的基本概念、关键技术等基础知识入手,通过两个典型案例,讲述物联网系统从架构、需求、设计到实现的全部开发过程。

本书共 8 章,第 1～第 6 章介绍物联网系统开发的相关技术,第 7、第 8 章介绍两个典型案例。本书具体内容如下。

第 1 章介绍物联网的起源和发展、物联网系统的体系结构、物联网关键技术,以及物联网与其他网络的联系和区别。

第 2 章介绍单片机技术、Arduino、树莓派、Keil 系列、嵌入式系统、传感器技术等当前流行的数据采集技术。

第 3 章介绍 OSI 模型、物联网通信协议(包括 MQTT、受限制的应用协议、超文本传送协议、可扩展消息处理现场协议等)和通信技术(包括 ZigBee、WiFi 技术、蓝牙技术、UWB技术、NB-IoT 技术、LoRa 技术等)。

第 4 章介绍物联网数据库应用技术:MySQL 数据库技术和 NoSQL 数据库技术。

第 5 章介绍物联网云平台概念、云平台功能、云服务器应用搭建、云平台应用技术等。

第 6 章介绍物联网应用协同开发平台的概念、应用协同开发平台的架构、平台设备资源虚拟化、资源池、分布式资源同步等内容。

第 7 章介绍智能家居系统设计案例,从选题背景、技术及编程环境、分模块设计、系统开发与实现、程序调试与系统部署等部分展示智能家居系统的开发。

第 8 章介绍智慧节能管控平台,从项目背景、项目需求、网络建设方案、项目平台系统设计到实现,展示智慧节能管控平台开发的全过程。

本书的主要特点如下。

(1) 理论与实践相结合。

(2) 基于主流的软硬件平台。

(3) 典型的物联网系统作为案例展示。

(4) 大量的案例代码供读者参考学习。

(5) 详细介绍当前比较流行的开发技术。

本书由杨巨成教授带队安排教材的分工、统稿和审阅工作。第 1～第 4 章由李建荣老师编写;第 5、第 6 章由张传雷老师编写;第 7、第 8 章由于洋老师编写。侯琳老师为本书的统稿工作做了很大贡献,天津科技大学物联网工程专业本科生安文瑞、郭晨阳、王亚博、杜佳妮、刘江涛等为本书的代码验证做了大量的工作,在此表示特别的感谢。

本书在编写过程中得到了清华大学出版社的大力支持,在此表示诚挚的感谢!

本书可作为高等院校本科专业"物联网技术导论""物联网系统开发""物联网系统设计"

"物联网工程实训项目开发"等课程的教材,也可作为工程技术人员开发物联网相关项目的参考用书。

由于编者水平有限,书中难免存在疏漏和不足之处,敬请广大读者批评指正。

编　者

2025 年 4 月

学习资源

目　　录

第1章 物联网系统开发技术概述

本章介绍物联网的定义、物联网系统体系结构、物联网系统开发技术、物联网与互联网及泛在网的区别等内容。

1.1 物联网的起源与发展

1999 年，美国麻省理工学院 Auto-ID 中心的 Ashton 教授在研究射频识别（radio frequenly identification，RFID）技术时首次提出了物联网（internet of things）的概念。在 2005 年国际电信联盟（ITU）发布的报告中，物联网的定义和范围发生了变化，其覆盖范围有了较大的拓展，不再只是基于 RFID 技术的物联网。

世界各国关于物联网的定义主要有以下几个。

1999 年，美国麻省理工学院首次提出了"物联网"的概念，即将所有物品通过射频识别、红外感应器、激光扫描器、全球定位系统等信息传感设备与互联网进行连接，实现智能化识别和管理的网络。

2005 年，国际电信联盟指出，物联网是即将到来的物联网通信时代，通过互联网，世界上无论什么物品（例如，纸巾、牙刷等日常用品，地铁、火车等交通工具，以及大型建筑物等）都可以进行交互。传感器、射频识别、纳米、智能嵌入等技术将更加广泛地应用于人类世界的生产和生活。

2008 年，全球首个国际物联网会议——"物联网 2008"在瑞士的苏黎世举行，会议探讨了与物联网相关的新思路、新技术、发展前景及技术推进。

2009 年，美国的 IBM 公司提出了"智慧地球"的概念。同年，美国将新能源和物联网列为振兴经济的两大重点。时任总统奥巴马对 IBM 公司提出的"智慧地球"发展战略做出积极回应，将其提升为国家战略，物联网作为"智慧地球"战略的重要组成部分也因此得到高度关注。2009 年 8 月，时任总理温家宝提出了"感知中国"，随后物联网被正式列为我国五大新兴战略性产业之一并写入政府工作报告，物联网受到了全社会极大的关注。

2011 年，我国发布的《物联网白皮书》将物联网定义为"通信网和互联网的拓展应用和网络延伸，它利用感知技术与智能装备对物理世界进行感知识别，通过网络传输互联，进行计算、处理和知识挖掘，实现人与物、物与物的信息交互和无缝链接，达到对物理世界实时控制、精确管理和科学决策的目的"。

1.2 物联网系统的体系结构

物联网系统是在互联网和移动通信网等网络通信基础上，针对不同领域的需求，利用具有感知、通信和计算的智能物体自动获取现实世界的信息，将这些对象互连，实现全面感知、可靠传输、智能处理，构建人与物、物与物互连的智能信息服务系统。

物联网系统的体系结构由感知层、网络层和应用层 3 部分组成,根据实际应用可能会适当添加层次来满足需求。物联网系统的体系结构如图 1-1 所示。

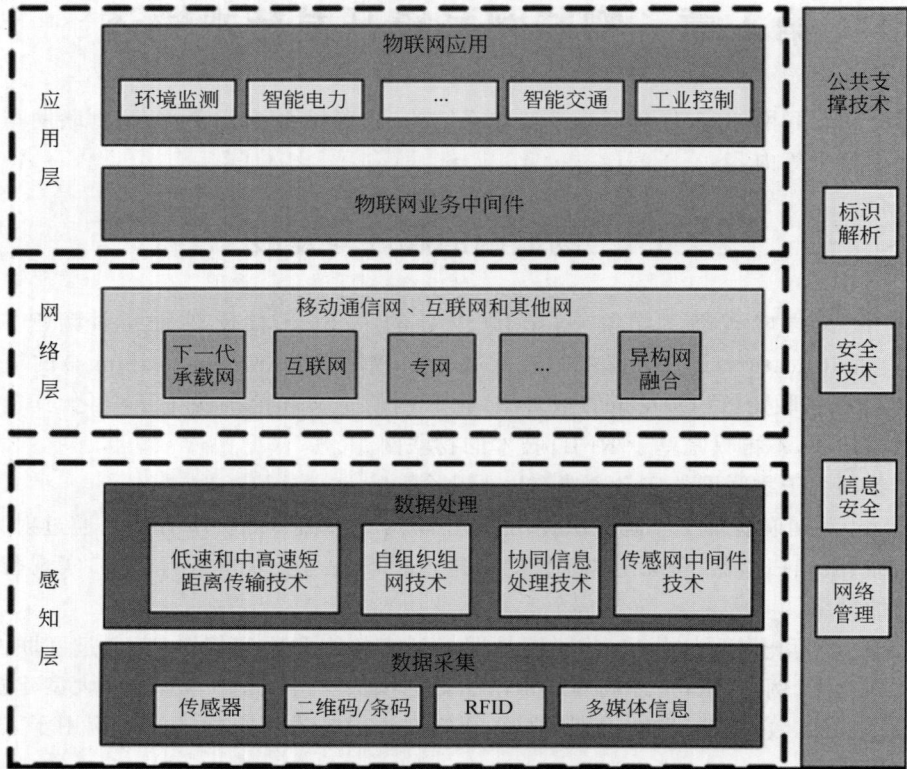

图 1-1　物联网系统的体系结构

1. 感知层

感知层是物联网的基础,主要负责信息采集,其作用是提取人类世界和物理世界中所需"物"的信息,包括各类型的数据和信息,如温度、光强、流量等。感知层位于物联网体系架构的最底层,是物联网发展和应用的基础,具有物联网全面感知的核心能力,是物联网中关键技术、标准化、产业化等方面亟待突破的部分,感知层的关键在于具备更精确、更全面的感知能力,并解决低功耗、小型化和低成本的问题。

2. 网络层

网络层是利用无线和有线网络对采集的数据进行编码、认证和传输。广泛覆盖的移动通信网络是实现物联网的基础设施,是物联网三层中标准化程度高、产业化能力强、技术最成熟的部分。网络层的关键在于为物联网应用特征进行优化和改进,形成协同感知的网络。随着物联网行业的不断发展,建立端到端的全局网络逐渐成为物联网发展的关键。

3. 应用层

应用层是物联网发展的目的所在。应用层解决的是信息处理和人机界面的问题。物联网的应用主要分为监控型(交通监控、流量监控)、查询型(金额余额、智能搜索)、控制型(智能家居、智能医疗)、扫描型(公交卡扫描、ETC 收费)等。随着各种软件开发技术、网络技术等的发展,应用层将为用户和社会提供越来越多的应用。应用层的关键在于行业融合、信息资源的开发利用、低成本高质量的解决方案、信息安全的保障及有效商业模式的开发。

1.3　物联网关键技术

物联网不是某项具体的技术,而是很多推动万物相连趋势的传感器网络技术、定位技术、低功耗通信技术、自组织网络技术、RFID 技术、嵌入式系统技术等具体技术的集合和综合应用。

物联网的出现是信息技术对"物物相连"趋势的回应,体现信息技术走向了更广泛的互联互通、更透彻的感知、更深入的智能,是人类社会信息化不断深入的必然结果。在这个大环境下,物联网技术不是孤立的,它与大数据、云计算等许多新技术存在密切的联系。

1. 物联网感知层技术

(1) 传感器和 RFID 技术。感知技术使用传感器和多跳自组织传感器网络感知和收集网络覆盖区域中的感知对象的物理信息。

(2) 识别与环境感知技术。物体识别技术以 RFID 技术(还有条码、二维码等标识技术)为代表;位置识别技术以全球定位系统(global positioning system,GPS)技术为基础,典型代表是实时定位系统(real time location system,RTLS);地理识别技术以地理信息系统(geographic information system,GIS)为代表,以空间数据库为基础。

2. 物联网网络层技术

(1) 物联网结点及网关技术。通信网、下一代互联网、传感器网络是物联网的重要组成部分。这些网络通过物联网的结点和网关等核心设备协同工作,承载各种物联网服务的网络互联。互联网网关是连接感知层和网络层的关键设备,也是不同网络进行融合的主要设备。

(2) 物联网通信与频管技术。无线通信网络是物联网信息传输和服务支撑的重要基础设施之一,物联网的无线通信技术覆盖传统的接入网、核心网和业务网等多个层次的内容;同时,物联网需要综合各种有线及无线网络。

(3) 物联网介入与组网技术。物联网连接的感知信息系统具有很强的异构性,即不同的系统可以采用不同的信息定义结构、操作系统和信息传输机制。为了实现异构信息网络之间互连、互通与互操作,物联网需要以一个开放的、分层的、可扩展的网络体系结构为框架,实现异种异构网络与骨干网络的无缝连接。

3. 物联网应用层技术

(1) 物联网软件与算法。研究主要包括 3 方面:面对物联网海量信息处理的软件系统共性关键技术研究;面对物联网海量信息处理的软件系统关键支撑技术研发;面对物联网海量信息处理的核心算法与优化技术研发。

(2) 物联网的交互与控制。物联网是信息网,可以完成与物理世界的实时交互,并按照用户需求进行实时控制服务(如工业控制、智能家居等应用)。海量的感知信息通过复杂的传输通路,最终实现在物联网云计算平台上的存储、处理和融合。

(3) 物联网的计算与服务。海量感知信息的计算与处理是物联网的核心。通过云计算技术可实现互联网存储资源和计算能力的分布式共享,涵盖了海量数据存储和共享、海量信息智能处理等方面。研究面向服务的支持节能的安全的智能化存储体系、支持云存储的存储服务的架构、动态数据对象管理和资源共享、存储服务质量（quality of service，QoS）等，都有利于物联网核心计算环境的发展。

1.4 物联网与其他网络的联系和区别

物联网的发展是大势所趋，除物联网外，还有传感器网络、互联网和泛在网，物联网与它们既有联系，又有区别。

1. 物联网与传感器网络的区别和联系

顾名思义，物联网强调的是物与物之间的连接，接近物的本质属性，而传感器强调的是技术和设备，是对技术和设备的客观表述。从总体上说，物联网与传感器网络具有相同的构成要素，它们实质上指的是同一种事物。物联网是从物的层面上对这种事物进行表述，传感器网络是从技术和设备的角度对这种事物进行表述。物联网的设备是所有物体，突出的是一种信息技术，建立的目的是为人们提供高层次的应用服务。传感器网络的设备是传感器，突出的是传感器技术和传感器设备，建立的目的是更多地获取海量的信息。

从细节上说，构成传感器网络需要两种模块：传感模块和组网模块。传感器网络更加注重对物体信号的感知，如感知物体的状态、外界环境信息等。物联网更注重对物体的标识和指示，如果要标识和指示物体，就要同时用到传感器、一维码、二维码及射频识别装置。从这个层面看，传感器网络是物联网的一部分，它们之间是局部与整体的关系，即物联网包含传感器网络。

2. 物联网与互联网的区别和联系

实际上，互联网是物联网的基础，而物联网是升级换代后的互联网。换而言之，物联网是互联网的高级形态。互联网连接的主体是人，物联网连接的主体是物，但物联网不是单纯对物的连接，是先连接人，之后才连接物。互联网以人工为主进行信息的采集与处理，物联网以"云脑"等人工智能为主进行信息的采集和处理。

互联网与物联网的关系就像父与子的关系，物联网是互联网的新生代，是互联网的创新成果。两者的区别主要体现在以下3方面。

（1）覆盖范围不同。物联网的覆盖范围比互联网大得多。从作用上看，互联网的主要服务对象是人，使人通过互联网相互交换信息，为日常的生产生活带来便利。物联网的诞生，主要是为了帮助人类管理物。如果将地球比作人类的家，那么物联网就是帮助人类管理大小物品的管家。在没有人参与管理的情况下，物联网可以让物与物之间自动交换信息，并对物品进行实时的监控和管理。互联网与物联网的区别在于，互联网是直接服务于人类，而物联网是间接服务于人类。与互联网相比，物联网的实现相对困难，这是因为互联网的服务过程由人类直接参与，而人具有自身的主观能动性，可以对互联网中出现的问题及时发现并解决，而物联网脱离了人的直接参与，物体出现的问题也全部由人工智能进行分析、管理和纠正。由于人工智能远远没有人脑灵活，所以一些特殊性问题很难得到及时解决。

（2）复杂性不同。物联网比互联网更复杂，在未来，物联网的应用将远超互联网，无论经济带动作用还是社会影响力，物联网产业的发展都比互联网的作用更强大。互联网解决了人类的沟通问题，实现了人与人之间的信息互通和共享，物联网不仅沟通了人与人，还沟通了人与物、物与物，利用物联网技术，人类可以实现对物的智能管理和智能决策控制。

（3）终端设备不同。互联网的终端包括台式计算机、笔记本计算机、智能手机、平板计算机等。利用这些互联网终端设备，可以看新闻、看电影、收发邮件、买卖股票、买卖基金、订外卖、订机票等。这些终端与互联网的连接方式可以是有线连接，也可以是无线连接。而物联网的终端是无数的传感器，这些传感器连接成网，并通过汇聚结点与互联网进行连接。其主要连接方式是无线连接，这需要两个过程，一是利用读写器连接 RFID 芯片和控制主机，二是通过控制结点连接控制主机和互联网。由此可以看出，物联网与互联网的接入方式和应用系统都是不同的。无线传感器网络和 RFID 应用系统是物联网接入互联网的两种主要方式，物联网获取数据的方式通常有两种，一种是由传感器自动感应，另一种是由 RFID 读写器自动读出。

（4）涉及的技术不同。与互联网相比，实现物联网需要涉及更多的技术，包括互联网、计算机、无线网络、信息通信、智能芯片等。也就是说，互联网技术只是物联网所涉及技术的一方面。另外，物联网与互联网的区别还在于，一个用于现实世界，一个用于虚拟世界。

3. 物联网与泛在网的区别与联系

互联网与物联网相结合，便称为泛在网。利用射频识别、无限通信、智能芯片、传感器、信息融合等物联网相关技术，以及软件、人工智能、大数据、云计算等互联网相关技术，可以实现人与人、人与物及物与物的沟通，使沟通的形态呈现多渠道、全方位、多角度的整体态势。这种形式的沟通不受时间、地点、自然环境、人为因素的干扰，可以随时随地进行。泛在网的范围比物联网大，除了人与人、人与物、物与物的沟通外，还涵盖了人与人的关系、人与物的关系、物与物的关系。可以说，泛在网包含了物联网、互联网、传感器网络的所有内容，以及人工智能和智能系统的部分范畴，是一个整合了多种网络的更加综合和全面的网络系统。

泛在网最大的特点是实现了信息的无缝连接。无论是人们日常生活中的交流、管理、服务，生产中的传送、交换、消费，还是自然界的灾害预防、环境保护、资源勘探，都需要通过泛在网，才能实现一个统一的网络。这种对事物的全面而广泛的包容，是物联网无法企及的。

物联网与泛在网的联系在于，它们都具有网络化、物联化、互联化、自动化、感知化及智能化的特征。

第 2 章　物联网数据采集技术

物联网系统的体系结构分为 3 层,自下而上依次是感知层、网络层、应用层。感知层是物联网的核心,是信息采集的关键部分,其功能为"感知",即通过传感器网络获取环境信息。本章介绍物联网数据采集技术,包括无线单片机技术、传感器技术。

2.1　单片机技术

2.1.1　单片机概述

单片机(single chip microcontroller)是一种集成电路芯片,是采用超大规模集成电路技术把具有数据处理能力的中央处理器、随机存储器、只读存储器、多种 I/O 口和中断系统、定时器/计数器等功能(可能还包括显示驱动电路、脉宽调制电路、模拟多路转换器、模数转换器等电路)集成到一块芯片上构成的一个小而完善的微型计算机系统,在工业控制领域应用广泛。

单片机又称单片微控制器,它不是为完成某一个逻辑功能而设计的芯片,它是把一个计算机系统集成到一个芯片上,相当于一个微型的计算机。和计算机相比,单片机只缺少了 I/O 设备。概括地讲,一块芯片就是一台计算机。其体积小、质量轻、价格低,为学习、应用和开发提供了便利条件。

为了适应无线通信和无线网络结点微型化、低功耗、低成本的要求,单片系统(system on chip,SoC)应运而生。SoC 将微控制器、存储器、模数转换器、需要的接口电路和无线数据通信收发芯片全部集成到一个非常小的芯片上。一个单独的芯片就可以构成一个独立工作的无线通信和无线网络结点的单片系统(又称无线单片机)的出现,为开发无线通信和无线网络提供了新的选择,同时也使无线通信和无线网络的设计工作更加简化。

1. 单片机的主要特点

(1) 系统结构简单、使用方便、实现了模块化。主流单片机包括 CPU、4KB 的 RAM、128KB 的 ROM、两个 16 位定时器/计数器、4 个 8 位并行接口、全双工串行接口、ADC/DAC、SPI、IIC、ISP、IAP 等。

(2) 单片机可靠性高,可工作 $10^6 \sim 10^7$ h 无故障。

(3) 处理功能强、速度快。

(4) 低电压、低功耗,便于生产便携式产品。

(5) 控制功能强。

(6) 环境适应能力强。

2. 单片机的分类

单片机作为计算机发展的一个重要分支,可根据发展情况从不同角度进行分类。

(1) 按照适用范围的不同,单片机可分为通用型和专用型。通用型单片机不是为某种专门用途设计的,如 80C51;专用型单片机是针对一类产品甚至某一个产品设计的,例如,为了满足电子体温计的要求,在片内集成 ADC 接口等功能的温度测量控制电路。

(2)按照是否提供并行总线,单片机可分为总线型和非总线型。总线型单片机普遍设置有并行地址总线、数据总线和控制总线,这些引脚用以扩展并行外围器件。非总线型单片机则没有并行扩展总线,所有外国器件都可通过串行口与单片机连接,或者集成在芯片内部。

(3)按照工作场所的不同,单片机可分为工控型和家电型。一般情况下,工控型寻址范围大,运算能力强;用于家电的单片机多为专用型,通常具有封装小、价格低,外围器件和外设接口集成度高的特点。

上述分类并不是唯一的和严格的。例如,80C51 类单片机既是通用型又是总线型,还可以用于工业控制。

3. 单片机的主要应用

(1)智能仪器。单片机具有体积小、功耗低、控制功能强、扩展灵活、微型化和使用方便等优点,广泛应用于仪器仪表中,结合不同类型的传感器,可实现对电压、电流、功率、频率、湿度、温度、流量、速度、厚度、角度、长度、硬度、元素、压力等物理量的测量。采用单片机控制,可使仪器仪表数字化、智能化、微型化,功能比单纯使用机械或电子电路更加强大,如电压表、功率计、示波器及各种分析仪等精密的测量设备。

(2)工业控制。单片机可以构成形式多样的控制系统,如数据采集系统、通信系统、信号检测系统、无线感知系统、测控系统、机器人等。如工厂流水线的智能化管理系统、电梯智能化控制系统、各种报警系统,以及与计算机联网构成的二级控制系统等。

(3)家用电器。目前,从电饭煲、洗衣机、电冰箱、空调机、彩电、音响视频器材到电子秤和白色家电都广泛采用了单片机进行控制。

(4)网络和通信。现代的单片机普遍具备通信接口,可以很方便地与计算机进行数据通信,为计算机网络和通信设备之间的通信提供了极好的支持。通信设备基本上都实现了单片机智能控制,如手机、电话机、小型程控交换机、楼宇自动通信呼叫系统、列车无线通信等。

(5)设备领域。单片机在医用呼吸机、各种分析仪、监护仪、超声诊断设备及病床呼叫器等医用设备中广泛应用。

(6)模块化系统。某些专用单片机的设计用于实现特定功能,在各种电路中进行模块化应用,不要求使用人员了解其内部结构。例如,封装在电子芯片中的音乐集成单片机看似功能单一,其原理的复杂度不亚于一台计算机,音乐信号以数字的形式存于存储器(类似于ROM)中,由微控制器读出,转换为模拟音乐电信号(类似于声卡)。在大型电路中,这种模块化应用极大地缩小了体积,简化了电路,降低了损坏率和错误率,便于更换和维修。

(7)汽车电子设备。单片机在汽车行业的应用非常广泛,如汽车中的发动机控制器、基于 CAN 总线的汽车发动机智能电子控制器、GPS 导航系统、ABS 防抱死系统、制动系统、胎压检测等。

此外,单片机在工商、金融、科研、教育、电力、通信、物流和国防航空航天等领域都有广泛用途。

2.1.2　单片机的结构

运算器用于实现算术和逻辑运算,计算机的运算和处理都在这里进行。控制器是计算机的控制指挥部件,使计算机各部分能自动协调地工作。存储器(又分为内存储器和外存储器,内存储器如计算机的硬盘,外存储器如闪盘)用于存放程序和数据。输入设备用于将程序和数据输入计算机(如计算机的键盘、扫描仪)。输出设备用于把计算机数据计算或加工的结果以用户需要的形式显示或保存(如打印机)。

1. 运算器

运算器由算术逻辑单元(arithmetic and logic unit,ALU)、累加器和数据寄存器等组成。ALU 的作用是对传来的数据进行算术或逻辑运算,输入来源为两个 8 位数据,分别来自累加器和数据寄存器。ALU 能完成对这两个数据进行加、减、与、或、比较大小等操作,最后将结果存入累加器。例如,将两个数 6 和 7 相加,在相加之前,操作数 6 放在累加器中,操作数 7 放在数据寄存器中,当执行加法指令时,ALU 即把两个数相加并把结果 13 存入累加器,取代累加器原来的内容 6。

运算器有两个功能。

(1) 执行各种算术运算。

(2) 执行各种逻辑运算,并进行逻辑测试,如零值测试或两个值的比较。

运算器所执行的全部操作都是由控制器发出的控制信号来指挥的,并且一个算术操作产生一个运算结果,一个逻辑操作产生一个判决。

2. 控制器

控制器由程序计数器、指令寄存器、指令译码器、时序发生器和操作控制器等组成,是发布命令的"决策机构",协调和指挥整个计算机系统的操作。其主要功能如下。

(1) 从内存中取出一条指令,并指出下一条指令在内存中的位置。

(2) 对指令进行译码和测试,并产生相应的操作控制信号,以便于执行规定的动作。

(3) 指挥并控制 CPU、内存和输入输出设备之间数据流动的方向。

在控制器中,通过内部总线把 ALU、计数器、寄存器和控制部分互连,并通过外部总线与外部的存储器、输入输出接口电路连接。外部总线又称系统总线,分为数据总线(data bus,DB)、地址总线(address bus,AB)和控制总线(control bus,CB)。通过输入输出接口电路,实现与各种外围设备的连接。

3. 主要寄存器

(1) 累加器(accumulator,A)。累加器是控制器中使用最频繁的寄存器。在算术和逻辑运算时,它有两个功能:运算前,用于保存一个操作数;运算后,用于保存所得的运算结果。

(2) 数据寄存器(data register,DR)。数据寄存器通过数据总线向存储器和输入输出设备送(写)或取(读)数据的暂存单元。它可以保存一条正在译码的指令,也可以保存正在送往存储器中存储的数据等。

(3) 指令寄存器(instruction register,IR)和指令译码器(instruction decoder,ID)。指令包括操作码和操作数。指令寄存器用来保存当前正在执行的一条指令。当执行一条指令时,先把指令从内存中取到数据寄存器中,然后传送到指令寄存器。当系统执行给定的指令时,必须对操作码进行译码,以确定所要求的操作,指令译码器就是负责这项工作的。其中,指令寄存器中操作码字段的输出就是指令译码器的输入。

(4) 程序计数器(program counter,PC)。PC 用于确定下一条指令的地址,以保证程序能够连续地执行下去,因此又称指令地址计数器。在程序开始执行前必须将程序的第一条指令的内存单元地址(即程序的首地址)送入 PC,使它总是指向下一条要执行指令的地址。

(5)地址寄存器(address register,AR)。地址寄存器用于保存当前 CPU 所要访问的内存单元或 I/O 设备的地址。由于内存与 CPU 之间存在着速度上的差异,所以必须使用地址寄存器来保存地址信息,直到内存读写操作完成为止。

显然,当 CPU 向存储器存储数据、CPU 从内存读取数据,以及 CPU 从内存读取指令时,都要用到地址寄存器和数据寄存器。同样,如果把外围设备的地址作为内存地址单元来看,那么当 CPU 和外围设备交换信息时,也需要用到地址寄存器和数据寄存器。

2.1.3 单片机的介绍

1. STM32

STM32 系列基于 ARM Cortex-M0/M0＋/M3/M4/M7 内核,具有高性能、低成本、低功耗的特点。其主流产品有 STM32F0、STM32F1、STM32F3,超低功耗产品有 STM32L0、STM32L1、STM32L4、STM32L4＋,高性能产品有 STM32F2、STM32F4、STM32F7、STM32H7。

(1)性能。STM32F1 用的是 ARM 公司的高性能 Cortex-M3 内核。其运算速度为 1.25 DMIPS[①],而 ARM7TDMI 只有 0.95 DMIPS。STM32F1 可连接一流的外部设备,拥有 1μs 的双 12 位模数转换器(analog-to-digital converter,ADC),4Mb/s 的 UART,18Mb/s 的 SPI,18MHz 的 I/O 翻转速度。STM32F1 的功耗很低,在 72MHz 时工作电流为 36mA (所有外部设备处于工作状态),待机时电流降为 2μA。STM32F1 的集成度很大,包含了复位电路、低电压检测、调压器、精确的 RC 振荡器等。STM32F1 的结构简单,开发工具简单易用。

(2)参数。STM32F1 使用的供电电压为 2～3.6V,兼容 5V 的 I/O 引脚,拥有优异的安全时钟模式,低功耗模式下带唤醒功能,其内部自带 RC 振荡器和内嵌复位电路,工作温度范围为－40～85℃,最大可到 105℃,拥有 36MHz CPU、16KB 的 SRAM 1×12 位 ADC 温度传感器。

(3)特点。

① 内核:ARM32 位 Cortex-M3 CPU 的最高工作频率为 72MHz,运算速度为 1.25DMIPS;单周期乘法和硬件除法。

② 存储器:片上集成 32～512KB 的闪存,6～64KB 的 SRAM 存储器。

③ 时钟、复位和电源管理:使用 2～3.6V 的电源供电和 I/O 接口的驱动电压,有上电复位(POR)、掉电复位(PDR)和可编程的电压探测器(PVD)。使用 4～16MHz 的晶振。内嵌出厂前调校好的 8MHz RC 振荡电路、内部 40kHz 的 RC 振荡电路、用于 CPU 时钟的 PLL,自带经过校准的用于实时时钟(real time clock,RTC)的 32kHz 的晶振。

④ 功耗:STM32F1 有休眠、停止、待机模式 3 种低功耗模式,可为 RTC 和备份寄存器供电的 VBAT。

⑤ 调试模式:串行调试(SWD)和 JTAG 接口。

---

① DMIPS(dhrystone million instructions executed per second)是一种衡量处理器进行整数计算能力的单位。Dhrystone 是一种整数运算测试程序。

⑥ DMA：STM32F1 有 12 通道 DMA 控制器。支持的外部设备有定时器、ADC、DAC、SPI、IIC 和 UART。

⑦ STM32F1 有 3 个 12 位的微秒级模数转换器（16 通道），模数测量范围为 0～3.6V，具有双采样和保持能力，片上集成了一个温度传感器。

⑧ STM32F103xC、STM32F103xD、STM32F103xE 均有 2 通道 12 位数模转换器。

⑨ STM32F1 的快速 I/O 端口：最多可达 112 个，根据型号的不同，可使用 26、37、51、80 和 112 个 I/O 端口，所有的端口都可以映射到 16 个外部中断向量。除了模拟输入外，所有端口都可以接受 5V 以内的输入。

⑩ STM32F1 的定时器最多可拥有 11 个，含 4 个 16 位定时器（每个定时器有 4 个 IC/OC/PWM 或脉冲计数器），2 个 16 位的 6 通道高级控制定时器（最多 6 个通道可用于 PWM 输出），2 个看门狗定时器（独立看门狗和窗口看门狗），1 个 Systick 定时器（24 位倒计数器），2 个 16 位基本定时器（用于驱动 DAC）。

⑪ 通信接口：最多达 13 个，含 2 个 IIC 接口（SMBus/PMBus），5 个 USART 接口（ISO7816 接口、LIN、IrDA 兼容、调试控制），3 个 SPI 接口（18 Mb/s，其中两个和 IIS 复用），1 个 CAN 接口（2.0B），1 个 USB 2.0 全速接口，1 个 SDIO 接口。

⑫ ECOPACK 封装：STM32F103xx 系列微控制器采用 ECOPACK 封装形式。

（4）系统作用。

① 集成嵌入式 Flash 和 SRAM 存储器的 ARM Cortex-M3 内核：与 8/16 位设备相比，ARM Cortex-M3 32 位 RISC 处理器提供了更高的代码效率。STM32F103xx 微控制器带有一个嵌入式的 ARM 核，可以兼容所有的 ARM 工具和软件。

② 嵌入式 Flash 存储器和 RAM 存储器：内置多达 512KB 的嵌入式 Flash，可用于存储程序和数据。多达 64KB 的嵌入式 SRAM 可以以 CPU 的时钟速度进行读写（不必等待状态）。

③ 可变静态存储器（FSMC）：FSMC 嵌入在 STM32F103xC、STM32F103xD、STM32F103xE 中，带有 4 个片选器。3 个 FSMC 中断线经过 OR 后连接到 NVIC。没有读写 FIFO，除 PCCARD 之外，代码都是从外部存储器执行，不支持 Boot，目标频率等于 SYSCLK/2，所以当系统时钟是 72MHz 时，外部访问按照 36MHz 进行。

④ 嵌套矢量中断控制器（NVIC）：可以处理 43 个可屏蔽中断通道（不包括 Cortex-M3 的 16 根中断线），提供 16 个中断优先级。紧密耦合的 NVIC 实现了更低的中断处理延迟，直接向内核传递中断入口向量表地址，紧密耦合的 NVIC 内核接口，允许中断提前处理，对后到的更高优先级的中断进行处理，支持尾链，自动保存处理器状态，中断入口在中断退出时自动恢复，不需要指令干预。

⑤ 外部中断/事件控制器（external interrupt/event controller，EXTI）：外部中断/事件控制器由 19 条产生中断/事件请求的边沿探测器线组成。每条线可以被单独配置用于选择触发事件（上升沿、下降沿，或两者都可以），也可以被单独屏蔽。有一个挂起寄存器用于维护中断请求的状态。当外部线上出现长度超过内部 APB2 时钟周期的脉冲时，EXTI 能够探测到。有多达 112 个 GPIO 连接到 16 个外部中断线。

⑥ 时钟和启动：在启动时要进行系统时钟选择，但复位时内部 8MHz 的晶振被用作 CPU 时钟。可以选择一个外部的 4～16MHz 的时钟，并且会被监视以判定是否成功。在这

期间,控制器被禁止,随后软件中断管理被禁止。同时,如果有需要(如碰到一个间接使用的晶振失败),PLL 时钟的中断管理完全可用。多个预比较器可以用于配置 AHB 频率,包括高速 APB(PB2)和低速 APB(APB1),高速 APB 最高的频率为 72MHz,低速 APB 最高的频率为 36MHz。

⑦ Boot 模式:在启动的时候,Boot 引脚用来在 3 种 Boot 选项中选择一种,包括从用户 Flash 导入、从系统存储器导入、从 SRAM 导入。Boot 导入程序位于系统存储器,用于通过 USART1 重新对 Flash 存储器编程。

⑧ 电源供电方案:V_{DD} 为 2.0~3.6V,外部电源通过 V_{DD} 引脚提供,用于 I/O 和内部调压器。V_{SSA} 和 V_{DDA} 为 2.0~3.6V,外部模拟电压输入,用于 ADC、复位模块、RC 和 PLL,在 V_{DD} 范围之内(ADC 被限制在 2.4V),V_{SSA} 和 V_{DDA} 必须相应连接到 V_{SS} 和 V_{DD}。V_{BAT} 的电压范围为 1.8~3.6V,当 V_{DD} 无效时为 RTC、外部 32kHz 晶振和备份寄存器供电(通过电源切换实现)。

⑨ 电源管理:设备有一个完整的上电复位(POR)和掉电复位(PDR)电路。这个电路一直有效,用于确保从 2V 启动或掉到 2V 的时候进行一些必要的操作。当 V_{DD} 低于特定的下限 V_{POR}/PDR 时,不需要外部复位电路,设备也可以保持在复位模式。设备特有一个嵌入的可编程电压探测器(PVD),PVD 用于检测 V_{DD},并且和 V_{PVD} 限值比较,当 V_{DD} 低于 V_{PVD} 或 V_{DD} 大于 V_{PVD} 时会产生一个中断。中断服务程序可以产生一个警告信息或将 MCU 置为一个安全状态。PVD 由软件使能。

⑩ 电压调节:调压器有 3 种运行模式,即主模式(MR)、低功耗模式(LPR)和掉电模式。MR 用在传统意义上的调节模式(运行模式),LPR 用在停止模式,掉电用在待机模式,调压器输出为高阻,核心电路掉电,包括零消耗(寄存器和 SRAM 的内容不会丢失)。

⑪ 低功耗模式:STM32F103 支持 3 种低功耗模式,从而在低功耗、短启动时间和可用唤醒源之间达到一个最好的平衡点。

- 休眠模式:只有 CPU 停止工作,所有外设继续运行,在中断/事件发生时唤醒 CPU。
- 停止模式:允许以最小的功耗来保持 SRAM 和寄存器的内容。1.8V 区域的时钟都停止,PLL RC 振荡器、HSI RC 振荡器和 HSE RC 振荡器被禁能,调压器也被置为正常或低功耗模式。设备可以通过外部中断线从停止模式唤醒。外部中断源可以使 16 条外部中断线之一的 PVD 输出或 TRC 警告。
- 待机模式:追求最小的功耗,内部调压器被关闭,这样 1.8V 区域断电,PLL RC 振荡器、HSI RC 振荡器和 HSE RC 振荡器也被关闭。在进入待机模式之后,除了备份寄存器和待机电路,SRAM 和寄存器的内容也会丢失。当外部复位(NRST 引脚),IWDG 复位,WKUP 引脚出现上升沿或 TRC 警告发生时,设备退出待机模式。进入停止模式或待机模式时,TRC、IWDG 和相关的时钟源不会停止。

2. Arduino

Arduino 是一个便捷灵活、方便上手的开源电子原型平台,包含硬件(各种型号的 Arduino 板)和软件(Arduino IDE)。它构建于开发源码的 simple I/O 界面版,并且具有使用类似 Java、C 语言的 IDE 集成开发环境和图形化编程环境。Arduino 主要包含两部分:硬件部分,即可以用来做电路连接的 Arduino 电路板;Arduino IDE,即本地计算机中的程序开发环境。只要在 IDE 中编写程序代码,将程序上传到 Arduino 电路板,程序便会告诉

Arduino 电路板要做什么工作。

（1）平台特点。

① 跨平台。Arduino IDE 可以在 Windows、macOS X、Linux 三大主流操作系统上运行，而其他的大多数控制器只能在 Windows 上运行。

② 简单清晰。Arduino IDE 基于 Processing IDE 开发。对于初学者来说，极易掌握，同时有着足够的灵活性。Arduino 语言基于 Wiring 语言开发，是对 avr-gcc 库的二次封装，不需要太多的单片机基础、编程基础，简单学习后就可以快速地进行开发。

③ 开放性。Arduino 的硬件原理图、电路图、IDE 软件及核心库文件都是开源的，在开源协议范围内可以任意修改原始设计及相应代码。

④ 发展迅速。Arduino 不仅是全球最流行的开源硬件之一，也是一个优秀的硬件开发平台，是硬件开发的趋势。Arduino 简单的开发方式使开发者更关注创意与实现，更快地完成自己的项目开发。

快速使用 Arduino 与 Adobe Flash、Processing、Max/MSP、Pure Data、Super Collider 等软件结合，可以快速创作出互动作品。Arduino 可以使用现成的电子元件，如开关、传感器、控制器件、LED、步进电动机、输出装置。Arduino 可以独立运行，也可与 Macromedia Flash、Processing、Max/MSP、Pure Data、VVVV 或其他互动软件进行交互。Arduino 的 IDE 界面基于开放源代码，可以免费下载使用。

（2）型号。

① 主板。Arduino 的型号很多，如 Arduino Uno、Arduino Nano、Arduino LilyPad、Arduino Mega 2560、Arduino Ethernet、Arduino Due、Arduino Leonardo、ArduinoYún 等。

② 扩展板。Arduino 的扩展板很多，如 Arduino GSM Shield、Arduino Ethernet Shield、Arduino WiFi Shield、Arduino Wireless SD Shield、Arduino USB Host Shield、Arduino Motor Shield、Arduino Wireless Proto Shield、Arduino Proto Shield 等。

（3）Arduino 独有优势表现在下列方面。

① 开放性。Arduino 的硬件电路的软件开发环境是完全开源的，在不从事商业用途的情况下任何人都可以使用、修改和分发。这样不但可以使用户更好地理解 Arduino 的电路原理，还可以根据自己的需要进行修改。例如，由于空间的限制，需要设计异形的电路板或将自己的扩展电路与主控制电路设计到一起。

② 易用性。不论基础如何，在学习 Arduino 后，就可以成功运行一个简单的程序。Arduino 与 PC 的连接采用了最主流的 USB 连接，可以像使用一只 MP3 一样把 Arduino 与计算机直接连接而不用额外安装任何驱动程序。Arduino 的开发环境非常简洁，菜单一目了然，仅提供了必要的工具栏，去除了一切可能会使初学者眼花缭乱的元素，甚至不阅读手册便可以实现代码的编译与下载。

③ 交流性。对于初学者来说，交流与展示是非常能激发学习热情的途径。例如，在用 AVR 单片机制作循迹小车时，对单片机的理解还不是特别深刻的初学者来说，对问题的描述、交流和讨论会出现些困难。而 Arduino 已经划定了一个比较统一的框架，一些底层的初始化采用了统一的方法，对数字信号和模拟信号使用的端口也做了自己的标定，初学者在交流、讨论电路或程序的时候非常方便。

④ 丰富的第三方资源。Arduino 的硬件和软件都是开源的，有利于开发者深入了解到

底层的机理和预留的第三方库开发接口。Arduino 秉承了开源社区一贯的开放性和分享性，很多人会在成功地实现了自己的设计后，把自己的硬件和软件拿出来与大家分享。对于后来者，可以在 Arduino 社区轻松找到想要使用的一些基本功能模块：伺服电动机（又称舵机）控制、PID 调速、模数转换等。一些模块供应商也越来越重视 Arduino 社区，并为自己的产品提供基于 Arduino 的使用库，极大地方便了 Arduino 开发者，使它们摆脱基本功能的编写，把主要精力放在想要的功能设计中。

仅从嵌入式开发的技术角度说，Arduino 并不是第一选择，为了尽可能地照顾初学者甚至是电子开发的门外汉，Arduino 定制了很多底层的设计，这也是许多经验丰富的嵌入式设计人员对 Arduino 不屑一顾的原因之一。

上面列出了许多 Arduino 的优势，那么 Arduino 的定位究竟在何处呢？Arduino 确实是为嵌入式开发学习而生的，但发展至今，Arduino 已经远远超出了嵌入式开发的领域。有些人将 Arduino 称为"科技艺术"，很多电子科技领域以外的爱好者，凭借丰富的想象力和创造力，设计开发出了很多有趣的作品。

3. 树莓派

树莓派（Raspberry Pi，简写为 RPi、RasPi 或 RPI）是为学习计算机编程教育而设计的只有信用卡大小的微型计算机，其系统是基于 Linux 的。Windows 10 IoT 以后树莓派就可以运行在 Windows。

树莓派自问世以来，受到众多计算机发烧友和创客的追捧，曾经一"派"难求。其外表"娇小"，内"心"却很强大，视频、音频等功能十分齐全，可谓是"麻雀虽小，五脏俱全"。

它主要由一块基于 ARM 的微型计算机主板构成，以 SD/MicroSD 卡为内存硬盘，卡片主板周围有 1/2/4 个 USB 接口和一个 10/100Mb/s 以太网接口（A 型没有网口），可连接键盘、鼠标和网线。同时，它还拥有一个可输出视频模拟信号的电视输出接口和一个 HDMI 高清视频输出接口。以上部件全部整合在一张仅比信用卡稍大的主板上，具备 PC 的所有基本功能，只需接通电视机和键盘，就能完成电子表格、文字处理、玩游戏、播放高清视频等工作。目前，Raspberry Pi B 款只提供主板，无内存、电源、键盘、机箱或连线。树莓派基金会提供了基于 ARM 的 Debian 和 Arch Linux 的发行版供大众下载。下一步，他们还计划将 Python 作为主要编程语言，同时支持 Java、BBC BASIC（通过 RISC OS 映像或 Linux 的 Brandy BASIC 克隆）、C 和 Perl 等编程语言。

Raspberry Pi 版本参数如表 2-1 所示。

表 2-1　Raspberry Pi 版本参数

型号	A 型	A＋型	B 型	B＋型	2 代 B 型	3 代 B 型	3 代 B＋型
SOC	BroadcomBCM2835（CPU、GPU、DSP 和 SDRAM、USB）				Broadcom BCM2836	Broadcom BCM2837	—
CPU	ARM1176JZF-S 核心（ARM11 系列）700MHz				ARM Cortex-A7（ARMv7 系列）900MHz（四核心）	ARM Cortex-A53 1.2GHz 64-bit quad-core ARMv8 CPU	ARM Cortex-A53 CPU

型号	A 型	A＋型	B 型	B＋型	2 代 B 型	3 代 B 型	3 代 B＋型
GPU	Broadcom VideoCore IV，OpenGL ES 2.0，1080p 30 h.264/MPEG-4 AVC 高清解码器						—
内存	256MB（与 GPU 共享，可以理解为集成显卡的显存与内存共享）		512MB		1GB（LPDDR2）		1GB
USB 2.0 接口个数	1（支持 USB Hub 扩展）		2	4			—
视频输入	15 引脚 MIPI 相机（CSI）界面，可被树莓派相机或树莓派相机（无红外线版）使用						—
影像输出	RCA 视频接口输出（仅 1 代 B 型有此接口），支持 PAL 和 NTSC 制式，支持 HDMI(1.3 和 1.4)，分辨率为 640×350～1920×1200，支持 PAL 和 NTSC 制式						—
音源输出	3.5mm 插孔，HDMI 电子输出或 IIS						—
板载存储	SD/MMC/SDIO 卡插槽	MicroSD 卡插槽	SD/MMC/SDIO 卡插槽		MicroSD 卡插槽		
网络接口	—		10/100Mb/s 以太网接口		① 10/100Mb/s 以太网接口 ② 802.11n wreless LAN ③ bluetooth 4.1 ④ bluetooth low energy（BLE）		千兆以太网
外部设备	8 个 GPIO，外加下列外部设备（也可当作 GPIO 使用）：UART,IIC、带两个选择的 SPI 总线、3.3V、5V、地线	17 个 GPIO 及 HAT 规格铺设	除 A 型所拥有之外部设备之外，亦有 4 个 GPIO 可供用户使用（需自行焊接电路）		17 个 GPIO 及 HAT 规格铺设		—
额定功率	300mA·h（1.5W）	200mA·h（1W）	700mA·h（3.5W）		600mA·h（3.0W）	800mA·h（4.0W）	—
电源输入	5V/通过 MicroUSB 或 GPIO 头						—
质量/g	45	23	45				—
总体尺寸	85.60mm×53.98mm	65mm×56.5mm×10mm	85mm×56mm×17mm				—
操作系统	Debian GNU/Linux、Fedora、Arch Linux、RISC OS，2 代 B 型以上型号还将支持 Windows 10 IoT						

　　虽然很多使用 Linux 系统的计算机能做的工作，Raspberry Pi 也可以做，但是略有不同。普通计算机系统都是依靠硬盘来存储数据的，而 Raspberry Pi 使用的是 SD 卡或外接 USB 存储器。利用 Raspberry Pi 同样可以编辑 Office 文档、浏览网页、游戏（即使需要强大的图形加速器支持的游戏也没有问题）。低成本的 Raspberry Pi 用途更加广泛，例如，将其打造成卓越的多媒体中心，就可以播放视频并可以通过电视机的 USB 接口供电。

使用 Raspberry Pi 可以 DIY 很多产品，有兴趣的读者可以查阅相关资料，在此不再赘述。

2.1.4　Keil

Keil C51 是美国 Keil Software 公司出品的 51 系列兼容单片机 C 语言软件开发系统，与汇编相比，C 语言在功能、结构性、可读性、可维护性上有明显的优势，因而易学易用。Keil 提供了包括 C 编译器、宏汇编、链接器、库管理和一个功能强大的仿真调试器等在内的完整开发方案，通过一个集成开发环境（μVision）将这些部分组合在一起。运行 Keil 软件需要 Windows 98/NT/2000/XP 等操作系统。如果使用 C 语言编程，那么 Keil 就是不二之选，即使不使用 C 语言而仅用汇编语言编程，其方便易用的集成环境、强大的软件仿真调试工具也会事半功倍。

1. Keil μVision 2

Keil μVision 2 是美国 Keil Software 公司出品的 51 系列兼容单片机 C 语言软件开发系统。Keil C51 标准 C 编译器为 8051 微控制器的软件开发提供了 C 语言环境，同时保留了汇编代码高效、快速的特点。C51 编译器的功能不断增强，使开发者可以更加贴近 CPU 本身，及其他的衍生产品。C51 已被完全集成到 μVision 2 的开发环境中，这个集成开发环境包含编译器、汇编器、实时操作系统、项目管理器、调试器。μVision 2 IDE 可为它们提供单一而灵活的开发环境。

2. Keil μVision 3

2006 年 1 月 30 日 ARM 推出全新的针对各种嵌入式处理器的软件开发工具，集成 Keil μVision 3 的 RealView MDK 开发环境。RealView MDK 开发工具 Keil μVision 3 源自 Keil 公司。RealView MDK 集成了业内领先的技术，包括 Keil μVision 3 集成开发环境与 RealView 编译器，支持 ARM7、ARM9 和最新的 Cortex-M3 核处理器，自动配置启动代码，集成 Flash 烧写模块，具有强大的 Simulation 设备模拟、性能分析等功能，与 ARM 之前的工具包 ADS 等相比，RealView 编译器的最新版本可将性能提升 20% 以上。

3. Keil μVision 4

2009 年 2 月发布的 Keil μVision 4 引入了灵活的窗口管理系统，开发人员能够使用多台监视器，并提供了对窗口位置的完全控制。新的用户界面可以更好地利用屏幕空间，更有效地组织多个窗口，使开发环境更加整洁、高效。新版本支持更多的 ARM 芯片，添加了一些新的功能。

2011 年 3 月 ARM 公司发布的集成开发环境 RealView MDK 开发工具中也集成了 Keil μVision 4，其编译器、调试工具实现了与 ARM 器件的完美匹配。

4. Keil μVision 5

2013 年 10 月，Keil 正式发布了 Keil μVision 5 IDE。

2.1.5　嵌入式系统

嵌入式系统（embedded system），是一种完全嵌入受控器件内部，为特定应用而设计的专用计算机系统，根据英国的电气工程师协会（Institution of Electrical Engineer，IEE）的定义，嵌入式系统是用于控制、监视、辅助设备、机器，或用于工厂运作的设备。与 PC 这样的通用计算机系统不同,嵌入式系统通常执行的是带有特定要求的预先定义的任务。嵌入式系统只针对一项特殊的任务,设计人员能够对它进行优化,减小尺寸降低成本。嵌入式系统通常进行大量生产,所以节约单个的成本对批量生产的总成本影响巨大。

嵌入式系统的核心是由一个或几个预先编好程序用来执行少数几项任务的微处理器或者单片机组成。与通用计算机能够运行用户选择的软件不同,嵌入式系统上的软件通常相对固定,因此通常称为"固件"。

嵌入式系统是面向用户、产品、应用的,它必须与具体的应用相结合才具有生命力,才更有优势。因此可以这样理解上述 3 个面向的含义:与应用紧密结合,具有很强的专用性,必须结合实际系统需求进行合理的裁剪。

嵌入式系统是将先进的计算机技术、半导体技术、电子技术与各个行业的具体应用相结合的产物,这一点决定了它必然是一个技术密集、资金密集、高度分散、不断创新的知识集成系统,因此介入嵌入式系统行业时,必须有一个正确的定位。当初,Palm 之所以在 PDA 市场占有 70% 以上的份额,就是因为其立足个人电子消费品,着重发展图形界面和多任务管理;而风河的 Vx Works 之所以在火星车上得以应用,则是因其高实时性和高可靠性的优点。

嵌入式系统必须根据应用需求对软硬件进行裁剪,以满足功能、可靠性、成本、体积等方面的要求,所以先建立相对通用的软硬件基础,然后再在其上开发适应各种需要的系统是一个比较好的发展模式。目前,嵌入式系统的核心往往是一个只有几千至几万字节的微内核,需要根据实际情况进行功能扩展或裁减。微内核的存在,会使这种扩展变得非常顺利。

一般情况下,嵌入式系统的构架可以分成 4 部分:处理器、存储器、输入输出(I/O)设备和软件。由于多数嵌入式设备的应用软件和操作系统都是紧密结合的,在这里对其不加区分,这也是嵌入式系统和一般 PC 操作系统的最大区别。

这些年来掀起了嵌入式系统应用开发的热潮,原因主要有两方面:一是芯片技术的发展,使单个芯片具有更强的处理能力,使集成多种接口成为可能;二是应用的需要,由于对产品可靠性、成本、更新换代要求的提高,嵌入式系统逐渐从纯硬件实现和使用通用计算机实现的应用中脱颖而出,成为近年来令人关注的焦点。

1. 嵌入式系统的重要特征

(1)系统内核小。由于嵌入式系统一般应用于小型电子装置,系统资源相对有限,所以内核比传统的操作系统小得多。例如,Enea 公司的 OSE 分布式系统内核只有 5KB,与 Windows 的内核占用空间反差巨大。

(2)专用性强。嵌入式系统的个性化很强,其中的软件和硬件的结合非常紧密,一般都需要针对具体的硬件进行系统移植,即使是在同一品牌、同一系列的产品中也需要根据系统硬件的变化和增减不断进行修改。同时,针对不同的任务,也常需要对系统进行较大地更改。此外,程序的编译和下载要和系统相结合,这种修改和通用软件的"升级"是完全两个概念。

(3)系统精简。嵌入式系统一般没有系统软件和应用软件的明显区分,其功能设计及实现上不能过于复杂,这样既利于控制系统成本,又利于实现系统安全。

(4)高实时性是对嵌入式软件的基本要求。此外,软件要进行固态存储,以提高速度,软件代码也要求高质量和高可靠。

（5）嵌入式软件的开发要想标准化，就必须使用多任务的操作系统。嵌入式系统的应用程序可以没有操作系统直接在芯片上运行，但是为了合理地调度多任务，利用系统资源、系统函数，以及和专家库函数接口，用户必须自行选配实时操作系统（real time operating system，RTOS）开发平台，这样才能保证程序执行的实时性、可靠性，减少开发时间，保障软件质量。

（6）嵌入式系统的开发需要开发工具和环境。由于其自身不具备自主开发能力，设计完成以后，用户也通常不能对其中的程序和功能进行修改，必须有一套开发工具和环境才能进行开发。这些工具和环境一般是基于通用计算机上的软硬件设备及各种逻辑分析仪、混合信号示波器等，开发时往往有主机和目标机，主机用于程序的开发，目标机作为最后的执行机，开发时需要交替结合进行。

（7）嵌入式系统与具体应用有机结合在一起，升级换代也是同步进行的，因此嵌入式系统产品一旦进入市场，便具有较长的生命周期。

（8）为了提高运行速度和系统可靠性，嵌入式系统中的软件一般都会固化在存储器芯片中。

2. 嵌入式操作系统

嵌入式 Linux 是一种将日益流行的 Linux 操作系统进行裁剪和修改后，在嵌入式计算机系统上运行的操作系统。嵌入式 Linux 既能获取 Internet 上无限的开放源代码，又具有嵌入式操作系统的特性。嵌入式 Linux 的特点是版权免费、性能优异、软件移植容易、代码开放、有许多应用软件支持、应用产品开发周期短、新产品上市迅速。因为有许多公开的代码可以参考和移植，实时性能 RT_Linux Hardhat Linux 等嵌入式 Linux 支持，实时性能稳定且安全。

由于嵌入式 Linux 有巨大的市场前景和商业机会，出现了 Montavista、Lineo、Emi 等大量的专业公司和产品和 Embedded Linux Consortum 等行业协会，得到了 IBM、Motorola、Intel 等世界著名计算机公司和 OEM 板级厂商的支持。目前 Google 公司基于 Linux 开发的 Android 操作系统已经广泛应用于嵌入式领域。传统的嵌入式系统厂商也采用了 Linux 策略，如 Lynxworks Windriver QNX 等。此外，还有 Internet 上大量嵌入式 Linux 爱好者的支持。嵌入式 Linux 支持几乎所有的嵌入式 CPU，并能被移植到几乎所有的嵌入式 OEM 板。

嵌入式 Linux 的应用领域非常广泛，主要有信息家电、PDA 、机顶盒、数字电话、应答机、大屏幕功能手机、数据网络、交换器、路由器、网桥、接线串口、遥控器访问服务、ATM 机、设备固件、远程通信、医疗电子、交通运输计算机外设、工业控制、航空航天等。

2.2 传感器技术

2.2.1 传感器的概念

传感器（transducer 或 sensor）是一种检测装置，能感知被测量的信息并将其按一定规律变换成为电信号或其他所需的形式进行输出，以满足信息的传输、处理、存储、显示、记录和控制等要求。

传感器的特点是微型化、数字化、智能化、多功能化、系统化和网络化。它是实现自动检测和自动控制的首要环节。其中微型化是建立在微电子机械系统（MEMS）技术基础上的，如已成功应用的硅压力传感器。传感器的存在和发展，让物体有了"触觉""味觉""嗅觉"等，使物体慢慢"活"了起来。传感器通常根据其基本感知功能分为热敏、光敏、气敏、力敏、磁敏、湿敏、声敏、射线辐射、色敏和味敏等类型。

《传感器通用术语》（GB/T 7665—2005）将传感器定义为"能感受规定的被测量件并按照一定的规律（数学函数法则）转换成可用信号的器件或装置，通常由敏感元件和转换元件组成"。

人类为了从外界获取信息，必须借助于感觉器官。而单靠人类自身的感觉器官，在研究自然现象、规律及生产活动时是远远不够的。为适应这种情况，就需要使用传感器。因此，传感器是人类五官功能的延伸，故又称电五官。

在利用信息时，首先要解决的就是如何获取准确、可靠的信息，而传感器是获取自然和生产领域中信息的主要途径与手段。

在现代工业生产中，要使用各种传感器来监视和控制生产过程中的很多参数，以使设备工作在最佳状态，使产品达到的质量最好。因此，没有众多的传感器，现代化生产就失去了基础。

传感器促进了传统产业的改造和升级，是建立新型工业的基础，是 21 世纪新的经济增长点。

2.2.2　传感器的分类

1. 按用途分类

传感器按用途可分为压敏和力敏传感器、位置传感器、液位传感器、能耗传感器、速度传感器、加速度传感器、射线辐射传感器、热敏传感器等。

2. 按工作原理分类

传感器按工作原理可分为振动传感器、湿敏传感器、磁敏传感器、气敏传感器、真空度传感器、生物传感器等。

3. 按输出信号分类

传感器按输出信号可分为以下 4 类。

（1）模拟传感器。模拟传感器可将被测量的非电学量转换成模拟电信号输出。

（2）数字传感器。数字传感器可将被测量的非电学量转换成数字信号输出（包括直接和间接转换）。

（3）膺数字传感器。膺数字传感器可将被测量的信号量转换成频率信号或短周期信号输出（包括直接或间接转换）。

（4）开关传感器。开关传感器是当一个被测量的信号达到某个特定的阈值时，相应地输出一个设定的低电平或高电平信号。

4. 按其制造工艺分类

传感器按制造工艺可分为以下 4 类。

（1）集成传感器。它是用标准的硅基半导体集成电路生产工艺进行制造的。通常会将用于被测信号初步处理的部分电路集成在同一个芯片上。

（2）薄膜传感器。它是通过在介质衬底（基板）上沉积相应敏感材料的薄膜而形成的。使用混合工艺时，同样可将部分电路制造在同一基板上。

（3）厚膜传感器。它是先将相应材料的浆料涂覆在陶瓷基片上（基片通常由 Al_2O_3 制成），然后进行热处理，使厚膜成形。

（4）陶瓷传感器。它采用标准的陶瓷工艺或其他变种工艺（如溶胶、凝胶等）生产，在完成适当地进行预操作之后，将已成形的元件在高温中烧结而成。

厚膜和陶瓷传感器的生产工艺有许多相似点，在某些方面，可以认为厚膜工艺是陶瓷工艺的一种变形。

每种生产工艺都有自己的优点和不足。由于研究、开发和生产所需的资本投入较低，以及传感器参数的高稳定性等优点，采用陶瓷和厚膜传感器是比较合理的选择。

5. 按测量目的分类

传感器按测量目的不同可分为以下 3 类。

（1）物理型传感器。物理型传感器是利用被测量物质的某些物理性质会发生特性的明显变化制成的。

（2）化学型传感器。化学型传感器是利用能把化学物质的成分、浓度等化学量转换成电学量的敏感元件制成的。

（3）生物型传感器。生物型传感器是利用各种生物或生物物质的特性做成的，用以检测与识别生物体内化学成分的传感器。

6. 按构成分类

传感器按构成的不同可分为以下 3 类。

（1）基本型传感器。基本型传感器是一种最基本的单个变换装置。

（2）组合型传感器。组合型传感器是由不同单个变换装置组合而构成的传感器。

（3）应用型传感器。应用型传感器是基本型传感器或组合型传感器与其他机构组合而构成的传感器。

7. 按作用形式分类

传感器按作用形式不同可分为以下两类。

（1）主动型传感器。主动型传感器分为作用型和反作用型两种。主动型传感器会向被测对象发出探测信号并检测探测信号在被测对象中产生的变化或由探测信号在被测对象中产生某种效应而形成信号。检测探测信号变化的方式称为作用型，检测产生响应而形成信号的方式称为反作用型。雷达与无线电频率范围探测器属于作用型传感器，而光声效应分析装置与激光分析器属于反作用型传感器。

（2）被动型传感器，只接收被测对象本身产生的信号，如红外辐射温度计、红外摄像装置等。

2.2.3　传感器的选型原则

在进行测量工作前，首先要考虑采用何种原理的传感器，这需要分析多方面的因素才能确定。即使是测量同一个物理量，也可能会有多种原理的传感器可供选用。哪一种原理的传感器更合适，需要根据被测量的特点和传感器的使用条件考虑以下具体问题：量程的大小，被测位置对传感器体积的要求，测量方式为接触式还是非接触式，信号的输出是有线还是非接触测量,传感器是国产还是进口的,价格能否承受,是否需要自行研制等。

在考虑上述问题之后就能确定选用何种类型的传感器,然后在此基础上考虑传感器的具体性能指标。

1. 灵敏度

在传感器的线性范围内,通常希望传感器的灵敏度越高越好。传感器的灵敏度越高,与被测量变化对应的输出信号的值越大,有利于信号的处理。注意,传感器的灵敏度高,与被测量无关的外界噪声也容易被混入,也会被放大系统放大,影响测量精度。因此要求传感器本身应具有较高的信噪比,尽量减少从外界引入的干扰信号。

传感器的灵敏度是有方向性的。当被测量的是单向量且对其方向性要求较高时,应选择其他方向灵敏度小的传感器;如果被测量的是多维向量,则要求传感器的交叉灵敏度越小越好。

2. 频率响应特性

传感器的频率响应特性决定了被测量的频率范围,因此必须在允许的频率范围内保持不失真。实际上,传感器在响应时总会有一定的延迟,延迟越短,性能越好。

传感器的频率响应越高,可测的信号频率范围越宽。

在动态测量中,应注意信号的特点(稳态、瞬态、随机等)响应特性,以免产生过大的误差。

3. 线性范围

传感器的线性范围是指输出与输入成正比的范围。从理论上讲,在此范围内,灵敏度应保持固定值。传感器的线性范围越宽,量程越大,测量精度越有保证。在选择传感器时,当传感器的种类确定以后首先要看其量程是否满足要求。

实际上,任何传感器都不能保证绝对的线性,所谓的线性也是相对的。当所要求测量精度较低时,在一定的范围内,可将非线性误差较小的传感器近似看作线性的,这会给测量带来极大的方便。

4. 稳定性

传感器使用一段时间后,其性能保持不变的能力称为稳定性。除传感器本身结构外,影响传感器稳定性的因素主要是传感器所处的使用环境。因此传感器要具有良好的稳定性,就必须有较强的环境适应能力。

在选择传感器时,应先对其使用环境进行调查,然后根据具体的使用环境进行选择,或采取适当的措施,减小环境的影响。

传感器的稳定性有定量指标要求,在超过使用期后,应重新进行标定,以确定传感器的性能是否发生变化。

在某些要求传感器能长期使用而又不能轻易更换或标定的场合,对传感器稳定性要求会更加严格,要能够经受住长时间的考验。

5. 精度

精度是传感器的一个重要的性能指标,是关系整个测量系统测量精度的一个重要环节。传感器的精度越高,价格越高,因此传感器的精度只要满足整个测量系统的精度要求就可以,不必选得过高。在满足同一测量目的的诸多传感器中选择比较便宜和简单的传感器即可。

如果测量目的是用于定性分析,选用重复精度高的传感器即可,不宜选用绝对量值精度高的;如果是用于定量分析,则必须获得精确的测量值,就需选用精度等级能满足要求的传感器。

6. 自行研制

对某些特殊使用场合,无法选到合适的传感器,则需自行设计、制造传感器。自制传感器的性能应满足使用要求。

环境给传感器造成的影响主要有以下几方面。

(1)高温环境对传感器造成涂覆材料熔化、焊点开化、弹性体内因应力而发生结构变化等问题。当工作环境温度很高时,常采用耐高温传感器。另外,必须加有隔热、水冷或气冷等辅助装置。

(2)粉尘、潮湿对传感器造成短路的影响。在此环境条件下,应选用密闭性很好的传感器。传感器的密封方式各不相同,密闭性也存在着很大差异。

常见的密封方式有密封胶充填或涂覆,橡胶垫机械紧固密封,焊接(氩弧焊、等离子束焊)和抽真空充氮密封。从密封效果来看,焊接密封效果最佳,充填或涂覆密封胶密封效果最差。对于室内工作的传感器由于环境干净、干燥,可选涂胶密封的传感器,而对于工作在潮湿、粉尘环境下的传感器,应选择膜片热套密封或膜片焊接密封、抽真空充氮密封的传感器。

以下是选择传感器的3个技巧。

(1)潮湿、腐蚀性较高的环境会对传感器造成弹性体受损或产生短路,应选择外表面进行过喷塑或不锈钢外罩,抗腐蚀性能好且密闭性好的传感器。

(2)电磁场会对传感器输出的信号产生影响。在此情况下,应对传感器的屏蔽性进行严格检查,看其是否具有良好的抗电磁能力。

(3)燃烧和爆炸不但会对传感器造成彻底的损害,而且还会给其他设备和人身安全造成重大损失。因此,在易燃、易爆环境下工作的传感器对防爆性能要求更高:在易燃、易爆环境下必须选用防爆传感器,这种传感器的密封外罩不仅要考虑其密闭性,还要考虑到防爆强度,以及电缆线接头的防水、防潮、防爆是否达到要求。

2.2.4 传感器的应用

1. 应用于液压系统

在液压系统中用压力传感器来完成对力的闭环控制。当控制阀芯突然移动时,在极短的时间内会形成几倍于系统工作压力的尖峰压力。

2. 应用于注塑模具

在注塑模具中,传感器会被安装在注塑机的喷嘴、热流道系统、冷流道系统和模具的模腔内,它能够测量出塑料在注模、充模、保压和冷却过程中从注塑机的喷嘴到模腔之间特定位置的压力。

3. 应用于监测矿山压力监控

作为矿山压力监控的关键性技术,传感器在被正确应用的同时,还要不断推陈出新,以适应更多的需求。

4. 应用于电子制造（视觉传感设备的应用）

随着电子消费品的日益普及，电子发烧友对新产品的渴望越来越强烈。为了满足市场需求，电子制造厂商大量地应用工业传感器提升生产能力。在生产线中，无论是机器人组装，还是电子元件的检测，都离不开视觉传感设备。

5. 应用于工业机器人（多种传感器各司其职）

近年来，人工智能技术日渐成熟。为了提高适应能力、及时检测作业环境，在机器人上应用了大量的传感器，这些传感器改善了机器人的工作状况，使其能够完成更复杂的工作。在一台机器人身上可集成触觉传感器、视觉传感器、力觉传感器、接近觉传感器、超声波传感器和听觉传感器，甚至安全传感器。

6. 应用于汽车制造（多功能传感器高精度的要求）

我国汽车销量迅猛增长，传感器在汽车行业的应用也在快速增加。微型化、多功能化、集成化和智能化是未来发展的趋势，并将成为汽车传感器的主流，传统的传感器必将被逐步取代。此外，在汽车生产自动化过程中，对零部件位置的检测成为传感器应用的重要一环，也是对传感器要求最高的环节。

7. 应用于食品加工与包装（自动化设备精细检测）

食品安全问题日益突出，我国对食品安全越来越重视，对食品检测技术提出了精细化要求。在食品检测技术中，传感器发挥着重要作用，对食品温度、位置等的数据采集帮助很大。传感器的应用不仅提高了食品的产量，还保障了食品的安全。

除了上述领域，在智能农业、智能交通、智能楼宇、智能环保、智能电网、智能健康医疗、智能穿戴等领域，传感器同样有着广阔的应用空间。

对传感器等级的选择必须满足以下两个条件。

（1）满足仪表输入的要求。例如，称重显示仪表是对传感器的输出信号经过放大、模数转换等处理之后显示出称量结果，因此传感器的输出信号必须大于或等于仪表要求的输入信号大小，即将传感器的输出灵敏度代入传感器和仪表的匹配公式，计算结果必须大于或等于仪表要求的输入灵敏度。

（2）满足准确度的要求。例如，一台电子秤主要由秤体、传感器、仪表 3 部分组成，在对传感器准确度选择的时候，应使传感器的准确度略高于理论计算值，因为理论往往受到客观条件的限制，如秤体的强度略差、仪表的性能不是很好、秤的工作环境比较恶劣等因素都直接影响秤的准确度。因此要从各方面提高要求，同时考虑经济效益，确保达到准确度。

2.2.5 常见传感器

1. 物理传感器

（1）电阻式传感器。电阻式传感器是将位移、形变、力、加速度、湿度、温度等被测量的物理量转换成电阻值的器件，主要有电阻应变式、压阻式、热电阻、热敏、气敏、湿敏等电阻式传感器件。

① 电阻应变式传感器。电阻应变式传感器中的电阻应变片具有金属的应变效应，即在外力作用下产生机械形变，从而使电阻值随之发生相应的变化。电阻应变片主要有金属和半导体两类，金属应变片有金属丝式、箔式、薄膜式之分。半导体应变片具有灵敏度高（通常是丝式、箔式的几十倍）、横向效应小等优点。

② 压阻式传感器。压阻式传感器是根据半导体材料的压阻效应在半导体材料的基片上经扩散电阻而制成的器件。其基片可直接作为测量传感元件,扩散电阻在基片内接成电桥形式。当基片受到外力作用而产生形变时,各电阻值将发生变化,电桥就会产生相应的不平衡输出。用作压阻式传感器的基片(或称膜片)材料主要为硅和锗,硅为敏感材料而制成的硅压阻传感器越来越受到人们的重视,尤其是以测量压力和速度的固态压阻式传感器应用最为普遍。

③ 热电阻传感器。热电阻测温是基于金属导体的电阻值随温度的增加而增加这一特性来进行温度测量的。

热电阻大多由纯金属材料制成,目前应用最多的是铂和铜。此外,已开始采用镍、锰和铑等材料制造热电阻。

热电阻传感器主要是利用电阻值随温度变化而变化这一特性来测量温度及与温度有关的参数。在温度检测精度要求比较高的场合,这种传感器比较适用。较为广泛的热电阻材料为铂、铜、镍等,它们具有电阻温度系数大、线性好、性能稳定、使用温度范围宽、加工容易等特点,用于测量-200~500℃的温度。

热电阻传感器分类如下。

a. 负温度系数(negative temperature coefficient,NTC)热电阻传感器。该类传感器阻值随温度的升高而减小。

b. 正温度系数(positive temperature coefficient,PTC)热电阻传感器。该类传感器阻值随温度的升高而增大。

(2)变频功率传感器。变频功率传感器通过对输入的电压、电流信号进行交流采样,再将采样值通过电缆、光纤等传输系统与数字量输入二次仪表相连,数字量输入二次仪表对电压、电流的采样值进行运算,可以获取电压有效值、电流有效值、基波电压、基波电流、谐波电压、谐波电流、有功功率、基波功率、谐波功率等参数。

(3)称重传感器。称重传感器是一种能够将重力转变为电信号的力电转换装置,是电子衡器的一个关键部件。能够实现力电转换的传感器有多种,常见的有电阻应变式、电磁力式和电容式等。电磁力式主要用于电子天平,电容式用于部分电子吊秤,而绝大多数衡器产品所用的还是电阻应变式称重传感器。电阻应变式称重传感器结构较简单、准确度高、适用面广,能够在相对比较差的环境下使用。因此电阻应变式称重传感器在衡器中得到了广泛运用。

(4)光敏传感器。光敏传感器是最常见的传感器之一,它的种类繁多,主要有光电管、光电倍增管、光敏电阻、光敏三极管、太阳能电池、红外线传感器、紫外线传感器、光纤式光电传感器、色彩传感器、CCD 和 CMOS 图像传感器等。它的敏感波长在可见光波长附近,包括红外线波长和紫外线波长。光传感器不只局限于对光的探测,它还可以作为探测元件组成其他传感器,对许多非电量进行检测,只要将这些非电量转换为光信号的变化即可。光传感器是目前产量最多、应用最广的传感器之一,它在自动控制和非电量电测技术中占有非常重要的地位。最简单的光敏传感器为光敏电阻,光子冲击接合处就会产生电流。

(5)激光传感器。激光传感器由激光器、激光检测器和测量电路组成。激光传感器是新型测量仪表,它能实现无接触远距离测量,具有速度快、精度高、量程大、抗光、电干扰能力强等优点。

激光传感器工作时,先由激光发射二极管对准目标发射激光脉冲。经目标反射后激光向各方向散射。部分散射光返回到传感器接收器,被光学系统接收后成像到雪崩二极管(avalanche diode)上。雪崩二极管是一种内部具有放大功能的光学传感器,因此它能检测极其微弱的光信号,并将其转化为相应的电信号。

利用激光的高方向性、高单色性和高亮度等特点可实现无接触远距离测量。激光传感器常用于长度(ZLS-Px)、距离(LDM4x)、振动(ZLDS10x)、速度(LDM30x)、方位等物理量的测量,还可用于探伤和大气污染物的监测等。

(6)霍尔传感器。霍尔传感器是根据霍尔效应制作的一种磁场传感器,广泛应用于工业自动化技术、检测技术及信息处理等方面。霍尔效应是研究半导体材料性能的基本方法。通过霍尔效应实验测定的霍尔系数,能够判断半导体材料的导电类型、载流子浓度及载流子迁移率等重要参数。

霍尔传感器分为线性型霍尔传感器和开关型霍尔传感器两种。

① 线性型霍尔传感器。它由霍尔元件、线性放大器和射极跟随器组成,输出模拟量。

② 开关型霍尔传感器。它由稳压器、霍尔元件、差分放大器、施密特触发器和输出级组成,它输出数字量。

霍尔电压随磁场强度的变化而变化,磁场越强,电压越高,磁场越弱,电压越低。霍尔电压值很小,通常只有几毫伏,但经集成电路中的放大器放大,就能使该电压放大,输出较强的信号。若使霍尔集成电路起传感作用,需要用机械的方法来改变磁场强度。

(7)室温管温传感器。室温传感器用于测量室内和室外的环境温度,管温传感器用于测量蒸发器和冷凝器的管壁温度。室温传感器和管温传感器的形状不同,但温度特性基本一致。按温度特性划分,美的使用的室温管温传感器有两种类型:①常数 B 值为 4100K±3%,基准电阻为 25℃时对应电阻为 10kΩ±3%。在 0℃ 和 55℃ 时对应的电阻误差约为 ±7%。在 0℃ 以下及 55℃ 以上时,对于不同的供应商,电阻误差有一定的差别。温度越高,阻值越小;②温度越低,阻值越大。离 25℃ 越远,对应的电阻误差范围越大。

(8)排气温度传感器。排气温度传感器用于测量压缩机顶部的排气温度,常数 B 的值为 3950K±3%,基准电阻在 90℃ 时对应的电阻为 5kΩ±3%。

(9)模块温度传感器。模块温度传感器用于绝缘栅双级晶体管(insulated gate bipolar transistor,IGBT)或智能功率模块(intelligent power module,IPM)等测量变频模块的温度,用的感温头的型号是 602F~3500F,基准电阻为 25℃ 对应电阻 6kΩ±1%。几个典型温度的对应阻值分别是 −10℃ 时,25.897~28.623kΩ;0℃ 时,16.3248~17.7164kΩ;50℃ 时,2.3262~2.5153kΩ;90℃ 时,0.6671~0.7565kΩ。

温度传感器的种类很多,经常使用的有热电阻 PT100、PT1000、Cu50、Cu100,热电偶 B、E、J、K、S 等。温度传感器不但种类繁多,而且组合形式多样,应根据不同的场所选用合适的产品。

(10)无线温度传感器。无线温度传感器是将监控对象的温度参数变成电信号,并转换成无线信号向接收终端发送,使系统实行检测、调节和控制。无线温度传感器可直接安装在一般工业热电阻、热电偶的接线盒内,与现场传感元件构成一体化结构,通常和无线中继、接收终端、通信串口、电子计算机等配套使用,不仅节省了补偿导线和电缆,而且减少了信号传递失真和干扰,可获得更高精度的测量结果。

无线温度传感器广泛应用于化工、冶金、石化、电力、水处理、制药、食品等自动化行业。例如,高压电缆上的温度采集,水下等恶劣环境的温度采集,运动物体上的温度采集,不易连线通过的空间传输传感器数据,单纯为降低布线成本选用的数据采集方案,没有交流电源的工作场合的数据测量,便携式非固定场所数据测量等。

(11) 一体化温度传感器。一体化温度传感器一般由测温探头(热电偶或热电阻传感器)和两线制固体电子单元组成。采用固体模块形式将测温探头直接安装在接线盒内,从而形成一体化的传感器。一体化温度传感器一般分为热电阻和热电偶型两种。

热电阻温度传感器是由基准单元、电阻电压转换单元、线性电路、反接保护、限流保护、电压电流转换单元等组成。测温热电阻信号转换放大后,再由线性电路对温度与电阻的非线性关系进行补偿,经电压电流转换电路后输出一个与被测温度呈线性关系的4～20mA的恒流信号。

热电偶温度传感器一般由基准源、冷端补偿、放大单元、线性化处理、电压电流转换、断偶处理、反接保护、限流保护等电路单元组成。它是将热电偶产生的热电势经冷端补偿放大后,再由线性电路消除热电势与温度的非线性误差,最后放大转换为4～20mA电流输出信号。为了防止在测量中热电偶由于电偶断丝而使控温失效,传感器中还设有断电保护电路。当热电偶断丝或接触不良时,传感器会输出最大值(28mA)以使仪表切断电源。一体化温度传感器具有结构简单、节省引线、输出信号大、抗干扰能力强、线性好、显示仪表简单、固体模块抗震防潮、有反接保护和限流保护、工作可靠等优点。一体化温度传感器的信号输出电流均为4～20mA,可与微型计算机系统或其他常规仪表匹配使用。此外,用户也可要求做成防爆型或防火型测量仪表。

(12) 位移传感器。位移传感器又称为线性传感器,是一种把位移量转换为电信号的传感器。位移传感器属于金属感应的线性器件,它的作用是把各种被测物理量转换为电信号,它分为电感式位移传感器、电容式位移传感器、光电式位移传感器、超声波式位移传感器、霍尔式位移传感器。

在转换过程中,有许多物理量(例如压力、流量、加速度等)都需要先变换为位移,然后再转换成电量。因此,位移传感器是一种重要的传感器。在实际应用中,位移的测量有测量实物尺寸和测量机械位移两种。机械位移包括线位移和角位移。按被测变量变换的形式不同,位移传感器可分为模拟式和数字式两种。模拟式又可分为物性型(如自发电式)和结构型两种。常用的位移传感器以模拟式的居多,包括电位器式位移传感器、电感式位移传感器、自整角机、电容式位移传感器、电涡流式位移传感器、霍尔式位移传感器等。数字式位移传感器的一个重要优点是便于将信号直接送入计算机系统,因此这种传感器发展迅速,应用日益广泛。

(13) 超声波测距离传感器。超声波测距离传感器采用的是超声波回波测距原理,运用精确的时差测量技术检测传感器与目标物之间的距离,采用小角度、小盲区超声波传感器,具有测量准确、无接触、防水、防腐蚀、低成本等优点,可应用于液位、物位检测、特有的液位、料位检测方式,可保证在液面有泡沫或大的晃动,不易检测到回波的情况下也能稳定地输出信号,广泛应用于液位、物位、料位的检测和工业过程控制等领域。

(14) 压力传感器。压力传感器是工业生产中最为常用的一种传感器之一,广泛应用于工业自动化控制涉及水利水电、铁路交通、智能建筑、航空航天、军工、石化、油田、电力、船舶、机床、管道传输等众多领域。

（15）24GHz雷达传感器。24GHz雷达传感器采用高频微波来测量物体运动速度、距离、运动方向、方位角度信息，采用平面微带天线设计，具有体积小、质量轻、灵敏度高、稳定强等特点，广泛运用于智能交通、工业控制、安防、体育运动、智能家居等领域。工业和信息化部于2012年11月19日正式发布了《24GHz频段短距离车载雷达设备使用频率的通知》（工信部无〔2012〕548号），明确提出将24GHz频段短距离车载雷达设备作为车载雷达设备的规范。

（16）液位传感器。液位传感器主要有以下类型。

① 浮球式液位传感器。浮球式液位传感器由磁性浮球、测量导管、信号单元、电子单元、接线盒及安装件组成。

磁性浮球的比重一般小于0.5，可漂于液面并沿测量导管上下移动。导管内装有测量元件，可以在外磁的作用下将被测液位信号转换成正比于液位变化的电阻信号，并将电子单元转换成4～20mA或其他标准信号输出。该传感器为模块电路，具有耐酸、防潮、防振、防腐蚀等优点，电路内部含有恒流反馈电路和内保护电路，使得输出的最大电流不会超过28mA，因而能够可靠地保护电源并使二次仪表不被损坏。

② 浮筒式液位传感器。浮筒式液位传感器是将磁性浮球改为浮筒，它是根据阿基米德原理（浮力定律）设计的。浮筒式液位传感器是利用金属薄膜应变传感技术来测量液体的液位、界位或密度的。它在工作时可以通过现场按键来进行常规的设定操作。

③ 静压式液位传感器。该传感器用于测量液体的静压力。它用硅压力传感器将测量到的压力转换成电信号，再经放大电路放大和补偿电路补偿后，以4～20mA或0～10mA的电流强度输出信号。

（17）真空度传感器。

① 概念。真空度传感器采用先进的硅微机械加工技术生产，以集成硅压阻力敏元件作为传感器的核心元件制成绝对压力变感器，由于采用由硅-硅直接键合或硅-派勒克斯玻璃静电键合形成的真空参考压力腔，及一系列无应力封装技术及精密温度补偿技术，因而具有性能稳定、精度高的优点，适用于各种情况下绝对压力的测量与控制。

② 特点及用途。采用低量程芯片真空绝压封装，产品具有高的过载能力。芯片采用真空充注硅油隔离，不锈钢薄膜过渡传递压力，具有优良的介质兼容性，适用于对316L不锈钢不腐蚀的绝大多数气液体介质真空压力的测量。真空度传染其应用于各种工业环境的低真空测量与控制。

（18）电容式物位传感器。电容式物位传感器用于在工业企业的生产过程中进行测量和控制，主要用于非导电介质的液体液位或粉粒状固体料位的远距离连续测量与指示。

电容式液位传感器由电容式传感器与电子模块电路组成，以两线制4～20mA恒定电流输出为基型，经过转换，可以用三线或四线方式输出，输出为1～5V、0～5V、0～10mA等标准信号。电容传感器由绝缘电极和装有测量介质的圆柱形金属容器组成。当料位上升时，因非导电物料的介电常数明显小于空气的介电常数，所以电容量随着物料高度的变化而变化。传感器的模块电路由基准源、脉宽调制、转换、恒流放大、反馈和限流等单元组成。采用脉宽调制原理进行测量的优点是频率较低，对周围无射频干扰、稳定性好、线性好、无明显温度漂移等。

（19）智能传感器。智能传感器的功能是通过模拟人体感官和大脑的协调动作,结合长期测试技术的研究和实际经验提出来的,是一个相对独立的智能单元。它的出现使对硬件性能要求有所下降,依靠软件的帮助可以使传感器的性能大幅度提高。具体如下。

① 信息存储和传输。随着智能分布式系统(smart distributed system)的飞速发展,要求智能单元具备通信功能,用通信网络以数字形式进行双向通信是智能传感器的关键标志之一。智能传感器通过测试数据传输或接收指令来实现增益的设置、补偿参数的设置、内检参数设置、测试数据输出等功能。

② 自补偿和计算功能。多年来从事传感器研制的工程技术人员一直为传感器的温度漂移和输出非线性做大量的补偿工作,但都没有从根本上解决问题。智能传感器的自补偿和计算功能为传感器的温度漂移和非线性补偿开辟了新的道路。这样一来,就可降低对传感器制造精密度的要求,只要传感器的重复性完好,利用微处理器对测试的信号进行计算,再采用多次拟合和差值计算方法对温度漂移和非线性进行补偿,就能使压力传感器获得较精确的测量结果。

③ 自检、自校、自诊断功能。普通传感器需要定期检验和标定,以保证它在正常使用时足够的准确度,这些工作一般要求将传感器从使用现场拆卸后送到实验室或检验部门由专业人员进行维护和保养,而对于在线测量的传感器出现异常则不能及时诊断。采用智能传感器后,情况会大有改观。在电源接通时会进行自检,以确定组件有无故障,在使用时,可以在线进行校正,微处理器利用存储在 EPROM 内的计量特性数据进行对比校对。

④ 复合敏感功能。观察周围的自然现象,常见的信号有声、光、电、热、力、化学等。敏感元件测量一般通过直接和间接两种方式进行测量。智能传感器具有复合功能,能够同时测量多种物理量和化学量,能够较全面地给出反映物质运动规律的信息。

2. 化学传感器

（1）锑电极酸度传感器。锑电极酸度传感器是集 pH 值检测、自动清洗、电信号转换于一体的工业在线分析仪表,它是由锑电极与参考电极组成的 pH 值测量系统。在被测酸性溶液中,由于锑电极表面会生成三氧化二锑氧化层,所以在金属锑面与三氧化二锑之间会形成电位差。该电位差的大小取决于三氧化二锑的浓度,该浓度与被测酸性溶液中氢离子的浓度相对应。如果把锑、三氧化二锑和水溶液的浓度都当作 1,其电极电位就可用能斯特方程计算出来。

锑电极酸度传感器中的固体模块电路由两部分组成。为了现场作业的安全起见,电源部分采用 24V 交流电,专为二次仪表供电使用。这一电源除了为清洗电动机提供驱动电源外,还应通过电流转换单元转换成相应的直流电,供变送电路使用。第二部分是测量传感器电路,它把来自传感器的基准信号和 pH 值信号放大后送给斜率调整和定位调整电路,使信号内阻降低并可调节。放大后的 pH 值信号与温度补偿信号进行叠加后再送入转换电路,最后输出与 pH 值相对应的 4～20mA 恒流电流信号给二次仪表,以完成显示并控制pH 值。

（2）酸、碱、盐浓度传感器。酸、碱、盐浓度传感器是通过测量溶液的电导值来确定浓度的。它可以在线连续检测工业过程中酸、碱、盐在水溶液中的浓度。这种传感器主要应用于锅炉给水处理、化工溶液的配制以及环保等工业生产过程。

酸、碱、盐浓度传感器的工作原理如下：在一定的范围内,酸、碱溶液的浓度与其电导率的大小呈比例关系。因而,只要测出溶液电导率的大小便可得知酸碱浓度的高低。当被测溶液流入专用电导池时,如果忽略电极极化和分布电容,则可以等效为一个纯电阻。在有恒压交变电流流过时,其输出电流与电导率呈线性关系,而电导率又与溶液中酸、碱浓度呈比例关系。因此只要测出溶液电流,便可算出酸、碱、盐的浓度。

酸、碱、盐浓度传感器主要由电导池、电子模块、显示表头和壳体组成。电子模块电路则由激励电源、电导池、电导放大器、相敏整流器、解调器、温度补偿、过载保护和电流转换等单元组成。

(3)溶液电导传感器。溶液电导传感器是通过测量溶液的电导值来间接测量离子浓度的流程仪表(一体化传感器),可在线连续检测工业过程中水溶液的电导率。

由于电解质溶液与金属导体一样,是电的良导体,因此电流流过电解质溶液时必有电阻作用且符合欧姆定律。液体的电阻温度特性与金属导体相反,具有负温度特性。为区别于金属导体,电解质溶液的导电能力用电导(电阻的倒数)或电导率(电阻率的倒数)来表示。当两个互相绝缘的电极组成电导池时,若在其中间放置待测溶液,并通以恒压交变电流,就形成了电流回路。如果将电压大小和电极尺寸固定,则回路电流与电导率就存在一定的函数关系。这样,测了待测溶液中流过的电流,就能测出待测溶液的电导率。电导传感器的结构和电路与酸、碱、盐浓度传感器相同。

3. 生物传感器

(1)生物传感器的概念。生物传感器是用生物活性材料(酶、蛋白质、DNA、抗体、抗原、生物膜等)与物理化学换能器有机结合的一项技术,是发展生物技术必不可少的一种先进的检测方法与监控方法,也是分子水平的快速、微量分析方法。各种生物传感器均包括一种或数种相关生物活性材料(生物膜)及能把生物活性表达的信号转换为电信号的物理或化学换能器(传感器),两者组合在一起,用现代微电子和自动化仪表技术进行生物信号的再加工,构成各种可以使用的生物传感器分析装置、仪器和系统。

(2)生物传感器的原理。待测物质经扩散作用进入生物活性材料,经分子识别后发生生物学反应,产生的信息会被相应的物理或化学换能器转变成可定量和可处理的电信号,该信号再经过二次仪表的放大和输出,便可知道待测物浓度。

(3)生物传感器的分类。按照感受器中采用的生命物质不同,生物传感器可分为微生物传感器、免疫传感器、组织传感器、细胞传感器、酶传感器、DNA 传感器等。

按照传感器器件检测的原理不同,生物传感器可分为热敏生物传感器、场效应管生物传感器、压电生物传感器、光学生物传感器、声波道生物传感器、酶电极生物传感器、介体生物传感器等。

按照生物敏感物质相互作用的类型不同,生物传感器可分为亲和型和代谢型两种。

2.3　物联网与传感器

物联网(the internet of things)又称传感器网络,它的定义是,通过射频识别、红外感应器、全球定位系统、激光扫描器等信息传感设备,按照约定的协议,把任何物品与互联网连接起来,进行信息交换和通信,以实现智能化识别、定位、跟踪、监控和管理的一种网络。

在基础科学研究中,物联网传感器更具有突出的地位。现代科学技术的发展,进入了许多新领域。从茫茫宇宙到微观粒子世界,从天体演化到瞬间化学反应,从认识新物质、开拓新能源、新材料到超高温、超低温、超高压、超高真空、超强磁场、超弱磁场等具有重要作用的各种极端技术研究,所需的大量信息都是人类感官无法直接获取的,没有合适的传感器是不可能完成的。许多基础科学研究的障碍,往往在于研究对象的信息获取十分困难,一些新型高灵敏度检测传感器的出现,往往会带来突破性研究成果。传感器的发展,往往是一些边缘学科开发的先驱。

物联网传感器早已渗透到工业生产、智能家居、宇宙开发、海洋探测、环境保护、资源调查、医学诊断、生物工程甚至文物保护等领域。毫不夸张地说,从茫茫的太空到浩瀚的海洋,各种复杂的工程系统、现代化的项目,都离不开各种各样的传感器。

由此可见,物联网传感器技术在发展经济、推动社会进步方面的重要作用是十分明显的。世界各国都十分重视这一领域的发展。相信在不久的将来,传感器技术将会出现一个飞跃,达到与其重要地位相称的新水平。

传感器就是把自然界中的各种物理量、化学量、生物量转换为可测量的电信号的装置或元件,可见传感器的种类有多么纷繁复杂。

传感器属于物联网的神经末梢,是人类感知自然最核心的元件,各类传感器的大规模部署和应用构成了物联网的基本条件,应根据不同的应用使用不同的传感器,其覆盖范围包括智能工业、智能安保、智能家居、智能运输、智能医疗等。

无线传感器网络是一种由独立分布的结点及网关构成的传感器网络。安放在不同地点的传感器结点不断采集外界温度、声音、振动等物理信息。相互独立的结点之间通过无线网络进行通信。无线传感器网络的每个结点不但能够实现数据的采集和简单处理,还能接收来自其他结点的数据并最终将数据发送到网关。工程师可以从网关获取数据,查看历史数据记录并进行分析。通常,一个典型的无线传感器网络结点的硬件结构包括传感器接口、ADC、微处理器、电源及无线收发装置。

无线传感器网络诞生于 20 世纪 70 年代,最早被应用于美国军方资助项目。经过几十年的发展,无线传感器网络的应用逐渐转向民用,在环境监测、智能建筑,以及一些无法放置有线传感器的工业环境中都可见到它的身影。美国的《商业周刊》(1999 年)和 MIT 的《技术评论》(2003 年)相继将其评价为 21 世纪最具影响力的 20 项技术及改变世界的十大新技术。

作为一种针对应用而开发的技术,在项目中选择无线传感器网络必须考虑实用性。构建一个典型的无线传感器网络,必须要考虑以下 4 个重要的因素:网络选择、拓扑结构、功耗以及兼容性。

物联网发展的一大瓶颈是没有类似 HTML 的统一数据交换标准,而不是 IP 地址不够或其他关键技术实现不了。寻址问题可以通过多种方式解决,包括通过发放统一 UID 等方式解决,IPv6 或 IPv9 固然重要,但传感器网络的很多底层通信介质可能很难运行 IP Stack。一些传感器和传感器网络关键技术的攻关也很重要,但那是"点"的问题,不是"面"的问题。比较大的问题还是数据表达、交换与处理的标准,以及应用支撑的中间件架构问题。同方公司从 2004 年起就推出了 ezM2M 物联网业务基础中间件产品和 oMIX 数据交换标准(产品中还实现了中国移动的 WMMP 标准),中国电信也推出了 MDMP 标准,但是一个或几个企业的力量是有限的,既然物联网产业已经被提到国家战略的高度,如果以国家层面的高度来推进物联网数据交换标准和中间件标准，一定能够发挥整体作用，而且要比制定其他通信层和传感器的技术攻关见效快。

数据交换标准主要落地在物联网 DCM 三层体系的应用层和感知层，配合传输层通道，目前国外已提出很多标准，例如，EPCGlobal 的 ONS/PML 标准体系，Telematics 行业推出的 NGTP 标准协议及其软件体系架构，以及 EDDL、M2MXML、BITXML、oBIX 等。传感层的数据格式和模型有 TransducerML、SensorML、IRIG、CBRN、EXDL、TEDS 等。目前的挑战是把这些现有标准融合，实现一个统一的 HTML 式物联网数据交换大集成应用标准。

第3章　物联网数据通信技术

本章对物联网通信技术进行比较详细的介绍,使读者对通信技术有一个全面的认识,更清晰地掌握 ZigBee、蓝牙、WiFi 等技术的要点,熟悉物联网系统开发中最重要的通信环节知识。

3.1　通信技术概述

开放系统互连参考模型(open system interconnection reference model,OSI-RM)是一个由国际标准化组织(ISO)提出的概念模型,是一个使各种不同的计算机和网络在世界范围内实现互联的标准框架。它将计算机网络体系结构划分为 7 层,每层都可以提供抽象且良好的接口。

OSI-RM 各层间关系和通信时的数据流向如图 3-1 所示。

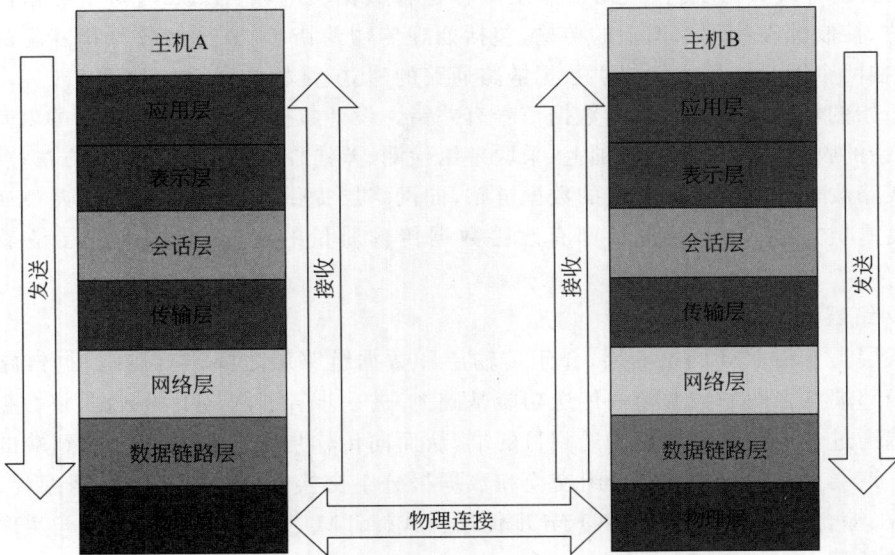

图 3-1　数据流向图

1. 物理层

物理层是 OSI-RM 的第 1 层,它虽然处于模型的最底层,却是整个开放系统的基础。物理层的作用是为设备之间的数据通信提供传输媒体及互连设备,为数据传输提供可靠的环境。

物理层要解决的主要问题如下。

(1) 物理层要尽可能地屏蔽掉物理设备、传输媒体和通信手段的不同,使数据链路层的用户感觉不到这些差异,只考虑完成本层的协议和服务。

（2）给其服务用户（数据链路层）在一条物理的传输媒体上传送和接收数据流（一般为串行按顺序传输的数据流）的能力，为此物理层应该解决物理连接的建立、维持和释放问题。

（3）在两个相邻系统之间唯一地标识数据电路。

物理层的主要功能如下。

（1）为数据端设备提供传送数据的通路。数据通路可以是一个物理媒体，也可以是多个物理媒体连接而成。一次完整的数据传输包括激活物理连接、传送数据、终止物理连接。所谓激活，就是不管有多少物理媒体参与，都要将通信的两个数据终端设备连接起来，形成一条通路。

（2）传输数据。物理层要形成适合数据传输需要的实体，为数据传送服务，一是要保证数据能在其上正确通过，二是要提供足够的带宽，以减少信道上的拥塞。传输数据的方式能满足点对点、一点对多点、串行或并行、半双工或全双工、同步或异步传输的需要。

（3）完成物理层的一些管理工作。

2. 数据链路层

数据链路层是 OSI-RM 的第 2 层，介于物理层和网络层之间。数据链路层在物理层提供服务的基础上向网络层提供服务，其最基本的服务是将源自网络层的数据可靠地传输到相邻结点的目标机网络层。为达到这一目的，数据链路必须具备一系列相应的功能，主要有：将数据组合成数据块，在数据链路层中称这种数据块为帧（frame），帧是数据链路层的传送单位；控制帧在物理信道上的传输，包括处理传输差错，调节与接收方相匹配的发送速率，以及在两个网络实体之间提供数据链路通路的建立、维持和释放的管理。

在原始的物理线路上传输的数据信号有差错。设计数据链路层的主要目的就是在原始的、有差错的物理传输线路的基础上，采取差错检测、差错控制与流量控制等方法，将有差错的物理线路改进成逻辑上无差错的数据链路，向网络层提供高质量的服务。从 OSI 参考模型的角度看，物理层之上的各层都有改善数据传输质量的责任，数据链路层是最重要的一层。

3. 网络层

网络层是 OSI-RM 的第 3 层，介于传输层和数据链路层之间，它可在数据链路层提供的两个相邻端点之间的数据帧的传送功能基础上，进一步管理网络中的数据，将数据设法从数据源端经过若干个中间结点传送到目的端，从而向传输层提供最基本的端到端的数据传送服务。该层主要包括虚电路分组交换和数据报分组交换、路由选择算法、阻塞控制方法、x.25 协议、综合业务数据网（ISDN）、异步传输模式（ATM）及网际互连的原理与实现。

4. 传输层

传输层（transport layer）是 ISO-RM 的第 4 层，用于实现端到端的数据传输。该层是两台计算机经过网络进行数据通信时第一个端到端的层次，具有缓冲作用。当网络层服务质量不能满足要求时，它将服务加以提高，以满足高层的要求；当网络层服务质量较好时，它只提供很少的服务。传输层还可进行复用，即在一个网络连接上创建多个逻辑连接。传输层在终端用户之间提供透明的数据传输，向上层提供可靠的数据传输服务。传输层在给定的链路上通过流量控制、分段/重组和差错来控制。可以理解为，每一个应用程序都会在网卡注册一个端口号，该层就是端口与端口的通信，常用的协议为 TCP/IP。

传输层提供了主机应用程序进程之间的端到端的服务，基本功能如下。

（1）分割与重组数据。

（2）按端口号寻址。

（3）连接管理。

（4）差错控制和流量控制，纠错的功能。

传输层要向会话层提供通信服务的可靠性，避免报文的出错、丢失、延迟紊乱、重复、乱序等差错。

5. 会话层

会话层（session）建立在传输层之上，是 OSI-RM 的第 5 层。它利用传输层提供的服务，使应用建立和维持会话，并使会话获得同步。会话层使用了校验点，可使通信会话在通信失效时从校验点继续恢复通信。这种能力对于传送大的文件极为重要。

会话层的主要功能如下。

（1）为会话实体之间建立连接。在给两个使用对等会话服务的用户建立会话连接时，应该做如下几项工作。

① 将会话地址映射为运输地址。

② 选择需要的运输服务质量（QoS）参数。

③ 协商会话参数。

④ 识别各个会话连接。

⑤ 传送有限的透明用户数据。

（2）数据传输阶段。这个阶段是在两个会话的用户之间实现有组织的同步数据传输。用户数据单元为会话服务数据单元（session service data unit，SSDU），而协议数据单元为会话协议数据单元（session protocol data unit，SPDU）。会话用户之间的数据传送过程是通过将 SSDU 转变成 SPDU 进行的。

（3）连接释放。连接释放是通过"有序释放""废弃""有限量透明用户数据传送"等功能单元来释放会话连接的。

6. 表示层

表示层位于 OSI-RM 的第 6 层，它的主要作用之一是为异种机通信提供一种公共语言，以便能进行互操作。这种类型的服务之所以需要，是因为不同的计算机体系结构使用的数据表示法不同。与第 5 层提供透明的数据运输不同，表示层是处理转换、加密和压缩等所有与数据表示及传送有关的问题。每台计算机内部都有自己的数据表示方法，例如，ASCII码与 EBCDIC 码，所以需要表示层协定来保证不同的计算机可以彼此理解。

表示层为应用层提供的服务有 3 项。

（1）语法转换。语法转换涉及代码转换和字符集的转换，数据格式的修改、数据结构操作的适配、数据压缩、数据加密等。

（2）语法选择。语法选择是提供初始选择的一种语法和随后修改这种选择的手段。

（3）连接管理。利用会话层提供的服务建立连接，管理在这一连接之上的数据运输和同步控制，以及正常或非正常地终止连接。它可简单地理解为解决不同系统之间的通信，例如，Linux 下的 QQ 和 Windows 下的 QQ 可以通信。

7. 应用层

应用层（application layer）是 OSI-RM 的第 7 层，直接向应用程序提供接口和常见的网络应用服务。应用层用于向表示层发出请求,是开放系统的最高层,直接为应用进程提供服务。其作用是在实现多个系统应用进程相互通信的同时,完成一系列业务处理所需的服务。其服务元素分为两类:公共应用服务元素(common application service element,CASE)和特定应用服务元素(specific application service element,SASE)。CASE 提供最基本的服务,是应用层中任何用户和任何服务元素的用户,主要为应用进程通信和分布系统的实现提供基本的控制机制;SASE 则要满足一些特定服务,如文件传送、访问管理、作业传送、银行事务、订单输入等。

3.2 物联网通信协议

3.2.1 MQTT 协议

消息队列遥测传输(message queuing telemetry transport,MQTT)协议是 IBM 开发的一个即时通信协议,是为计算能力有限且工作在低带宽、不可靠网络的远程传感器和控制设备进行通信而设计的一种协议。

MQTT 协议的优势是可以支持所有平台,几乎可以把所有连网的物品和互联网连接起来。它主要具有以下特性。

(1) 使用发布/订阅消息模式,提供一对多的消息发布和应用程序之间的解耦。

(2) 消息传输不需要知道负载内容。

(3) 使用 TCP/IP 提供网络连接。

(4) 有 3 种消息发布的服务质量(QoS)。

① QoS 0:最多一次。消息发布完全依赖底层 TCP/IP 网络。分发的消息可能丢失或重复。例如,这个等级可用于环境传感器数据,单次的数据丢失没关系,因为不久后还会有第二次发送。

② QoS 1:至少一次。确保消息可以到达,但消息可能会重复。

③ QoS 2:只有一次。确保消息只到达一次。例如,这个等级可用在一个计费系统中,这里如果消息重复或丢失会导致不正确的收费。

(5) 小型传输,开销很小(固定长度的头部长度为 2B),协议交换最小化,以降低网络流量。

(6) 使用 Last Will 和 Testament 特性通知相关各方客户端异常中断的机制。

在 MQTT 协议中,一个 MQTT 数据包由固定头(fixed header)、可变头(variable header)、消息体(payload)3 部分构成。MQTT 的传输格式非常精小,最小的数据包只有 2b 且无应用消息头。

发布/订阅模型允许 MQTT 客户端以一对一、一对多和多对一方式进行通信。

3.2.2 受限制的应用协议

由于物联网中的很多设备目前都是资源受限型的,只有少量的内存空间和有限的计算能力,所以传统的超文本传输协议(hypertext transfer protocol,HTTP)在物联网应用中就会显得过于庞大。因此,因特网工程任务组(Internet Engineering Task Force,IETF)的受限制后 RESTful 环境(constrained RESTful environments,CoRE)工作组提出了一种基于 REST 架构、传输层为用户数据报协议(user datagram protocol,UDP)、网络层为 6LowPAN(面向低功耗无线局域网的 IPv6)的受限制的应用协议(constrained application protocol,CoAP)。

CoAP 采用与 HTTP 相同的请求响应工作模式,共有 4 种不同的消息类型。

(1) CON:需要被确认的请求,如果 CON 请求被发送,那么对方必须做出响应。

(2) NON:不需要被确认的请求,如果 NON 请求被发送,那么对方不必做出回应。

(3) ACK:应答消息,接收到 CON 消息的响应。

(4) RST:复位消息,若接收者接收到的消息包含一个错误,接收者解析消息或者不再关心发送者发送的内容,那么复位消息将会被发送。

CoAP 消息格式使用简单的二进制格式,最小为 4B。具体如下。

消息＝固定长度的头部 header＋可选个数的 option＋负载 payload

其中,payload 的长度根据数据报长度来计算。

MQTT 协议和 CoAP 都是行之有效的物联网协议,但两者有很大的区别,如 MQTT 协议基于传输控制协议(transmission control protocol,TCP),而 CoAP 基于 UDP。从应用方向来分析,主要区别有以下几点。

(1) MQTT 协议不支持带有类型或其他帮助 Clients 理解的标签信息,也即所有 MQTT Clients 必须知道消息格式。而 CoAP 则相反,因为 CoAP 内置支持和内容协商,这样便能允许设备相互窥测以找到数据交换的方式。

(2) MQTT 协议是长连接而 CoAP 是无连接。MQTT Clients 与 Broker 之间保持 TCP 长连接,这种情况在网络地址转换(network address translation,NAT)环境中也不会产生问题。如果在 NAT 环境下使用 CoAP 进行,那就需要采取一些 NAT 穿透性手段。

(3) MQTT 协议是多个客户端通过中央代理进行消息传递的多对多协议。它主要通过客户端发布消息、代理决定消息路由和复制来解耦消费者和生产者。MQTT 协议相当于消息传递的实时通信总线。CoAP 基本上就是一个在 Server 和 Client 之间传递状态信息的单对单协议。

3.2.3 超文本传输协议

HTTP 是互联网上应用最广泛的一种网络协议,主要用于 Web 浏览器和网站服务器之间的信息传递。HTTP 是基于 TCP/IP 的应用层协议,默认使用 80 端口。其最新版本是 HTTP 2.0,目前使用最广泛的版本是 HTTP 1.1。

HTTPS 可以简单理解为安全版的 HTTP,是基于 TCP/IP 和 SSL/TLS 协议的应用层协议。默认使用 443 端口。

HTTP 和 HTTPS 的区别是,HTTP 以明文方式发送内容,不提供任何方式的数据加密,如果攻击者截取了 Web 浏览器和网站服务器之间的传输报文,就可以直接读懂其中的信息,因此 HTTP 不适合传输密码等敏感信息。

为了解决 HTTP 的这一缺陷,需要使用另一种协议:基于安全套接字层的超文本传输安全协议(HTTPS)。为了数据传输的安全,HTTPS 在 HTTP 的基础上加入了 SSL 协议,SSL 依靠证书来验证服务器的身份,并为浏览器和服务器之间的通信加密。

1. HTTPS 和 HTTP 的区别

HTTPS 和 HTTP 的区别主要有以下 4 点。

（1）HTTPS 需要到 CA 申请证书，免费证书很少，一般需要付费。

（2）HTTP 的信息是明文传输的，HTTPS 则是具有安全性的 SSL 加密传输协议。

（3）HTTP 和 HTTPS 使用的是完全不同的连接方式，用的端口也不一样，前者是 80 端口，后者是 443 端口。

（4）HTTP 的连接很简单，是无状态的；HTTPS 是由 SSL＋HTTP 构建的可进行加密传输、身份认证的网络协议，比 HTTP 安全。

2. HTTP 工作流程

HTTP 工作流程如下。

（1）客户端和服务器之间建立一条连接。

（2）连接建立后，客户端向服务器发起一个请求（request）。

（3）服务器收到一个请求后，给客户端一个响应（response）。

（4）客户端收到响应后做进一步处理。

HTTP 是基于传输层 TCP 的，而 TCP 是一个端到端的面向连接的协议。所谓的端到端可以理解为进程到进程之间的通信。所以 HTTP 在开始传输之前，首先需要建立 TCP 连接，而 TCP 连接的过程需要"三次握手"。在 TCP 三次握手之后，建立了 TCP 连接，此时 HTTP 就可以进行传输了。一个重要的概念是面向连接，即 HTTP 在传输完成之间并不断开 TCP 连接。在 HTTP 1.1 中（通过 connection 头设置）这是默认行为。

HTTP 是一个面向连接的无状态协议。无状态是指同一个客户端的这次请求和上次请求是没有对应关系，对 HTTP 服务器来说，它并不知道这两个请求来自同一个客户端。这意味着，每个请求都是独立的，任何两个请求之间无任何记忆关系。如果服务端处理一个请求需要前面的信息，则该信息必须重传。这样做的结果是，在服务端处理不需要先前信息的请求时，应答会比较快。

除了上面的特点，还有一些其他特点。

（1）支持客户—服务器模式。支持基本认证和安全认证。

（2）简单快速。客户向服务器请求服务时，只需传送请求方法和路径。请求方法常用的有 GET、HEAD、POST。每种方法规定了客户与服务器联系的不同类型。由于 HTTP 简单，使得 HTTP 服务器的程序规模小，因而通信速度很快。

（3）灵活。HTTP 允许传输任意类型的数据对象。正在传输的类型由 content-type 加以标记。

（4）在 HTTP 1.1 之前，使用非持续连接，客户端（浏览器）和服务器每次连接只处理一个请求。服务器处理完客户端的请求，对客户端做出应答后，即断开连接。HTTP 1.1 开始，默认都开启了 keep-alive，保持连接特性，简单地说，当一个网页打开完成后，客户端和服务器之间用于传输 HTTP 数据的 TCP 连接不会关闭，如果客户端再次访问这个服务器上的网页，会继续使用这一条已经建立的连接。keep-alive 不会永久保持连接，它有一个保持时间，可以在不同的服务器软件（如 Apache）中设定这个时间。

3.2.4 可扩展消息处理现场协议

可扩展消息处理现场协议(extensible messaging and presence protocol，XMPP)是一种基于可扩展标记语言(extensible markup language，XML)的近端串流式即时通信协议。它将现场和上下文敏感信息标记嵌入 XML 结构化数据中，使人与人之间、应用系统之间、人与应用系统之间能即时通信。XMPP 是一种基于 XML 架构的开放式协议，它的基础部分已经在 2002—2004 年得到了因特网工程任务组(IETF)的批准，XMPP 会在未来理所当然地同 TCP/IP、HTTP、FTP、SMTP、POP 等 Internet 协议一样成为 Internet 的标准。

XMPP 中定义了客户端、服务器及网关 3 个角色。通信能够在这三者的任意两个之间双向发生。服务器同时承担了客户端信息记录、连接管理和信息的路由功能。网关负责与 SMS(短信)、MSN、ICQ 等异构即时通信系统的互联互通。基本的网络形式是单客户端通过 TCP/IP 连接到单服务器并传输 XML。

1. XMPP 的优点

(1) 分布式。XMPP 网络的架构和电子邮件十分相像，核心协议通信方式都需要先创建一个 stream，XMPP 使用 TCP 传递 XML 数据流，没有中央主服务器。任何人都可以运行自己的 XMPP 服务器，管理各自的实时通信。

(2) 安全。任何 XMPP 服务器都可以独立于公共 XMPP 网络(如在企业内部网络中)，而使用简单认证和安全层(simple authentication and security layer，SASL)是一种用来扩充 C/S 模式验证能力的机制)及安全传输层协议(transport lager security，TLS)用于在两个通信应用程序之间提供保密性和数据完整性)等技术的可靠安全性，已自带于核心 XMPP 技术规格中。

(3) 可扩展。XML 命名空间可使任何人在核心协议的基础上组建定制化的功能。

在 XMPP 中，即时消息(instant message)和到场信息(presence message)都是基于 XML 的结构化信息，这些信息以 XML 节(XML stanza)的形式在通信实体间交换。XMPP 发挥了 XML 结构化数据的通用传输层的作用，它将出席和上下文敏感信息嵌入 XML 结构化数据中，从而使数据以极高的效率传送给最合适的资源。基于 XML 建立起来的应用具有良好的语义完整性和扩展性。

(4) 弹性佳。XMPP 除了可用于实时通信的应用程序，还能用于网络管理、内容供稿、协同工具、文件共享、游戏、远程系统监控等，应用范围相当广泛。

(5) 多样性。用 XMPP 建造及部署实时应用程序及服务的公司分布在各种领域；用 XMPP 技术开发软件，资源及支持的来源是多样的，使开发者不会陷于被"绑架"的困境。

(6) 分布式的网络架构。XMPP 的实现都是基于客户-服务器架构的，但是 XMPP 本身并没有限定非此架构不可。它与电子邮件的架构非常相似，但是又不仅限于此。所以其应用范围十分广泛。

2. XMPP 的缺点

XMPP 没有二进制数据。XMPP 的编码方式为一个单一的长 XML 文件，因此无法修改二进制数据。文件传输使用的是 HTTP，采用 Base64(Base64 是网络上最常见的用于传输 8b 代码的编码方式之一)。

3. 工作原理

（1）结点连接到服务器。

（2）服务器利用本地目录系统中的证书对其认证。

（3）结点指定目标地址，让服务器告知目标状态。

（4）服务器查找、连接并进行相互认证。

（5）结点之间进行交互。

3.3 ZigBee 技术

基于 ZigBee 的无线设备工作在 868MHz、915MHz 和 2.4GHz 这 3 个频带，数据的最大传输速率是 250kb/s。ZigBee 技术主要针对以电池为电源的应用，这些应用对低数据速率、低成本、更长时间的电池寿命有较高的需求。在一些 ZigBee 应用中，无线设备持续处于活动状态的时间是有限的，大部分时间无线设备是处于省电模式（也称休眠模式），因此 ZigBee 设备在电池需要更换以前能够工作数年。

ZigBee 是基于 IEEE 802.15.4 标准的低功耗局域网协议。根据相关标准规定，ZigBee 技术是一种短距离、低功耗的无线通信技术。这一名称（又称紫蜂协议）来源于蜜蜂的八字舞。蜜蜂（bee）在飞行中是靠"嗡嗡"（zig）地抖动翅膀与同伴传递花粉所在位置信息的，也就是说蜜蜂依靠这样的方式在群体中构成了通信网络。ZigBee 技术的特点是近距离、低复杂度、自组织、低功耗、低数据传输速率，主要用于嵌入各种设备，实现自动控制和远程控制。简而言之，ZigBee 就是一种便宜且低功耗的近距离无线组网通信技术。ZigBee 协议是一种低速短距离传输的无线网络协议。ZigBee 协议从下至上分别为物理层（PHY）、介质访问控制层（MAC）、网络层（NWK）、传输层（TL）、应用层（APL）等。其中物理层和介质访问控制层遵循 IEEE 802.15.4 标准的规定。

3.3.1 ZigBee 的技术特点

ZigBee 是一种崭新的，专注于低功耗、低成本、低复杂度、低速率的近程无线网络通信技术，也是嵌入式应用的一大热点。它具有以下 7 个特点。

（1）功耗低。在低耗电待机模式下，两节 5 号干电池可支持 1 个结点工作 6～24 个月甚至更长。这是 ZigBee 的突出优势。相比较，蓝牙能工作数周、WiFi 可工作数小时。

（2）成本低。通过大幅简化协议（不到蓝牙的 1/10），降低了对通信控制器的要求，按预测分析，以 8051 的 8 位微控制器测算，全功能的主结点需要 32KB 代码，子功能结点少至 4KB 代码，而且 ZigBee 免协议专利费。

（3）速率低。ZigBee 工作在 250kb/s 的通信速率，满足低速率传输数据的应用需求。

（4）距离近。传输范围一般为 10～100m，在增加射频的发射功率后，可增加到 1～3km。这指的是相邻结点之间的距离。如果通过路由和结点之间的通信接力，传输距离将可以更远。

（5）延迟短。ZigBee 的响应速度较快，从睡眠转入工作状态一般只需 15ms，结点连接进入网络只需 30ms，进一步节省了电能。相比之下，蓝牙需要 3～10s、WiFi 需要 3s。

（6）容量高。ZigBee 可采用星状、片状和网状网络结构，由一个主结点管理若干子结点,最多一个主结点可管理 254 个子结点;同时主结点还可由上一层网络结点管理,最多可组成 65 000 个结点的大网。

(7) 高安全。ZigBee 提供了三级安全模式,包括无安全设定、使用访问控制列表(access control list,ACL)防止非法获取数据及采用高级加密标准(AES128)的对称密码,灵活确定其安全属性。

(8) 免执照频带。采用直接序列扩频在工业、科学和医疗(ISM)频带(2.4GHz)。

3.3.2 ZigBee 的应用及优势

基于 ZigBee 技术的传感器网络应用非常广泛,可以帮助人们更好地实现生活梦想。ZigBee 技术应用在数字家庭中,可使人们随时了解家里电子设备的状态,可用于对家中病人的监控。ZigBee 传感器网络用于楼宇自动化领域,可降低运营成本。例如,酒店里遍布空调供暖(HVAC)设备,如果在每台空调设备上都安装一个 ZigBee 结点,就能对这些空调系统进行实时控制,节约能源消耗。此外,通过在手机上集成 ZigBee 芯片,可将手机作为ZigBee 传感器网络的网关,实现对智能家居产品的自动化控制、进行移动商务(利用手机购物)等诸多功能。目前,意大利 TIM 移动公司已经推出了基于 ZigBee 技术的 Z-sim 卡,用于移动电话与电视机顶盒、计算机、家用电器之间的通信及停车场收费等。综上所述,ZigBee 技术具有以下优势。

1. 稳定可靠

WDT 看门狗设计,保证系统稳定;提供 TTL 串行接口、SPI 接口;天线接口防雷保护(可选)。

2. 标准易用

采用 2.0V 电压的 SMA 与 DIP 接口,特别适合不同的应用需求;提供的 TTL 接口可直接与使用相同电压的 TTL 串口设备连接。

3. 智能型数据模式

上电即可进入数据传输状态,使用方便、灵活,有多种工作模式可供选择;具有方便的系统配置和维护接口;支持串口软件升级和远程维护。

4. 功能强大

支持 ZigBee 无线短距离数据传输;具备中继路由和终端设备功能;支持点对点、点对多点、对等和 Mesh 网络;网络容量大,最多可拥有 65 535 个结点;结点类型灵活,中心结点、路由结点、终端结点可任意设置;发送模式灵活,可选择广播发送或目标地址发送模式;通信距离大;提供 6 路输入输出端口,可实现 6 路数字量输入输出;兼容 6 路脉冲输出、3 路模拟量输入、3 路脉冲计数功能。

3.3.3 ZigBee 性能的优缺点

ZigBee 的底层技术基于 IEEE 802.15.4 协议,其物理层和介质访问控制(MAC)层直接使用了 IEEE 802.15.4 协议。

人们在蓝牙技术的使用过程中发现,尽管蓝牙技术有许多优点,但也仍存在许多缺陷。对工业、智能家居和工业遥测遥控领域而言,蓝牙技术太复杂,功耗大、距离近、组网规模太小等。而工业自动化对无线数据通信的需求越来越强烈,工业现场所用的无线传输技术必须是高可靠的,要能抵抗工业现场的各种电磁干扰,因此经过人们的长期努力,ZigBee 协议在 2003 年正式问世。另外,ZigBee 使用了在它之前所研究过的面向家庭网络的通信协议 Home RF Lite。

许多开发商都参加了 IEEE 802.15.4 小组,负责制定 ZigBee 的物理层和介质访问层。IEEE 802.15.4 协议是一种经济、高效、低数据速率(小于 250kb/s)、工作在 2.4GHz 和 868/915MHz 的无线技术标准,用于无线个人区域网(wireless personal area network,WPAN)和对等网络。它是 ZigBee 应用层和网络层协议的基础。ZigBee 是一种新兴的近距离、低复杂度、低功耗、低数据传输速率、低成本的无线网络技术,是一种介于无线标记技术和蓝牙之间的技术方案,主要用于近距离无线连接。它依据 IEEE 802.15.4 标准,在数千个微小的传感器之间相互协调,实现通信。这些传感器只需要很少的能量,就能以接力的方式通过无线电波将数据从一个网络结点传到另一个结点,所以它们的通信效率非常高。

因特网工程任务组(IETF)在看到无线传感器网络(即物联网)的广泛应用前景后,也加入相应的标准化制定中。以前,许多标准化组织和研究者都因 IP 技术过于复杂,不适合低功耗、资源受限的无线传感器网络而采用非 IP 技术。在实际应用中,ZigBee、Z-wave、ANT、Enocean 等,采用非 IP 技术的设备接入互联网时需要复杂的应用层网关,不能实现端到端的数据传输和控制。它们相互之间不兼容,不利于产业化的发展。IETF 和许多研究者都试图解决这些存在的问题。在 Cisco 公司的工程师基于开源的 uIP 实现了轻量级的 IPv6 后,证明了 IPv6 不仅可以运行在低功耗资源受限的设备上,而且比 ZigBee 更加简单。这彻底改变了之前的偏见。在此之后,基于 IPv6 的无线传感器网络技术得到了迅速发展。IETF 已经完成了核心的标准的制定,包括用于 IPv6 数据报文和帧头压缩的基于 IPv6 的低速无线个人区域网 WPAN(IPv6 over low power wireless personal area network,6LoWPAN)、面向低功耗、低速率、链路动态变化的低功耗有损网络路由协议(routing protocol for low-power and lossy networks,RPL)和面向无线传感器网络应用的应用层标准 CoAP。随后,IETF 成立了 IPSO 联盟,为了推动该标准的应用,发布了一系列白皮书。IPv6/6LoWPAN 已经成为智能电网 ZigBee SEP 2.0、工业控制标准 ISA 100.11a、有源 RFID ISO 1800-7.4(DASH)等许多其他标准的核心。IPv6/6LoWPAN 具有诸多优势:可以运行在低功耗无线、电力线载波、WiFi 和以太网等多种介质上,有利于实现统一通信;IPv6 可以实现端到端的通信,无需网关,降低了成本;6LoWPAN 中采用 RPL 技术,路由器可以休眠,也可以采用电池供电,应用范围非常广。由于 ZigBee 技术路由器不能休眠,应用领域受到了限制。6LoWPAN 标准已经得到大量开源软件的实现,最著名的是 Contiki、TinyOS 系统,已经实现完整的协议栈,全部开源、完全免费,已经在许多产品中得到应用。随着无线传感器网络及物联网的广泛应用,IPv6/6LoWPAN 很可能成为该领域的事实标准。

3.4 WiFi

3.4.1 WiFi 的产生背景

无线网络(wireless fidelity,WiFi)是 IEEE 定义的无线网技术标准,在 1999 年推出

IEEE 802.11 标准的时候,IEEE 选择并认定了 CSIRO 发明的无线网技术是世界上最好的无线网技术,因此 CSIRO 的无线网技术标准,就成了 2010 年 WiFi 的核心技术标准。

无线网络技术由澳大利亚联邦科学与工业研究组织(Common Wealth Scientific and Industrial Research Organisation,CSIRO)在 20 世纪 90 年代发明并于 1996 年在美国成功申请了无线网技术专利(专利号:US Patent Number 5,487,069)。该专利的发明人是由 John O'Sullivan 领导的由悉尼大学工程系毕业生组成的研究小组。

IEEE 曾请求澳大利亚政府放弃该无线网络专利,让世界免费使用 WiFi 技术,但遭到了拒绝。澳大利亚政府随后在美国获得法律胜诉并庭外和解,收取了世界上几乎所有电器电信公司(包括苹果、英特尔、联想、戴尔、AT&T、索尼、东芝、微软、宏碁、华硕等)的专利使用费。2010 年,消费者在购买含有 WiFi 技术的电子设备时都已赋给澳大利亚政府的 WiFi 专利使用费。

2010 年,全球每天约有 30 亿台电子设备使用无线网络技术,而到 2013 年底 CSIRO 的无线网专利过期之后,这个数字增加到 50 亿。

无线网络被澳大利亚媒体誉为该国有史以来最重要的科技发明,其发明人 John O'Sullivan 被澳洲媒体称为 WiFi 之父并获得了澳大利亚国家最高科学奖和全世界的众多赞誉,其中包括欧盟机构、欧洲专利局(European Patent Office,EPO)颁发的 European inventor award 2012(2012 年欧洲发明者大奖)。

3.4.2　WiFi 的组成结构

一般架设 WiFi 的基本配置就是无线网卡及一个无线接入点(access point,AP),如此便能以无线的模式,配合既有的有线架构来分享网络资源,架设费用和复杂程度远远低于传统的有线网络。如果只是几台计算机的对等网,也可不要 AP,只需要每台计算机配备无线网卡。AP 点又称桥接器,主要用于在媒体存取控制层(MAC)中扮演无线工作站及有线局域网络的桥梁。AP 就像一般有线网络的 Hub,无线工作站有了它便可以快速且轻易地与网络相连,对宽带的使用,WiFi 更显优势,有线宽带网络(ADSL、小区 LAN 等)到户后,连接到一个 AP,然后在计算机中安装一块无线网卡即可。普通的家庭有一个 AP 已经足够,甚至用户的邻里得到授权后,无须增加端口,也能共享该 AP。

1. 硬件设备

随着 WiFi 的兴起和不断发展,到 2010 年 WiFi 模块的应用领域已变得相当广泛。

WiFi 模块是一款高频性质的产品,生产设计的时候会出现一些莫名其妙的现象和问题,这让一些没有高频设计经验的工程师费尽心思,即便有相关经验的从业人员,往往也需要借助昂贵的设备进行分析。

可以直接把 WiFi 布局到 PCB 主板上,这种设计需要勇气和技术,因为主板对应的产品价格不菲,并且当 WiFi 部分出现问题时,调试更换比较麻烦。所以很多设计都愿意采用模块化的 WiFi,这样处理起来方便,而且模块可以直接拆卸,大大减少了产品的设计风险和耗损。

WiFi 模块具体的硬件设计要考虑以下几方面。

(1) 通信接口。2010 年基本采用 USB 接口形式,也有少部分 PCIE 和 SDIO,PCIE 的市场份额不大,整合价格高,而且实用性不强,集成的很多功能用不到,这造成了极大浪费。

（2）供电。通常采用 5V 电压直接供电，部分设计也会利用主板设计中的共享电源，采用 3.3V 供电。

（3）天线的处理形式。可以采用内置的 PCB 板载天线或陶瓷天线，也可以通过 I-PEX 接头，连接天线延长线，让天线外置。

（4）规格尺寸。可以根据具体需求设计不同的型号。最小的有 nano 型号，可以直接做 nano 无线网卡；有迷你型的 12mm×12mm 左右的设计，通常被外置天线方式采用；25mm×12mm 的设计居多，基本是板载天线和陶瓷天线，也有外置天线接头。

（5）跟主板连接的形式。可以直接 SMT，也可以通过使用 2.54 引脚的插件连接（这种组装/维修方便）。

软件的调试要结合具体的方案，毕竟 WiFi 部分仅仅是一个无线的收发而已。可以说，2013 年 WiFi 模块应用最火爆的领域是 MID 市场，同时一些传统的网络领域应用市场也有渗透，如工业控制领域、网络播放领域，甚至一些遥控领域，基本上能用到网络的产品都在尝试无线化。

2. 网络协议

一个 WiFi 连接点、网络成员和结构站点（station）是网络最基本的组成部分。

（1）基本服务单元（basic service set，BSS）是网络最基本的服务单元。最简单的服务单元可以只由两个站点组成。站点可以动态地连接（associate）到基本服务单元中。

（2）分配系统（distribution system，DS）。分配系统用于连接不同的基本服务单元。分配系统使用的媒介（medium）逻辑上和基本服务单元使用的媒介是截然不同的，尽管它们在物理上可能会是同一个媒介，如同一个无线频段。

（3）接入点（access point，AP）。接入点既有普通站点的身份，又有接入分配系统的功能。

（4）扩展服务单元（extended service set，ESS）。由分配系统和基本服务单元组合而成。这种组合是逻辑上的，并非物理上的。不同的基本服务单元物有可能在地理位置上相去甚远。分配系统也可以使用各种各样的技术。

（5）关口（portal）。它也是一个逻辑成分，用于将无线局域网和有线局域网或其他网络联系起来。

这里有 3 种媒介：站点使用的无线媒介、分配系统使用的媒介，以及和无线局域网集成在一起的其他局域网使用的媒介。在物理上，它们可能互相重叠。IEEE 802.11 只负责在站点使用的无线媒介上的寻址（addressing）。分配系统和其他局域网的寻址不属无线局域网的范围。

IEEE 802.11 没有具体定义分配系统，只是定义了分配系统应该提供的服务（service）。整个无线局域网定义了 9 种服务，其中 5 种服务属于分配系统的任务，分别为联接（association）、结束联接（diassociation）、分配（distribution）、集成（integration）和再联接（reassociation）。4 种服务属于站点的任务，分别为鉴权（authentication）、结束鉴权（deauthentication）、隐私（privacy）和 MAC 数据传输（MSDU delivery）。

3.4.3　WiFi 的关键技术

为了尽量减少数据的传输碰撞和重试发送，防止各站点无序地争用信道，无线局域网中采用了载波监听多路访问/冲突避免协议（carrier sense multiple access with collision avoid，CSMA/CA）。CSMA/CA 通信方式将时间域的划分与帧格式紧密联系起来，保证某一时刻只有一个站点发送，实现了网络系统的集中控制。送出数据前，监听媒体状态，等没有人使用媒体，维持一段时间后，再等待一段随机的时间后依然没有人使用，才送出数据。由于每个设备采用的随机时间不同，因此可以减少冲突的机会。

直接序列扩频技术是 802.11b 所采取的主要调制技术。直接序列扩频技术是使用 11 位的 chipping barker 序列来将数据编码并发送的技术。发送端通过 spreader 把 chips（一串二进制码）添加入要传输的比特流中，称为编码；然后在接收端用同样的 chips 进行解码，就可以得到原始数据了。在相同的吞吐量下，直接序列扩频技术需要比跳频技术更多的能量，但以消耗能量为代价，它也能达到比跳频技术更高的吞吐量，IEEE 802.11b 采用 HR/DSSS 技术能达到 5.5Mb/s 和 11Mb/s。

正交频分复用（orthogonal frequency-division multiplexing，OFDM）是一种基于正交多载波的频分复用技术，它是 IEEE 802.11a/g/n/ac 中都采取的调制技术，它将高速串行数据流经串/并转换后，分割成大量的低速数据流，每路数据采用独立载波调制并叠加发送，接收端依据正交载波特性分离多路信号。

OFDM 与传统频分复用（frequency division multiplexing，FDM）的区别在于，传统的频分复用技术需要在载波间保留一定的保护间隔，结合滤波来减少不同载波间频谱的重叠，从而避免各载波间的相互干扰；而 OFDM 技术的不同载波间的频谱是重叠在一起的，各子载波间通过正交特性来避免干扰，有效地减少了载波间的保护间隔，提高了频谱利用率。

扩展绑定技术是 IEEE 802.11n 中所引入的新技术，并在 IEEE 802.11ac 中得以继承和发展，它能够提高所用频谱的宽度从而提高传输速率。IEEE 802.11a/g 使用的频宽是 20MHz，而 IEEE 802.11n 支持将相邻两个频宽绑定为 40MHz 来使用。而当频宽是 20MHz 的时候，为了减少相邻信道的干扰，在其两侧预留了一小部分的带宽边界。而通过 40MHz 绑定技术，这些预留的带宽也可以用来通信，可以将子载体从 104（52×2）提高到 108。在 IEEE 802.11ac 中频宽进一步的可以扩展到 80MHz 和 160MHz，使传输速率进一步的提升。

多输入多输出（multiple input multiple output，MIMO）技术是 IEEE 802.11n 和 IEEE 802.11ac 采用的关键技术。传统单输入输出无线传输（single input single output，SISO），接收的无线信号中携带的信息量的多少取决于接收信号的强度超过噪声强度的多少，即信噪比。信噪比越大，信号能承载的信息量就越多，在接收端复原的信息量也越多。MIMO 结合复数的射频链路和复数的天线，即同时在多个天线上发送出不同的信号，而接收端则通过不同的天线将在不同的射频链路的信号独立地解码出来。MIMO 在 IEEE 802.11n 通常定义为 $M \times N$，其中 M 为发射机天线数，N 为发射机天线数。空间流数是决定最高物理传输速率的参数，在 IEEE 802.11n 中定义了最高的流数为 4，流数越多速率就越高。在 IEEE 802.11n 中，在其他参数确定后，最高速率按空间流的倍数变化，如 1 个独立空间流最高可达 150Mb/s，4 个独立空间流可达 600Mb/s。空间流数与天线数，一般是一致的。但也可采用不对称的天线数和空间流数，天线数量必须不小于空间流数，如两个空间流至少需要两根天线来支持。

智能天线技术也是 IEEE 802.11n 采用的一个新的技术，通过多组独立天线组成的天线阵列,可以动态调整波束,保证让 WLAN 用户接收到稳定的信号,并可以减少其他信号的干扰。因此其覆盖范围可以扩大到几平方千米,使 WLAN 移动性极大提高。在兼容性方面,IEEE 802.11n 采用了一种软件无线电技术,它是一个完全可编程的硬件平台,使不同系统的基站和终端都可以通过这一平台的不同软件实现互通和兼容,使 WLAN 的兼容性得到极大改善。这意味着 WLAN 不但能实现 IEEE 802.11n 向前后兼容,而且可以实现 WLAN 与无线广域网络的结合。

3.4.4　WiFi 的应用

由于 WiFi 的频段在世界范围内是无需任何电信运营执照的免费频段,因此 WLAN 无线设备提供了一个世界范围内可以使用的,费用极其低廉且数据带宽极高的无线空中接口。用户可以在 WiFi 覆盖区域内快速浏览网页,随时随地接听拨打电话。而其他一些基于 WLAN 的宽带数据应用,如流媒体、网络游戏等功能更是得到广泛使用。有了 WiFi 功能,打长途电话(包括国际长途)、浏览网页、收发电子邮件、音乐下载、数字照片传递等,再无须担心速度慢和花费高的问题。

WiFi 在掌上设备上的应用越来越广泛,而智能手机就是其中一分子。与早前应用于手机上的蓝牙技术不同,WiFi 具有更大的覆盖范围和更高的传输速率,因此 WiFi 手机成为目前移动通信业界的时尚潮流。

现在 WiFi 的覆盖范围在国内越来越广泛,宾馆、住宅区、飞机场及咖啡厅等区域几乎都有了 WiFi 接口。人们去旅游、办公时,可以在这些场所使用掌上设备尽情网上冲浪。

随着 4G 时代的来临越来越多的电信运营商也将目光投向了 WiFi 技术,WiFi 覆盖小带宽高,4G 覆盖大带宽低,两种技术有着相互对立的优缺点,取长补短相得益彰。WiFi 技术低成本、无线、高速的特征非常符合 4G 时代的应用要求。在手机的 4G 业务方面,目前支持 WiFi 的智能手机可以轻松地通过 AP 实现对互联网的浏览。随着 VOIP 软件的发展,以 Skype 为代表的 VOIP 软件已经可以支持多种操作系统。在装有 WiFi 模块的智能手机上装上相应的 VOIP 软件后就可以通过 WiFi 网络来实现语音通话。所以 4G 与 WiFi 是不矛盾的,而 WiFi 可以作为 4G 的高效有力的补充。

3.5　蓝牙技术

3.5.1　蓝牙概述

蓝牙(bluetooth)技术,实际上是一种短距离无线通信技术。说得通俗一点,就是蓝牙技术使得现代一些轻易携带的移动通信设备和计算机设备,不必借助电缆就能连网,并且能够实现无线上因特网,其实际应用范围还可以拓展到各种家电产品、电子产品和汽车等信息家电,组成一个巨大的无线通信网络。

蓝牙一词来自 10 世纪的丹麦国王哈拉尔德(Harald Gormsson)的外号。出身海盗家庭的哈拉尔德统一了北欧四分五裂的国家,成为维京王国的国王。由于他喜欢吃蓝莓,牙齿常常被染成蓝色,而获得了"蓝牙"的绰号,当时蓝莓因为颜色怪异被认为是不适合食用的东西,因此这位爱尝新的国王也成为创新与勇于尝试的象征。1998 年,爱立信公司希望无线通信技术能统一标准而取名"蓝牙"。

蓝牙是一种支持设备短距离通信（一般小于 10m）的无线电技术。能在包括移动电话、PDA、无线耳机、笔记本计算机、相关外设等众多设备之间进行无线信息交换。利用蓝牙技术，能够有效地简化移动通信终端设备之间的通信，也能够成功地简化设备与因特网 Internet 之间的通信，从而让数据传输变得更加迅速高效，为无线通信拓宽道路。蓝牙采用分散式网络结构及快跳频和短包技术，支持点对点及点对多点通信，工作在全球通用的 2.4GHz ISM（即工业、科学、医学）频段。其数据速率为 1Mb/s。采用时分双工传输方案实现全双工传输。如图 3-2 所示为 Bluetooth 的系统构成。

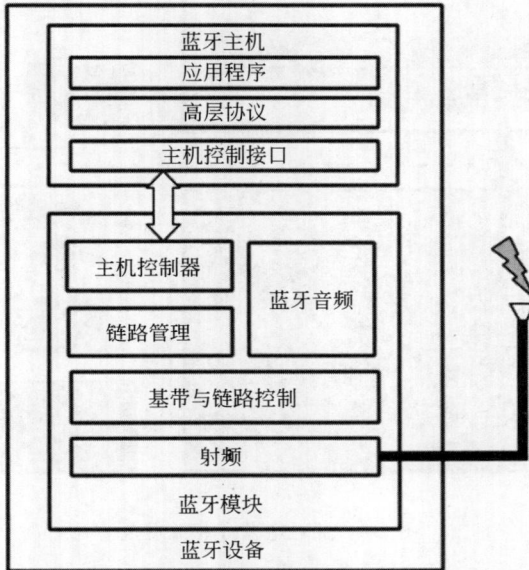

图 3-2 Bluetooth 的系统构成

（1）无线射频（radio）单元。负责数据和语音的发送和接收，特点是短距离、低功耗。蓝牙天线一般体积小、重量轻，属于微带天线。

（2）基带或链路控制器（link controller, LC）。进行射频信号与数字或语音信号的相互转化，实现基带协议和其他的底层连接规程。

（3）链路管理器（link manager, LM）。负责管理蓝牙设备之间的通信，实现链路的建立、验证、链路配置等操作。

（4）蓝牙软件协议实现。如图 3-3 所示为低耗电蓝牙相关规范。其应用层部分，将在后面做详细说明。

3.5.2 蓝牙协议架构

如图 3-4 所示，蓝牙协议体系中的协议按 SIG 的关注程度分为 4 层。

（1）核心协议：基带、LMP（链路管理器协议）、L2CAP（逻辑链路控制与适配协议）和 SDP（服务发现协议）。

（2）电缆替代协议：RFCOMM（串口仿真）。

（3）电话传送控制协议：TCS（电话控制协议）、AT 指令集。

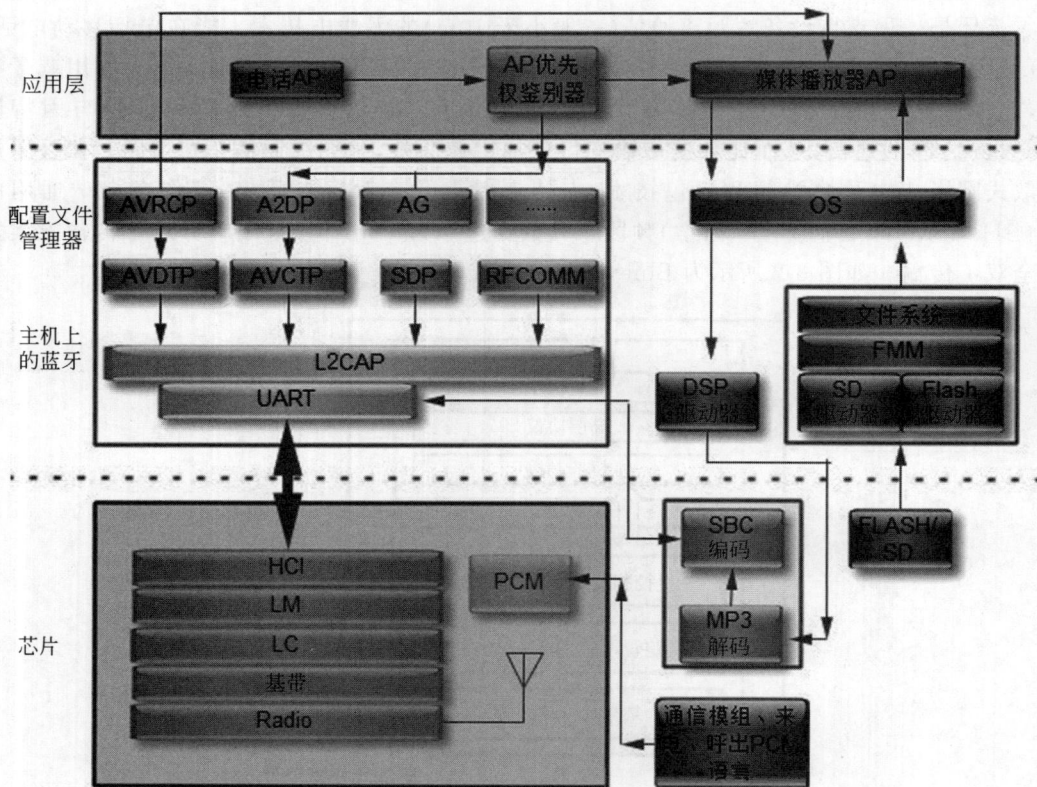

图 3-3　低耗电蓝牙相关规范

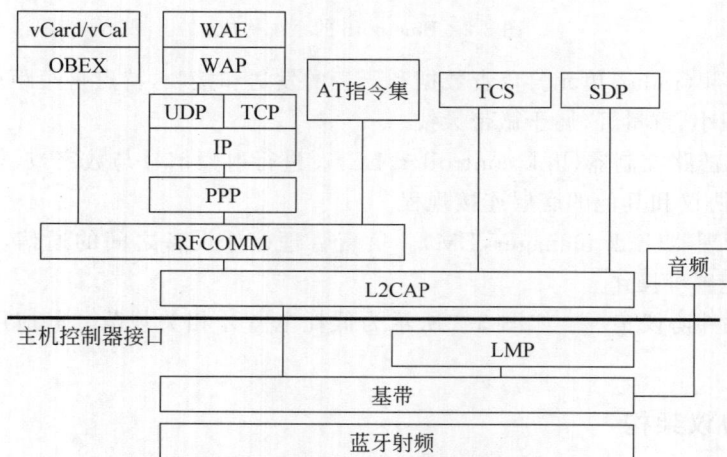

图 3-4　蓝牙协议

（4）选用协议：PPP、UDP/TCP/IP、OBEX、WAP、vCard、vCal、IrMC、WAE。

除上述协议层外，规范还定义了主机控制器接口（HCI），它为基带控制器、连接管理器、硬件状态和控制寄存器提供命令接口。在图 3-4 中，HCI 位于 L2CAP 的下层，但 HCI 也可位于 L2CAP 上层。

蓝牙核心协议由 SIG 制定的蓝牙专用协议组成。绝大部分蓝牙设备都需要核心协议（加上无线部分），而其他协议则根据应用的需要而定。总之，电缆替代协议、电话控制协议和被采用的协议在核心协议基础上构成了面向应用的协议，如图 3-5 所示。

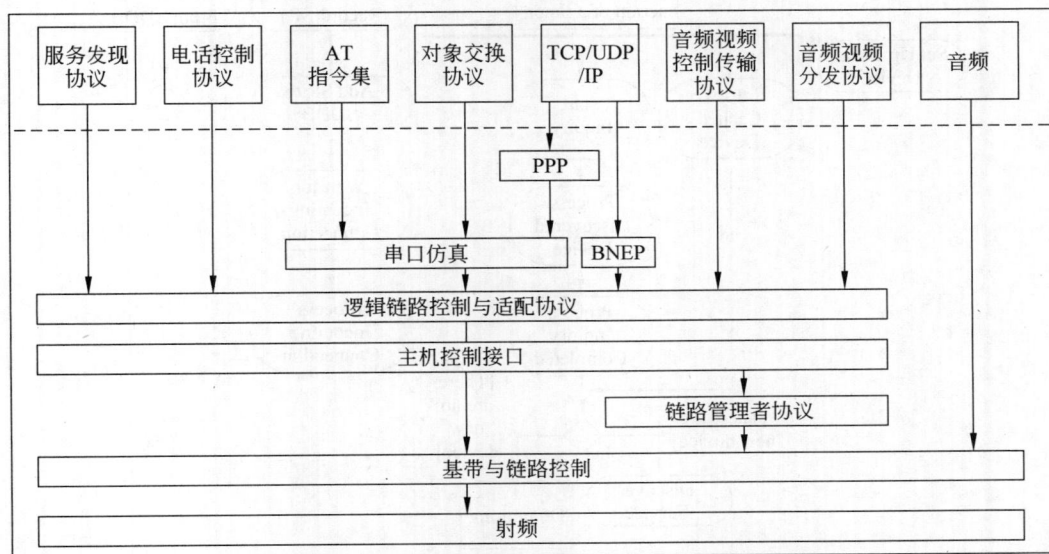

图 3-5　蓝牙核心协议的模块

蓝牙协议栈允许采用多种方法，包括 RFCOMM 和对象交换协议（object exchange，OBEX），在设备之间发送和接收文件。如果想发送和接收流数据（而且想采用传统的串口应用程序，并给它加上蓝牙支持），那么 RFCOMM 更好。反过来，如果想发送对象数据及关于负载的上下文和元数据，则 OBEX 最好。

蓝牙应用程序活动，如图 3-6 所示。

蓝牙协议堆栈依照其功能可分 4 层：内核协议层（HCI、LMP、L2CAP、SDP）、线缆替换协议层（RFCOMM）、电话控制协议层（TCS-BIN）、选用协议层（PPP、TCP、IP、UDP、OBEX、IrMC、WAP、WAE）。现今市面上贩售的商品，大多使用低耗电量的无线电设备，利用一颗低价芯片，完成短距离（1～100m）的信号发射与接收。

3.5.3　蓝牙的应用

蓝牙无线通信技术作为一种无线数据与语音通信的开放性全球标准，最开始的应用正是在语音通信领域取代耳机线。直至 4.0 版本推出的低功耗蓝牙技术在智能可穿戴设备与智能家居设备中应用极其广泛，这些都是从最初蓝牙耳机时代逐渐革新升级过来的，现在蓝牙技术应用的智能设备几乎成为白领们追赶潮流的标志。相信读者已经意识到蓝牙技术已然改变了人们的生活习惯。在回家路上驾驶汽车时，已经习惯于将智能手机通过蓝牙与车载语音系统进行连接，从而可以安全地通过汽车音响系统进行听音乐或拨打和接听电话；居家休闲时，移动手机或 iPad 同样也可以通过蓝牙与智能机顶盒连接，从而将移动智能设备

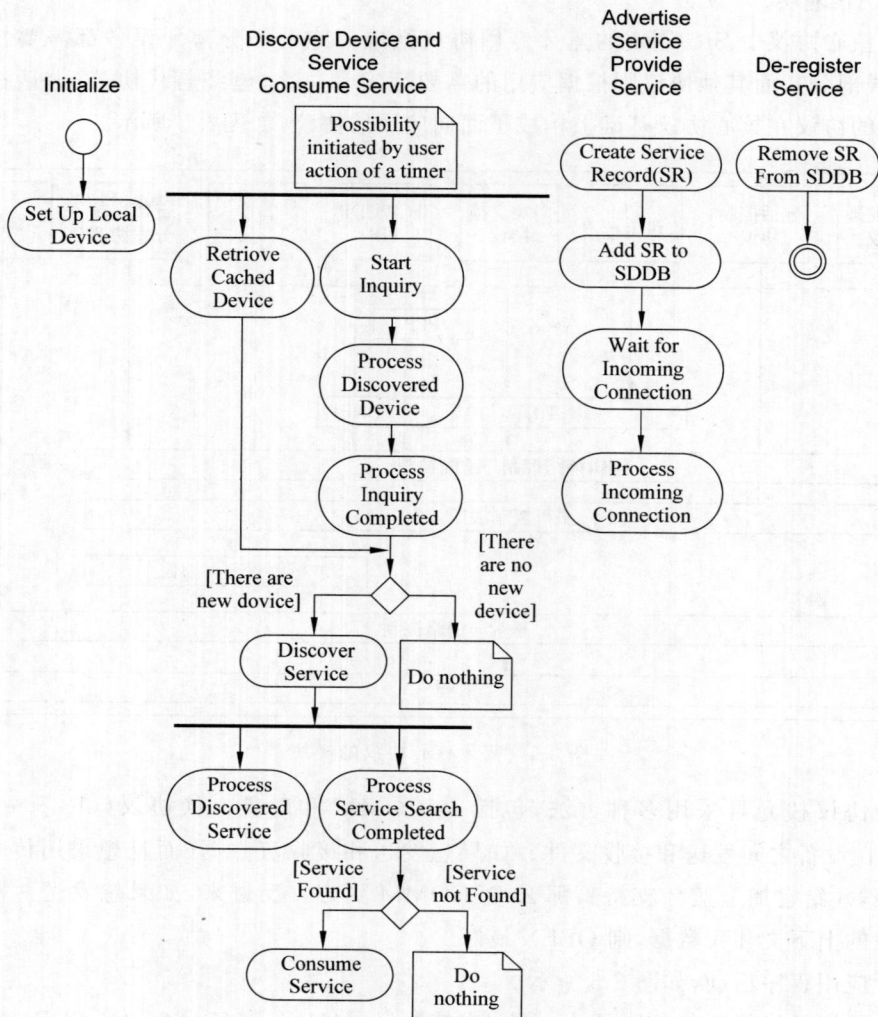

图 3-6　蓝牙应用程序活动

中的照片同步到尺寸更大、体验更好的超清电视机屏幕上，与朋友和家人们共同分享快乐的每一瞬间。

　　蓝牙在汽车电子装置上的应用前景非常好。刚开始，蓝牙技术主要应用在电话方面。但目前有更多的服务提供，远程车辆状况诊断、车辆安全系统、车对车通信、多媒体下载等。

　　以 WiFi、蓝牙为基础的应用为各行各业带来新的机会，从硅提供商到硬件制造商、汽车制造商、汽油零售企业等。目前，已经出现可以让驾乘人员用语音进行操控的车载蓝牙设备；有些公司还为汽车生产商推出了一种蓝牙汽车工具包。有了它，用户操控手持蓝牙设备，就能与车载设备进行无线联系，例如无线遥控打开车门、与车内车辆检测系统无线交换数据。通过蓝牙技术的车载设备，人们可以很容易在车内下载音乐、观看视频或发送电子邮件。

　　还可以用蓝牙技术遥控汽车。通过具有蓝牙功能的操作杆无线控制汽车时，控制的指令从操纵杆传送到计算机,再由后者产生控制信号发送给汽车。这一平台还可以在工业应用中使用。

蓝牙技术还可让用户将移动电话与个人计算机连接,就算笔记本计算机并存放在手提箱内,也可以"委托"蓝牙去寻找相关资料。有了蓝牙技术,就可以通过移动电话屏幕随时阅读邮件标题并查阅电子邮件,甚至还可以下载文件。这一切使汽车网络化的梦想得以实现。更重要的是,蓝牙可以帮助汽车各部分的数据处理器实现无线连接,使汽车车厢、发动机、底盘、电器、座椅等车上的信息装置数字化,使汽车真正实现网络化与智慧化。此外,通过蓝牙技术,用户可以在接近自己汽车时,用手机让汽车预先发动,以便随时出发。

有技术人员预期,将来的汽车一旦发生故障,故障码会立刻显示在计算机屏幕上。驾驶者可以通过"蓝牙"技术发 e-mail 到指定的汽车维修中心,维修工程师通过故障码,从数据库中调取车辆的相关资料,遥控判断故障位置和原因,拟定解决方案,再将问题处理方法反馈给驾驶者,由其完成数据纠错和故障排除。毫无疑问,蓝牙技术已经逐步延伸到汽车领域,它将使汽车的内外环境发生革命性变化。

3.5.4 蓝牙的发展与前景

目前,蓝牙技术最主要的应用在消费电子领域,随着蓝牙 4.x 的普及以及移动互联网的崛起,使蓝牙技术应用从手机、平板等便携式设备向物联网、医疗等新领域拓展,许多基于移动平台的蓝牙应用为整个无线市场带来新的商业机遇。有以下几种形式。

(1)可穿戴。近两年智能可穿戴设备市场的快速增长与蓝牙技术息息相关,蓝牙体积小、成本低及功耗低的特性,为长期使用小电池供电的可穿戴设备提供了省电省流量的完美解决方案,支持蓝牙技术的可穿戴设备不仅能与智能手机通信,还能互相之间通信及与互联网进行通信,对可穿戴的智能化设计、开发和管理意义重大。

(2)智能门锁。智能门锁内置蓝牙模块,可实现用手机遥控开门。而且能够实时监控门锁状态,随时随地掌控家里的进出情况。现在蓝牙电子门锁在海外已经兴起,蓝牙技术在智能门锁市场有很大的上升空间。

(3)资产管理。蓝牙技术能够发射与接收 2.4GHz 的无线信号,通信距离可达到100m,且在有效范围内可以穿越障碍物进行连接,没有特别的通信视角和方向要求,可实现对实物状态、运行过程以及服务进行综合管理。在资产管理方面的应用,有望成为新一轮蓝牙技术创新发展的浪潮。

(4)儿童定位。蓝牙定位技术的代表是 iBeacon,该技术是苹果公司开发的一种低功耗蓝牙精确微定位技术。通过此技术设备可以接收一定范围由其他 iBeacon 发出来的信号,这种低成本的开发技术在国内外很多儿童定位产品中被广泛使用,一旦孩子与家长超出安全距离,家长手机会立即发出警报提示,确保儿童处于安全位置。

(5)移动支付。蓝牙与移动支付的结合是移动安全解决方案安全性与便捷性的重要体现,近两年各类蓝牙 KEY、蓝牙 POS 等智能终端的新兴,为移动支付的发展注入新活力。各类金融 IC 卡终端通过蓝牙传输和智能手机相连,也成为金融 IC 卡接入互联网的重要数据入口。

3.6　NB-IoT 技术

3.6.1　NB-IoT 概述

窄带物联网(narrow band internet of things,NB-IoT)成为万物互联网络的一个重要分支。NB-IoT 构建于蜂窝网络,只消耗大约 180kHz 的带宽,可直接部署于 GSM 网络、UMTS 网络或 LTE 网络,以降低部署成本、实现平滑升级。

NB-IoT 是 IoT 领域一个新兴的技术,支持低功耗设备在广域网的蜂窝数据连接,又称低功耗广域网(LPWAN)。NB-IoT 支持待机时间长、对网络连接要求较高设备的高效连接。据说 NB-IoT 设备电池寿命可以提高至少 10 年,同时还能提供非常全面的室内蜂窝数据连接覆盖。

3.6.2　NB-IoT 的优势

1999 年,麻省理工学院组织了一场关于物联网技术的研究会议,会议中表明了世间万物都是可以通过网络来实现通信的,极大地推动了物联网的发展。但是物联网发展的二十多年来,采用的办法大部分是针对特定的行业或非标准化的解决方案,这些都会存在安全性差、可靠性低且维护成本过高等缺点。物联网经过这么多年的发展,可以得出一个结论:标准化是物联网通信能否成功的关键。

1. 物联网的通信和传统的蜂窝通信主要区别

(1) 物联网应用是万物互联,所以其需要连接的终端数是海量的,不同于传统的蜂窝通信需要连接的数量比较少。

(2) 物联网通信连接的设备很多,因此需要超低的功耗,来最大限度地节约资源。

(3) 物联网应用需要具有超强的覆盖力和穿透力,从而保证不会出现信号的丢失,从根本上保证物联网系统工作的成功。

2. NB-IoT 系统的优势

(1) 强链接。在只用到同一个基站的情况下,NB-IoT 比现有的无线连接技术多出 50~100 倍的接入终端数。其中仅仅一个扇区便可以支持 10 万个终端的连接,同时支持低延迟敏感度、低设备功耗、超低的设备成本及优化的网络架构。由于受限于带宽的影响,运营商对家庭中的路由器只能开放 8~16 个接入口,这就意味着在物联网的时代,家庭中大多数的设备都需要连入互联网成了一个棘手的问题,对未来实现全屋互联造成不小的阻碍。但是随着 NB-IoT 技术的发展,智慧家庭中的上百种传感器都可以满足连网的要求。

(2) 高覆盖。NB-IoT 的覆盖能力极强,相比于长期演进技术(long term evolution,LTE)提升了 20dB 增益,也就是提高了 100 倍的区域覆盖能力。

(3) 低成本。和 LoRa 进行比较,NB-IoT 无须重新建网,射频和天线基本上是复用的。以中国移动为例,900MHz 里面有一个比较宽的频带,只需要清出来一部分 2G 的频段,就可以直接进行 LTE 和 NB-IoT 的同时部署。低速率、低功耗、低带宽同样给 NB-IoT 芯片及模块带来低成本优势。

(4) 低功耗。在物联网系统中,低功耗是一项重要的指标,尤其是对于一些不可以更换电池的场合,低功耗就显得尤为重要。

3.6.3　NB-IoT 网络架构

NB-IoT 系统的网络结构是基于 4G LTE 演进的分组核心网(EPC),并且结合了 NB-IoT 自身的优点(大连接、低功耗、低成本、覆盖范围广)对现有的 4G 的处理流程和网络架构做了一定程度的优化,主要采用了以下两种优化的小数据传输方案。

(1) 控制面优化传输方案。此方案使用信令承载在终端和移动管理实体(mobility management entity,MME)之间进行 IP 数据的传输,安全机制由非接入承载提供。

(2) 用户面优化传输方案。此方案主要是简化信令过程,要求终端在空闲状态下存储接入承载的上下文信息,在连接恢复的过程中快速重建无线连接和核心网连接来进行数据的传输。

NB-IoT 的总体网络架构如图 3-7 所示。

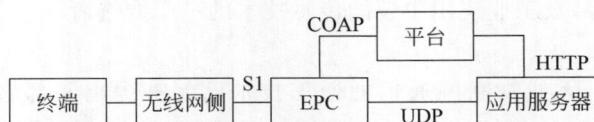

图 3-7　NB-IoT 的总体网络架构

下面简单介绍图 3-7 中各部分的功能。

(1) 终端。用户设备(user equipment,UE)经由空口连接到基站 e Node B(evolved node B)。

(2) 无线网侧。无线网侧有两种网络模式:一种是包括 2G/3G/4G 的 Single RAN(整体式无线接入网)和 NB-IoT 无线网络;另一种是 NB-IoT 新建,它主要执行空口接入处理、小区管理等相关功能,通过 S1-Lite 接口连接到 IoT 核心网,并将非接入层数据传输并处理到高层网元。

(3) 核心网络。演进分组核心网(evolved packet core,EPC)执行与终端的非接入层交互的功能,并将 IoT 业务的相关数据转发给物联网平台进行处理。

(4) 平台。目前基于通信平台。

(5) 应用服务器。以通信平台为例,应用服务器通过 HTTP/HTTPS 和平台通信,通过调用平台的开放 API 来控制设备,平台将设备上报的数据传输给应用服务器,根据需求处理。

3.7　LoRa 技术

LoRa 是一种远程、低功耗、低比特率的无线通信系统,作为物联网的基础设施解决方案而被推广。终端设备使用 LoRa 通过单个无线跳与网关通信,连接到互联网并在这些终端设备和一个中央网络服务器之间充当桥梁和中继。本节对 LoRa 进行了概述,并对其功能组件进行深入分析。通过现场测试和仿真,对物理层和数据链路层的性能进行评价。在分析和评价的基础上,提出一些可行的性能改进方案。

3.7.1　LoRa 介绍

互联网和物联网的本质区别在于,在物联网中,给定的设备和网络设备中可用的东西更少,即更少的内存、更少的处理能力、更少的带宽等。当然,还有更少的可用能源。这可能是因为"物"是电池驱动的,寿命最大化是一个优先考虑的问题;也可能是因为它们的预计数量十分巨大。这种"用更少实现更多"的理念导致了传统蜂窝网络及 WiFi 等技术适用性的限制,产生这些限制的原因是对能源及可伸缩性的要求。

为了满足物联网的通信需求,又出现了一系列协议和技术——低功耗广域网(LPWAN)。通俗来讲,LPWAN 对于物联网来说就像 WiFi 对消费者网络一样:通过基站在一个(非常)大的区域提供无线电覆盖,并调整传输速率、传输功率、调制、占空比等。这样,终端设备由于连接而产生的能源消耗将非常低。

LoRa 就是这类 LPWAN 协议之一。LoRa 的目标是在终端设备能量有限的情况下进行部署(如靠电池供电的设备),其中终端设备一次传输不需要超过几字节,并且数据通信可以由终端设备(如当终端设备是传感器时)或希望与终端设备通信的外部实体(如当终端设备是执行器时)发起。LoRa 的远程和低功耗的特性使其成为民用基础设施(如健康监测、智能计量、环境监测等)及工业应用中智能传感技术的一个候选者。

1. 相关概念

各种针对低功耗、无线物联网通信的通信技术已经被提出和部署。它们可大致分为两类。

(1) 范围小于 1km 的低功耗局域网。这一类别包括 IEEE 802.15.4、IEEE P802.1ah、蓝牙/LE 等,它们直接适用于近程个人网、体域网,若是组织在网状拓扑中,也可应用于更大的区域。

(2) 范围超过 1km 的低功耗广域网。基本上是蜂窝网络的低功耗版本,每个"小区"覆盖数千个终端设备。此类别包括 LoRaWAN,也有一些其他协议,如 SigFox、DASH 7 等。

本节通过简要概述这些相关的物联网通信技术,提供了一个关于 LoRaWAN 的观点。

(1) IEEE 802.15.4。IEEE 802.15.4 是一种为低速无线个人区域网络(LR-WPAN)指定物理层和数据链路层的标准。支持 3 个未经许可的频带(欧洲 868MHz、北美洲 928MHz、全球范围 2.4GHz),在很大程度上依赖于环境的传输范围内,IEEE 802.15.4 可以提供高达 250kb/s 的数据速率;在大多数情况下,传输范围是以 0.1m 为单位测量的。ZigBee 建立在 IEEE 802.15.4 物理层和数据链路层之上,提供面向应用程序的通信配置文件和网络层。

(2) 蓝牙/LE。1999 年,由爱立信、诺基亚和英特尔牵头的财团发布了蓝牙 v1.0,其最初的设计目的是通过无线方式取代电线,来连接配合使用的设备,如手机、笔记本计算机、耳机、键盘等,可以在相对较短的范围(理论上最大传输功率最高可达 100m,实际通常为 5～10m)提供较低的数据速率(最大原始数据速率为 1 Mb/s),同时功耗较低。

蓝牙 4.0 完全兼容蓝牙 1.0,此版本支持更高的数据速率(基于 WiFi 的 24Mb/s 原始数据速率),并包含"低能量"扩展(称为蓝牙/LE 或"智能")。与"非 LE 版本"相比,蓝牙/LE 提供了快速建立链接的功能(更简单的配对),并进一步降低数据速率(约 200kb/s),目标是在单个硬币电池单元(约 200mA·h)上运行至少一年的无线传感器。

(3) IEEE 802.11 ah。IEEE 提供了一种无线局域网标准,可在低于 1 GHz 的许可豁免频段运行。这项工作由 IEEE 802.11 ah 任务组(TGah)进行。与 IEEE 802.11 相比(运行于 2.4GHz 和 5GHz),IEEE 802.11 ah 支持更长的传输范围,在默认传输功率为 200mW 的情况下,支持可达 1km 的传输距离。根据所分配的带宽,IEEE 802.11 ah 可以以 4Mb/s 或 7.8Mb/s 的速度运行。如果信道条件足够好,IEEE 802.11 ah 可以提供数百兆比特每秒的速率,这得益于 IEEE 802.11 ac 带来的新型调制和编码方案。

(4) Sigfox。Sigfox 是蜂窝系统的一种变体,它允许远程设备通过超窄带(UNB)连接到 ab 接入点。这是一项由法国 Sigfox 公司开发和交付的专有技术,没有详细的公开规范。Sigfox 在 868MHz 频段上工作,频谱分为 400 个 100 Hz 信道。每个终端设备每天可以发送多达 140 条消息,有效载荷大小为 12B,数据速率可达 100b/s。Sigfox 声称,每个接入点可以处理多达 100 万个终端设备,在农村地区可覆盖 30~50km,在城市地区可覆盖 3~10km。Sigfox 声称是一种低功耗的技术,很大程度上,终端设备有很高的占空比是由于物联网中的数据流量模式性质的一个假设:当终端设备有消息要发送时,Sigfox 接口电路被唤醒,消息从终端发送到"上行链路"。然后,终端设备会在短时间内监听数据,以防数据被发送到终端设备"下行链路"。换句话说,下行通信是由终端设备主动轮询支持的,这使得 Sigfox 成为数据获取的一个有趣选择,但对于命令和控制场景则可能就不那么有趣了。

(5) DASH 7。DASH 7 是一种无线传感器和执行器全开放系统互连(OSI)协议,工作在未经许可的 ISM/SRD 频段,如 433MHz、868MHz 和 915MHz。它起源于有源 RFID 的 ISO 18000-7 标准,被美国国防部用于集装箱库存。DASH 7 继承了 ISO/IEC 18000-7 主动空中接口通信的默认参数、433MHz、异步 MAC 和表示层使用高度结构化的数据元素。此外,DASH 7 从物理层到应用层扩展并定义了协议栈。

DASH 7 旨在提供高达 2km 的通信范围、低延迟、移动性支持、多层电池寿命、AES 128 位共享密钥加密和高达 167kb/s 的数据速率。

2. LoRa 概述

(1) LoRa 协议栈。LoRa,代表远程,是一个远程无线通信系统,由 LoRa 联盟推广。该系统的目标是在长寿命的电池驱动设备中使用,其中能量消耗是最重要的。LoRa 通常可以指两个不同的层。

① 使用 Chirp 扩频(CSS)无线电调制技术的物理层。

② MAC 层协议(LoRaWAN),尽管 LoRa 通信系统也意味着特定的接入网结构。

由 Semtech 开发的 LoRa 物理层允许远程、低功耗和低吞吐量的通信。它工作在 433MHz、868MHz 或 915MHz 这几个 ISM 波段,具体视部署区域而定。每个传输的有效负载可从 2~255 个 8 位数不等,当使用信道聚合时,数据速率可高达 50kb/s。此调制技术是 Semtech 公司的专有技术。

LoRaWAN 提供了一种媒体访问控制机制,使许多终端设备能够使用 LoRa 调制与网关通信。虽然 LoRa 调制是专有的,但是 LoRaWAN 是 LoRa 联盟正在开发的一个开放标准。

(2) LoRa 网络结构。典型的 LoRa 网络是星形拓扑,它包括 3 种不同类型的设备,如图 3-8 所示。

LoRaWAN 网络的基本结构包括终端设备通过 LoRa 和 LoRaWAN 与网关通信。网关通过具有较高吞吐量的回程接口将原始 LoRaWAN 帧从设备发送到网络服务器,通常为以太网或 3G。因此,网关只是双向中继器或协议转换器,网络服务器负责解码接收设备发送的数据包,并生成应该发送回设备的数据包。LoRa 终端设备有 3 种类型,它们仅在下行链路调度方面有所不同。

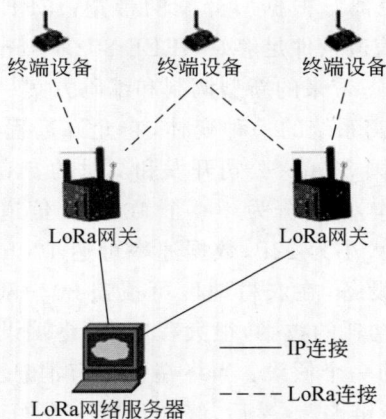

图 3-8　LoRa 网络结构

3.7.2　LoRa 物理层

LoRa 调制是一种 Semtech 专有技术，因此并不完全开放。这一节给出了分析（部分 LoRa 是开放的）和实验评估（LoRa 的所有权部分），目的是了解在实践中是否能观察到所宣传的 LoRa 性能。

1. 物理层概述

LoRa 是一种啁啾（chirp）调制，它使用随时间线性变化的频率啁啾来编码信息。因为啁啾脉冲是线性的，接收器和发射器之间的频率偏移相当于定时偏移，很容易在解码器中消除。这也使这种调制不受多普勒效应的影响，相当于频率偏移量。发射器和接收器之间的频率偏移可以达到带宽的 20%，而不会影响解码性能。这有助于降低 LoRa 发射器的价格，因为内置在发射器中的晶体不需要以极高的精度制造。LoRa 接收器能够锁定接收到的频率啁啾，可提供的灵敏度为 −148～−123dB。

由于 LoRa 符号/码元的持续时间比跳频扩频（FHSS）系统产生的典型脉冲干扰要长，这种干扰产生的误差通过前向纠错码（FECs）很容易纠正。LoRa 接收器的典型的通道外选择性（相邻频带中的干涉与 LoRa 信号之间的最大功率比）和同信道抑制（同一信道中的干扰者与 LoRa 信号之间的最大功率比）分别为 90dB 和 20dB。这优于传统的调制方式，如频移键控（FSK），使 LoRa 非常适合低功耗和远距离传输。

2. 物理层参数

可以自定义的几个 LoRa 调制参数是带宽（BW）、扩展因子（SF）和编码速率（CR）。LoRa 使用了扩展因子的非常规定义，作为每个符号的啁啾数的对数，基数为 2。为简单起见，本书将坚持这个定义。这些参数影响模块的有效比特率、抗噪声干扰能力和解码难易度。

带宽是 LoRa 调制最重要的参数。LoRa 符号/码元由覆盖整个频带的 2SF 啁啾组成。它从一系列向上的啁啾开始。当达到频带的最大频率时，频率环绕，频率再次从最小频率开始增加。这种频率上的不连续位置是编码所传送的信息。由于符号中有 2SF 啁啾，符号可以有效地编码 SF 比特的信息。LoRa 发射器发射的采样信号频率随时间的变化如图 3-9 所示。

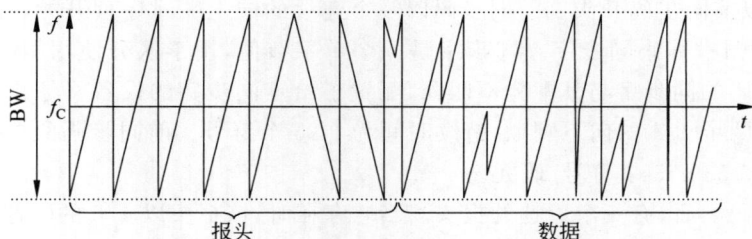

图 3-9　LoRa 发射器发射的采样信号频率随时间的变化

图 3-9 中，f_C 是信道的中心频率，BW 是带宽。

在 LoRa 中，啁啾率仅取决于带宽、啁啾速率等于带宽(1 啁啾每秒每赫兹带宽)。这对调制有几个影响：增加一个扩展因子，啁啾的频率跨度将除以 2(因为 2SF 啁啾覆盖整个带宽)，并且符号/码元的持续时间将乘以 2。但是，比特率将不会除以 2，因为在每个符号/码元中将多发送 1 比特数据。此外，在给定的扩展因子下，码元速率和比特率与频率带宽成正比，因此带宽的加倍将有效地使传输速率增加一倍。这被转换为式(3-1)，它将符号/码元的持续时间(T_S)与带宽和扩展因子联系起来。

$$T_\text{S} = \frac{2^{\text{SF}}}{\text{BW}} \tag{3-1}$$

此外，LoRa 包括前向纠错码。码速率(CR)等于 $4/(4+n), n \in \{1,2,3,4\}$。考虑到这一点，以及 SF 比特信息是按符号/码元发送的，式(3-2)用于计算有用的比特率(R_b)。

$$R_\text{b} = \text{SF} \times \frac{\text{BW}}{2^{\text{SF}}} \times \text{CR} \tag{3-2}$$

例如，当 BW=125kHz，SF=7，CR=4/5，比特率 R_b=5.5kb/s。

这些参数也影响译码的灵敏度。一般情况下，带宽的增加降低了接收器的灵敏度，而扩展因子的增加则增加了接收器的灵敏度。降低码率有助于降低在短干扰下的数据包错误率(PER)，码速率为 4/8 的数据包将比以 4/5 的码率发送的信号更能容忍干扰。SEMETEC SX 1276 LoRa 接收器在不同带宽和扩展因子下的灵敏度如表 3-1 所示。

表 3-1　SEMETEC SX 1276 LoRa 接收器在不同带宽和扩展因子下的灵敏度

BW/kHz	SF					
	7	8	9	10	11	12
125	−123	−126	−129	−132	−133	−136
250	−120	−123	−125	−128	−130	−133
500	−116	−119	−122	−125	−128	−130

在 Semtech 的收发器中实现的 LoRa 调制的另一个参数是低数据速率优化。当使用带宽为 125kHz 及更低时或当扩展因子为 11 和 12 时，该参数在 LoRa 中是强制性的。这个参数的影响没有记录下来，但是，式(3-3)表明将每个符号/码元发送的比特数减少 2。

3. 物理帧格式

虽然 LoRa 调制可以用来传输任意帧，但在 Semtech 的发射器和接收器中指定并实现了物理帧格式。带宽和扩展因子对于一帧来说是不变的。

LoRa 帧以前同步码开头。前同步码以一个连续的向上啁啾序列开始,覆盖整个频带。最后两个向上啁啾编码同步字。同步字是一个单字节值,用于区分使用相同频带的 LoRa 网络。如果解码的同步字与其配置不匹配,配置了给定同步字的设备将停止侦听传输。同步字后面跟着两个 1/4 的向下啁啾,持续时间为 2.25 个符号。前同步码的总持续时间可配置在 $10.25 \sim 65\ 539.25$ 个符号/码元。

在前同步码之后,有一个可选的报头。当它存在时,该报头以 4/8 的码速率传输。这指明有效负载的大小(以字节为单位),传输结束时使用的编码速率,以及有效载荷的 16 位 CRC 是否存在于帧的末尾。报头还包括 CRC,以允许接收方丢弃具有无效报头的分组。有效负载大小使用 1B 存储,将有效负载的大小限制在 255B。报头是可选的,在没有必要的情况下可以禁用它,例如,当预先知道有效负载长度、编码速率和 CRC 存在时。有效负载是在报头之后发送的,在帧的末尾是可选的 CRC。如图 3-10 所示为 LoRa 帧的结构。

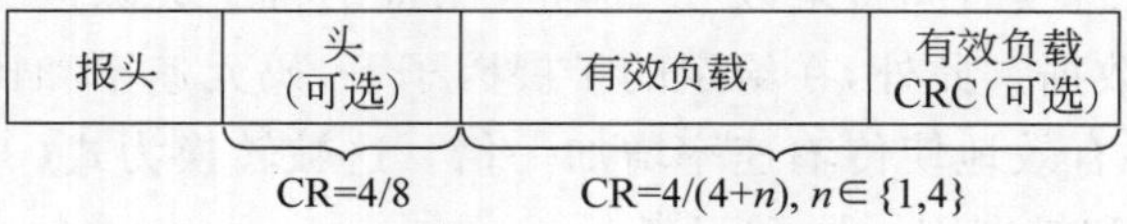

报头	头 (可选)	有效负载	有效负载 CRC(可选)
	CR=4/8	CR=4/(4+n), $n \in \{1,4\}$	

图 3-10　LoRa 帧的结构

由 Semtech 的数据表导出的式(3-3)给出了发送有效载荷 n_s 所需的码元数,作为所有这些参数的函数。为了计算以码元为单位的分组的总大小,应将该数字添加到前导码元的码元数中。在这个等式中,PL 是有效负载大小(以字节为单位),当启用 CRC 时,CRC 为 16,否则为 0。启用报头时,H 是 20,否则为 0,当启用低数据速率优化时,DE 为 2,否则为 0。这个方程还表明,一个包的最小大小是 8 个码元。

$$n_{\mathrm{s}} = 8 + \max\left(\left\lceil \frac{8\mathrm{PL} - 4\mathrm{SF} + 8 + \mathrm{CRC} + H}{4 \times (\mathrm{SF} - \mathrm{DE})} \right\rceil \times \frac{4}{\mathrm{CR}}, 0\right) \tag{3-3}$$

4. 性能评估

为了验证在实际应用中是否达到了 LoRa 接收器的指定性能,本书建立了一个 LoRa 试验台。Freescale KRDM-KL25Z 开发板,带有 Semtech SX 1276 电磁屏蔽如图 3-11(a)所示。用作终端设备,使用 Cisco 910 工业路由器作为网关如图 3-11(b)所示。网关连接到 ThingPark 提供的网络服务器(https://actility.thingpark.com)。通过以太网,使接收到的数据包可以在服务器端被监控。

(a) LoRa终端设备　　　　　　(b) LoRa网关

图 3-11　LoRa 实验床

（1）接收器灵敏度。由于在各种环境中,无线电信号在 LoRa 使用的频率上的传播有许多模型和评估,本实验的重点是检查 LoRa 接收器的解码性能。

为此,从 LoRa 设备向网关发送了大约 10 000 个数据包,并在移动终端设备时,记录接收到的数据包的信号强度指示符（RSSI）。在城市环境中,网关放置在室内,设备在室外。所有数据包的带宽为 125kHz,编码速率为 4/5。该设备的发射功率被设置为最小（2dBm,带有 3-DBI 天线）,以便在达到低 RSSI 之前限制覆盖距离。终端设备与开始丢失数据包的网关之间的距离的数量级为 100m。如图 3-12 所示为观察到的最小 RSSI。

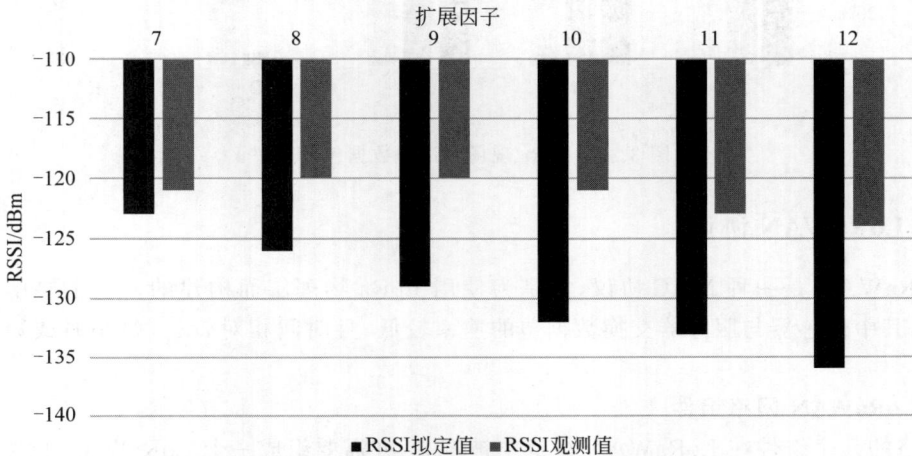

图 3-12　观察到具有不同的传播因子的最小 RSSI

这些测量结果略高于指定值,且未观察到随着扩展因子的增加而出现的预期下降。然而,实现最低 RSSI 的数据包也被接收到,SINR 较高,接近 20dB。这可能是由于网关在室内有额外的阴影。

应该注意的是,当使用 FSK 时,观察到的 RSSI 已经比指定的 RSSI 低 6dB。

（2）网络覆盖。终端设备的传输功率设置为 14dBm,这是指定的默认值。为了测试不同扩展因子的性能,数据包确认和重传被关闭。链路检查也被禁用,这样即使存在数据包丢失,扩展因子也不会改变;默认情况下,LoRa 将根据链路质量来调整扩展因子。试验选用 7、9 和 12 的扩散因子。

图 3-13 显示了不同传播因子在不同距离下的数据包传输率。在每个测试中,使用序列号向网络服务器发送大约 100 个数据包。如 3.2 节所述,较高的传播因子具有更好的覆盖范围,当扩展因子为 12 时,超过 80% 的数据包在 D 点被接收,而当使用 7 的扩展因子时,没有接收到任何数据包。值得注意的是,网关位于离地面约 5m 的 2 楼（通常情况下,这样的基站将位于较高的高度,以达到更好的覆盖范围）,D 测试点就在一栋 7 层楼的后面。使用高扩展因子的高传输比,比特率成本将低得多,如式（3-2）所示。另外,低传播因子的网络覆盖率较低。

需要注意的是,上述测试的目的是使用不同的扩展因子来测试 LoRa 物理层的覆盖范围。在具有 LoRaWAN 协议的真正的 LoRa 网络中,如果具有较低扩展因子的传输失败,终端设备能够自动增加扩展因子。此外,必要时还使用重传。因此,在具有 LoRaWAN 的网络中,可以实现更高的传输比。

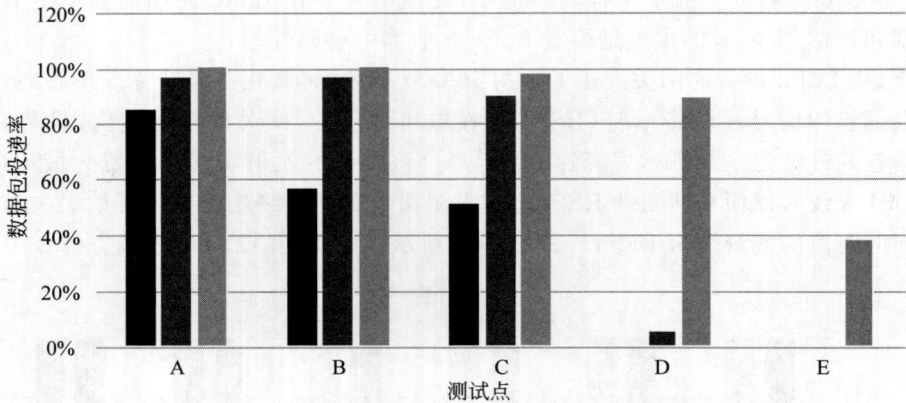

图 3-13   LoRa 现场测试的数据包投递率

3.7.3   LoRaWAN 协议

LoRaWAN 是一种 MAC 协议,它是为使用 LoRa 物理层而构建的。它主要用于传感器网络,其中传感器与服务器交换数据包的速率较低,且时间相对较长(每小时或数天传送一次)。

1. LoRaWAN 网络组件

网络的几个组件在 LoRaWAN 规范中被定义,并需要组成一个 LoRaWAN 网络:终端设备、网关(即基站)和网络服务器。

(1)终端设备。使用 LoRa 与网关通信的低功耗传感器。

(2)网关。通过 IP 回传接口将来自终端设备的数据包转发到网络服务器的中间设备,允许更大的吞吐量,如以太网或 3G。在 LoRa 部署中可以有多个网关,同一数据包可以由多个网关接收(并转发)。

(3)网络服务器。负责对设备发送的数据包进行反复制和解码,并生成应该发送回设备的数据包。

与传统的蜂窝网络不同,终端设备不与特定网关相关联以访问网络。网关简单地充当链路层中继,并在添加有关接收质量的信息后,将从终端设备接收的数据包转发到网络服务器。因此,终端设备与网络服务器相关联,网络服务器负责检测重复的数据包,选择合适的网关发送回复(如果有的话),从而将数据包返回到终端设备。从逻辑上讲,网关对终端设备是透明的。

LoRaWAN 有 3 种不同类型的终端设备来满足应用程序的不同需求。

(1)A 类,双向。A 类终端设备可以根据自己的需要调度上行链路传输,具有小的抖动(传输前的随机变化)。这类设备允许双向通信,即每个上行链路传输之后有两个短下行链路接收窗口。在任何其他时间,从服务器发送的下行链路必须等待下一次上行链路传播发生。A 类设备的功耗最低,但在下行链路传输方面灵活性也较低。

(2)B 类,双向接收插槽。B 类终端设备在预定时间打开额外的接收窗口。因此,需要一个来自网关的同步信标,以便网络服务器能够知道终端设备何时在监听。

(3)C 类,双向最大接收槽。C 类终端设备几乎连续接收窗口,因此功耗最大。

应该注意的是,LoRaWAN 不支持设备到设备的通信。数据包只能从终端设备传输到网络服务器,或反之。如果需要设备间通信的话,必须使用网络服务器(相应的,通过两个网关传输)吊索。

LoRaWAN 规范规定,LoRaWAN 网络应该使用 ISM 频带。这些频带必须遵守关于最大传输功率和占空比的规定。这些占空比限制转换为设备发送的连续帧之间的延迟。如果限制为 1%,则设备必须在同一信道再次发送之前,等待最后一帧持续时间的 100 倍。

2. LoRaWAN 消息格式

报头和 CRC 对于上行链路消息是强制性的,下行链路消息有报头,但没有 CRC。没有指定应该使用的代码速率,也不指定终端设备何时应该使用低数据速率优化。

LoRaWAN 消息格式如图 3-14 所示。DevAddr 是设备的短地址。FPort 是一个多路复用端口字段。值为 0 意味着有效负载只包含 MAC 命令。在这种情况下,FOptsLen 字段必须为 0。FCNT 是一个帧计数器。MIC 是在 MHDR、FHDR、FPort 和加密 FRMPayload 字段上计算加密消息完整性的代码。MTtype 是消息类型,用于指示是上行链路还是下行链路消息,是已确认的消息还是未确认的消息。Major 是 LoRaWAN 版本。目前,只有 0 的值是有效的。ADR 和 ADRAckReq 通过网络服务器控制数据速率适配机制。ACK 确认最后接收到的帧。FPend 表示网络服务器有更多的数据要发送,终端设备应该尽快发送另一个帧,以便打开接收窗口。FOptsLen 是 FOpts 字段的长度(以字节为单位)。FOpts 用于在数据消息上装载 MAC 命令。CD 是 MAC 命令标识符,args 是命令的可选参数。FRMPayload 是有效负载,它使用 AES 加密,密钥长度为 128b。MAC 报头最小为 13B,最大为 28B。知道了这一点,就有可能通过式(3-1)和式(3-3)计算具有给定调制参数的应用数据有效负载可用的最大信道容量。数据包从设备发送到网络服务器,反之亦然。上行链路分组上没有目的地址,下行链路分组上也没有源地址。

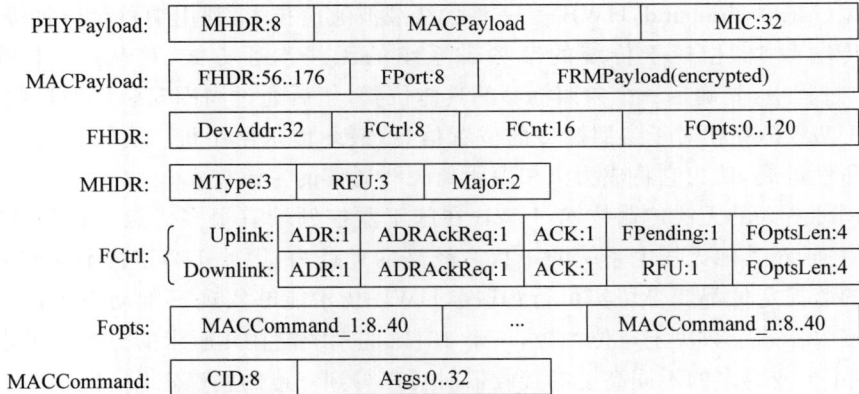

图 3-14 LoRaWAN 消息格式,字段的大小以位为单位

3. 终端设备设置

为了参与 LoRaWAN 网络,必须激活终端设备。LoRaWAN 提供了两种激活终端设备的方法:空中激活(over the air activation,OTAA)和个性化激活(activation by personalization,ABP)。

激活过程应向终端设备提供以下信息。

（1）终端设备地址（DevAddr）。终端设备的 32 位标识符，7 位作为网络标识符，25 位用作终端设备的网络地址。

（2）应用程序标识符（AppEUI）。IEEE EUI 64 地址空间中唯一标识终端设备所有者的全局应用程序 ID。

（3）网络会话密钥（NwkSKey）。由网络服务器和终端设备使用的密钥，用于计算和验证所有数据消息的消息完整性代码，以确保数据完整性。

（4）应用程序会话密钥（AppSKey）。网络服务器和终端设备用于加密和解密数据消息的有效负载字段的密钥。

对于 OTAA，每个新会话都使用带有连接请求和连接接收消息交换的连接过程。基于连接接收消息，终端设备能够获得新的会话密钥（NwkSkey 和 AppSKey）。对于 ABP，两个会话密钥直接存储在终端设备中。

4. LoRaWAN MAC 命令

LoRaWAN 定义了许多允许定制终端设备参数的 MAC 命令，其中之一 LinkCheckReq 可以由终端设备发送以测试其连接性。其他的都是由网络服务器发送。这些命令可以控制设备使用的数据速率和输出功率，以及每个未确认数据包应该发送的次数（LinkADRReq），全局设备的占空比，可以更改接收窗口的参数（RXTimingSetupReq、RXParamSetupReq），并更改设备使用的通道（NewChannelReq）。另一个命令用于查询设备的电池级别和接收质量（DevStatusReq）。

3.8 UWB 技术

3.8.1 UWB 技术概述

超带宽（ultra wideband，UWB）是一种无线载波通信技术，利用纳秒至微秒级的非正弦波窄脉冲传输数据，相较于传统的窄频带系统的无线沟通方式，UWB 有本质的区别。UWB 定位过程中，先确定一个参照标签的具体位置，然后通过周围安装好的接收器得出目标携带的 UWB 标签相对于参照标签的位置信息，最终传送给主机。有人称为无线电领域的一次革命性进展，认为它将成为未来短距离无线通信的主流技术。

作为一种新兴的无线传输技术，UWB 在施工监控领域有很多优点。首先，UWB 技术抗干扰能力强，对其他无线电系统的干扰有较高的免疫力，因此 UWB 技术在室内、室外及墙体附近的监控定位都变得切实可行；其次，UWB 技术能够实现三维动态定位。UWB 监控系统中接收器的个数决定定位维数，一个 10Hz 的系统能在几厘米的分辨率下定位 UWB 标签，当有 4 个或更多的不同高度的接收器时可以得到三维的精确定位，不同高度的接收器数量越多，定位精度越高；最后，UWB 技术数据传输率高，能够实现 100Mb/s 以上的速率。

3.8.2 UWB 技术的特点

1. 传输速率高，空间容量大

根据香农（Shannon）信道容量公式，在加性高斯白噪声（AWGN）信道中，系统无差错传输速率的上限为

$$C = B \times \log_2(1 + SNR) \tag{3-4}$$

其中,B(单位:赫兹)为信道带宽,SNR 为信噪比。在 UWB 系统中,信号带宽 B 高达 500MHz~7.5GHz。因此,即使信噪比 SNR 很低,UWB 系统也可以在短距离上实现几百兆至一千比特每秒的传输速率。例如,如果使用 7GHz 带宽,即使信噪比低至 -10dB,其理论信道容量也可达到 1Gb/s。因此,将 UWB 技术应用于短距离高速传输场合(如高速 WPAN)是非常合适的,可以极大地提高空间容量。理论研究表明,基于 UWB 的 WPAN 可达的空间容量比目前 WLAN 标准 IEEE 802.11.a 高出 1~2 个数量级。

2. 适合短距离通信

按照 FCC 规定,UWB 系统的可辐射功率非常有限,3.1~10.6GHz 频段总辐射功率仅 0.55mW,远低于传统窄带系统。随着传输距离的增加,信号功率将不断衰减。因此,接收信噪比可以表示成传输距离的函数 $SNRr(d)$。根据香农公式,信道容量可以表示成距离的函数

$$C(d) = B \times \log_2[1 + SNRr(d)] \tag{3-5}$$

另外,超宽带信号具有极其丰富的频率成分。众所周知,无线信道在不同频段表现出不同的衰落特性。由于随着传输距离的增加高频信号衰落极快,这导致 UWB 信号产生失真,从而严重影响系统性能。研究表明,当收发信机之间距离小于 10m 时,UWB 系统的信道容量高于 5GHz 频段的 WLAN 系统,收发信机之间距离超过 12m 时,UWB 系统在信道容量上的优势将不复存在。因此,UWB 系统特别适合于短距离通信。

3. 具有良好的共存性和保密性

由于 UWB 系统辐射谱密度极低(小于 -41.3dBm/MHz),对传统的窄带系统来讲,UWB 信号谱密度甚至低至背景噪声电平以下,UWB 信号对窄带系统的干扰可以视作宽带白噪声。因此,UWB 系统与传统的窄带系统有着良好的共存性,这对提高日益紧张的无线频谱资源的利用率是非常有利的。同时,极低的辐射谱密度使 UWB 信号具有很强的隐蔽性,很难被截获,这对提高通信保密性非常有利。

4. 多径分辨能力强,定位精度高

由于 UWB 信号采用持续时间极短的窄脉冲,其时间、空间分辨能力都很强。因此,UWB 信号的多径分辨率极高。极高的多径分辨能力赋予 UWB 信号高精度的测距、定位能力。对于通信系统,必须辩证地分析 UWB 信号的多径分辨力。无线信道的时间选择性和频率选择性是制约无线通信系统性能的关键因素。在窄带系统中,不可分辨的多径将会导致衰落,而 UWB 信号可以将它们分开并利用分集接收技术进行合并。因此,UWB 系统具有很强的抗衰落能力。但 UWB 信号极高的多径分辨力也导致信号能量产生严重的时间弥散(频率选择性衰落),接收机必须通过牺牲复杂度(增加分集重数)以捕获足够的信号能量。这将对接收机设计提出严峻挑战。在实际的 UWB 系统设计中,必须折中考虑信号带宽和接收机复杂度,得到理想的性价比。

5. 体积小、功耗低

传统的 UWB 技术无需正弦载波,数据被调制在纳秒级或亚纳秒级基带窄脉冲上传输,接收机利用相关器直接完成信号检测。收发信机不需要复杂的载频调制/解调电路和滤波器。因此,可以大大降低系统复杂度,减小收发信机体积和功耗。FCC 对 UWB 的新定义在一定程度上增加了无载波脉冲成形的实现难度,但随着半导体技术的发展和新型脉冲产生技术的不断涌现,UWB 系统仍然继承了传统 UWB 体积小、功耗低的特点。

3.8.3 UWB 调制与多址技术

调制方式是指信号以何种方式承载信息,它不但决定通信系统的有效性和可靠性,同时也影响信号的频谱结构、接收机复杂度。对于多址技术解决多个用户共享信道的问题,合理的多址方案可以在减少用户间干扰的同时极大地提高多用户容量。在 UWB 系统中采用的调制方式可以分为两大类:基于超宽带脉冲的调制、基于 OFDM 的正交多载波调制。多址技术包括跳时多址、跳频多址、直扩码分多址、波分多址等。系统设计中,可以对调制方式与多址方式进行合理的组合。

1. UWB 调制技术

(1)脉位调制。脉冲相位调制(pulse-phase modulation,PPM)是一种利用脉冲位置承载数据信息的调制方式。按照采用的离散数据符号状态数可以分为二进制 PPM(2PPM)和多进制 PPM(MPPM)。在这种调制方式中,一个脉冲重复周期内脉冲可能出现的位置有 2 个或 M 个,脉冲位置与符号状态一一对应。根据相邻脉位之间距离与脉冲宽度之间的关系,又可分为部分重叠的 PPM 和正交 PPM(OPPM)。在部分重叠的 PPM 中,为保证系统传输可靠性,通常选择相邻脉位互为脉冲自相关函数的负峰值点,从而使相邻符号的欧氏距离最大化。在 OPPM 中,通常以脉冲宽度为间隔确定脉位。接收机利用相关器在相应位置进行相干检测。鉴于 UWB 系统的复杂度和功率限制,实际应用中,常用的调制方式为 2PPM 或 2OPPM。

PPM 的优点在于,它仅需根据数据符号控制脉冲位置,不需要进行脉冲幅度和极性的控制,便于以较低的复杂度实现调制与解调。因此,PPM 是早期 UWB 系统广泛采用的调制方式。但是,由于 PPM 信号为单极性,其辐射谱中往往存在幅度较高的离散谱线。如果不对这些谱线进行抑制,将很难满足 FCC 对辐射谱的要求。

(2)脉幅调制。脉幅调制(PAM)是数字通信系统最为常用的调制方式之一。在 UWB 系统中,考虑到实现复杂度和功率有效性,不宜采用多进制 PAM(MPAM)。UWB 系统常用的 PAM 有两种方式:开关键控(OOK)和二进制相移键控(BPSK)。前者可以采用非相干检测降低接收机复杂度,而后者采用相干检测可以更好地保证传输可靠性。

与 2PPM 相比,在辐射功率相同的前提下,BPSK 可以获得更高的传输可靠性,且辐射谱中没有离散谱线。

(3)波形调制。波形调制(PWSK)是结合 Hermite 脉冲等多正交波形提出的调制方式。在这种调制方式中,采用 M 个相互正交的等能量脉冲波形携带数据信息,每个脉冲波形与一个 M 进制数据符号对应。在接收端,利用 M 个并行的相关器进行信号接收,利用最大似然检测完成数据恢复。由于各种脉冲能量相等,因此可以在不增加辐射功率的情况下提高传输效率。在脉冲宽度相同的情况下,可以达到比 MPPM 更高的符号传输速率。在符号速率相同的情况下,其功率效率和可靠性高于 MPAM。由于这种调制方式需要较多的成形滤波器和相关器,其实现复杂度较高。因此,在实际系统中较少使用,目前仅限于理论研究。

(4)正交多载波调制。传统意义上的 UWB 系统均采用窄脉冲携带信息。FCC 对 UWB 的新定义拓广了 UWB 的技术手段。原理上讲,-10dB 带宽大于 500MHz 的任何信号形式均可称作 UWB。在 OFDM 系统中,数据符号被调制在并行的多个正交子载波上传输,数据调制/解调采用快速傅里叶变换/逆快速傅里叶变换(FFT/IFFT)实现。由于具有频谱利用率高、抗多径能力强、便于 DSP 实现等优点,OFDM 技术已经广泛应用于数字音频广播(DAB)、数字视频广播(DVB)、WLAN 等无线网络中,且被作为 B3G/4G 蜂窝网的主流技术。

2. UWB 多址技术

(1)跳时多址。跳时多址(THMA)是最早应用于 UWB 通信系统的多址技术,它可以方便地与 PPM 调制、BPSK 调制相结合形成跳时-脉位调制(TH-PPM)、跳时-二进制相移键控系统方案。这种多址技术利用了 UWB 信号占空比极小的特点,将脉冲重复周期(T_f,又称帧周期)划分成 N_h 个持续时间为 T_c 的互不重叠的码片时隙,每个用户利用一个独特的随机跳时序列在 N_h 个码片时隙中随机选择一个作为脉冲发射位置。在每个码片时隙内可以采用 PPM 调制或 BPSK 调制。接收端利用与目标用户相同的跳时序列跟踪接收。

由于用户跳时码之间具有良好的正交性,多用户脉冲之间不会发生冲突,从而避免了多用户干扰。将跳时技术与 PPM 结合可以有效地抑制 PPM 信号中的离散谱线,达到平滑信号频谱的作用。由于每个帧周期内可分的码片时隙数有限,当用户数很大时必然产生多用户干扰。因此,如何选择跳时序列是非常重要的问题。

(2)直扩-码分多址。直扩-码分多址(DS-CDMA)是 IS-95 和 3G 移动蜂窝系统中广泛采用的多址方式,这种多址方式同样可以应用于 UWB 系统。在这种多址方式中,每个用户使用一个专用的伪随机序列对数据信号进行扩频,用户扩频序列之间互相关很小,即使用户信号间发生冲突,解扩后互干扰也会很小。但由于用户扩频序列之间存在互相关,远近效应是限制其性能的重要因素。因此,在 DS-CDMA 系统中需要进行功率控制。在 UWB 系统中,DS-CDMA 通常与 BPSK 结合。

(3)跳频多址。跳频多址(FHMA)是结合多个频分子信道使用的一种多址方式,每个用户利用专用的随机跳频码控制射频频率合成器,以一定的跳频图案周期性地在若干个子信道上传输数据,数据调制在基带完成。若用户跳频码之间无冲突或冲突概率极小,则多用户信号之间在频域正交,可以很好地消除用户间干扰。原理上讲,子信道数量越多则容纳的用户数量越大,但这是以牺牲设备复杂度和功耗为代价的。在 UWB 系统中,将 3.1～10.6GHz 频段分成若干个带宽大于 500MHz 的子信道,根据用户数量和设备复杂度要求选择一定数量的子信道和跳频码解决多址问题。FHMA 通常与多带脉冲调制或 OFDM 相结合,调制方式采用 BPSK 或正交移相键控(QPSK)。

(4)PWDMA。PWDMA 是结合 Hermite 等正交多脉冲提出的一种波分多址方式。每个用户分别使用一种或几种特定的成形脉冲,调制方式可以是 BPSK、PPM 或 PWSK。由于用户使用的脉冲波形之间相互正交,在同步传输的情况下,即使多用户信号间相互冲突也不会产生相互干扰。通常正交波形之间的异步互相关不为零,因此在异步通信的情况下用户间将产生相互干扰。目前,PWDMA 仅限于理论研究,尚未进入实用阶段。

3.8.4 UWB 技术的应用

1. 在高速 WPAN 中的应用

高速 WPAN 的主要目标是解决个人空间内各种办公设备及消费类电子产品之间的无线连接,以实现信息的快速交换、处理、存储等,其应用场合包括办公室、家庭等。个人空间内的设备类型非常丰富,大体分为 3 类:计算机及其外围设备、家用音视频娱乐设备、便携式终端。这些设备大部分对通信速率和实时性要求很高,当前它们之间主要通过通用串行总线(USB)、1394 总线等高速总线进行连接,通信速率高达几十兆比特每秒至几百兆比特每秒。采用 UWB 技术为这些设备提供高速无线连接将是比较理想的解决方案,配合上层协议灵活地改变网络拓扑,既可以实现点对点连接,也可以实现多个设备互连。

2. 家庭多媒体应用

随着技术的不断进步,家用电器的范畴不断扩大,家用电器向数字化、智能化、网络化的方向发展,其中音视频娱乐设备最为普及。利用 UWB 技术为这些设备提供高速无线连接,无须使用电缆即可建立家庭多媒体网络。各种设备在小范围内组成自组织式的网络,相互传送多媒体数据,并可以通过安装在家中的宽带网关接入因特网,包括机顶盒、DVD 和数码摄像机与数字电视的无线连接,数码照相机与电视机、打印机之间的连接等。

3. 计算机桌面应用

在计算机桌面上,汇聚了个人计算机、键盘、显示器、扬声器、打印机、扫描仪、鼠标、移动硬盘等一系列外部设备。当前,计算机与各种外设之间通过错综复杂的线路相互连接。如果采用 UWB 技术将它们以无线的方式连接起来,则将改善线路连接情况。用户甚至没有必要将所有这些设备都放置在同一个桌面或房间内,每种设备可以被自由地移动位置。这类应用一般只需要支持 2~4m 的传输距离,但速率要求可以从几万比特每秒至几百兆比特每秒。

4. 多媒体会议应用

UWB 技术还可应用于会议室等场所。参会人员坐在会议室中,能够利用自己的便携式计算机组建临时性的自组织网络。大家既可以自由地交换各种信息,也可以共享带有图像和音频的演示文档,还可以方便地共享投影仪、打印机等设备。

5. 在低速 WPAN 中的应用

低速 WPAN 的主要应用包括家庭自动化、资产跟踪、工业控制、医疗监护、安全与风险控制等。这类应用对传输速率要求较低,通常为几千比特每秒至几万比特每秒,但它们对成本和功耗的要求很高,在很多应用中还要求提供精确的距离或定位信息。

低速 WPAN 的应用很多可以归纳到无线传感器网络(WSN)的范畴。WSN 在工业监测、环境监测、智能交通、家庭安全等方面具有广泛应用前景。每个 WSN 由大量带有无线网络功能的独立传感器结点构成,多个传感器结点以无线的形式组成网络,彼此通信和交换各种信息。WSN 在网络结构上通常采用自组织的形式,网络拓扑具有随机变化的特点,结点信息往往需要通过中间结点进行多次转发才能到达目的结点。因此,WSN 中的路由问题相当重要,若将各结点的地理位置信息作为路由计算的辅助信息,将很大程度上简化路由算法,降低能量消耗。对某些特定应用,如资产跟踪、人员跟踪、家庭安全等,位置信息是最为关键的信息。因此,精确的测距和定位功能对这些应用非常重要。

3.9　IPv6:物联网建设的通信基础

一提到物联网的核心技术,很多人首先想到了各种识别技术、传感技术、大数据及云计算。其实,在物联网的网络领域,计算机 IP 的创建与管理更为重要。早期,因特网使用的

IP 为 IPv4，但随着世界网络的充分开发，物联网终端接入用户的猛增导致 IPv4 的地址几乎耗尽，IPv4 的地址长度为 32b，一共可以分配 $2^{32}-1$ 个地址，大约可以供 42 亿用户连接网络。而现在全球已经有 73 亿人口，接入网络的用户只会增加，不会减少。如果这个问题得不到解决，就等于在通信基础上"革"了物联网的命。当然，依靠网络地址转换及网关等地址复用技术，可以在短时间内缓解地址使用危机，但加大了各种中间状态的维护，增加了传输成本，也造成了性能上的瓶颈。

为了彻底解决 IPv4 存在的问题，IPv6 应运而生，其地址长达 128b，有 $2^{128}-1$ 个地址，可以彻底解决 IPv4 地址不足的问题。有科学家开玩笑说："这样，世界上的每个粒子都可以被安排一个 IP 地址。"不仅如此，IPv6 还可以实现主机地址自动配置、安全认证和加密等多项技术。不论是物联网系统的各个接入层，还是其骨干网络、智能服务器或传感器终端，都离不开 IPv6，IPv6 带来的海量地址空间和快速通信特性为物联网的发展创造了良好的通信条件。具体来说，IPv6 对物联网的影响，主要体现在 6 方面。

（1）地址增加，丰富物联需求。IPv6 的地址长度决定了它可以不受限制地提供 IP 地址，这样，每个设备都可以直接选定地址，确保了终端与终端相连的可能性。此外，IPv6 还引入了任播地址技术，实现了数据包的快捷服务，也有效满足了物联网数据和应用的移动性需求。

（2）自动配置易于即插即用。随着互联网上各种信息资源的丰富，对即插即用和自动配置的需求日益增加。从 PS2 接口的键盘升级到 USB 接口以后，不用重启计算机就可以随意插拔键盘。同理，IPv4 升级到 IPv6 以后，内置地址实现了自动分配，无须再打开网络设置，进行繁杂的 IP 地址输入操作。只需要将网线连上，就会被自动分配一个全球唯一的 IPv6 地址，在物联网设备上真正实现了即插即用。

在未来，不仅仅是计算机，当空调、电冰箱、电视和手机都使用 IP 地址进行互联的时候，IPv6 的作用将会深刻体现。在由大规模结点组成的传感器网络中，通常一个终端需要在不同的网络间移动。传统的 IPv4 协议需要人工进行复杂的设置和转换，而基于 IPv6 的终端则可以进行自动配置和网络切换。

（3）提供更加高效的传输。IPv6 所传送的数据包远远超过了 64KB，这表示物联网内的各种应用可以利用最大传输单元，获得最快、最准确的数据传输。在设计上，IPv6 采用简单的报头结构，采取更加优化的分段方法，加快路由器数据包的处理速度和强度，提高转发的效率，从而从根本上解决数据吞吐量问题。从另一方面来说，简化的 IPv6 数据封装对系统处理能力的要求降低，可以在低消耗下传输更多的数据，降低了大量传感器的能耗成本。

（4）强大的安全机制。IPSec 代表了端对端的安全防护措施，在 IPv4 中为可选项，其防护能力并不完善。而在 IPv6 中，IPSec 成了强制的选项之一，其内置的安全扩展组件使端到端的连接、验证以及网络之间的通信加密变得非常容易。此外，由于地址的唯一性和嵌入式安全，IPv6 能够保证数据的完整性与机密性，提供完整的访问机制，在保障终端之间的安全服务的同时，减少对网络传输速率的影响。IPv6 的这种安全机制加强了网络层对于安全的监督能力，保障了物联网通道的安全性，同时也为虚拟专用网络等安全应用提高了可操作性。

（5）满足移动应用。物联网系统除了可以在任何时间实现物物相连之外，在任何地点，甚至是在不同网络接入点切换时也能保持连接不断。IPv4 在切换网络时要进行非常复杂的设置,并且会使网络断开一段时间,而 IPv6 在移动过程中可以利用内置的自动配置转交地址,不需要任何第三方。这种机制可以使每个通信结点与移动结点直接互动,避免了配合路由过程中的额外开销,有了 IPv6 的支持,移动 IP 结构的效率大幅度提高。

当移动设备到达原本网络之外的位置时,IPv6 的自动配置功能可以获得一个漫游地址,并通过此地址和网络上的任意结点进行数据传输。这样,移动终端就可以在不中断连接的情况下,在不同的网络之间进行移动,可达性也非常好。

(6) QoS 服务加强版保证传输质量。QoS 可以看成是一种识别、标注并设置优先级的技术或机制。IPv6 可以通过流标签标注来加强 QoS 服务,并能体现实时性、优先级等质量需求。此外,根据传感器数据传输的特点,QoS 可以完美实现差异化服务,并合理分配带宽。

进入 4G 时代,接入网络的智能手机、传感终端、智能家电的数量逐渐增多,随着云计算和大数据助力物联网,未来的每一个终端都可以作为一个服务器,存储大量的数据信息,这就需要借助 IPv6 来解决拓展问题,很多国家的网络运营商都从终端研发、网络规划和软件开发等方面推动 IPv6 与物理网系统的完全融合,利用 IPv6 提升物联网基础通信能力,借助其特点延伸物联网技术的应用能力。可以说,IPv6 的出现,对于物联网系统的完善和物联产业的发展具有很高的参考价值和积极的推动作用。

3.10　无线传感器网络

随着信息时代的到来,传感器技术成为获取数据和信息的重要方法,而无线传感器网络更是成为物联网系统的核心组成部分,它实现了信息的采集、分析和传输三大功能,与计算机技术和通信技术共称为信息技术的三大支柱。

无线传感器网络的官方定义为:由大量无处不在的、具有通信与计算能力的微小传感器结点,密集布设在无人值守的监控区域而构成的,能够根据环境自主完成指定任务的自治测控网络系统。由定义可知,无线网络可以由大量静止或移动的传感器组成,而结点是其基本结构,整个无线传感器网络由传感器结点、网关结点、传输网络和远程监控中心 4 个基础结点组成。

传感器结点是一个小型的嵌入式系统,它是传感器网络最基础的平台,由传感器模块、处理器模块、无线通信模块和能量供应模块组成。其硬件结构如图 3-15 所示。

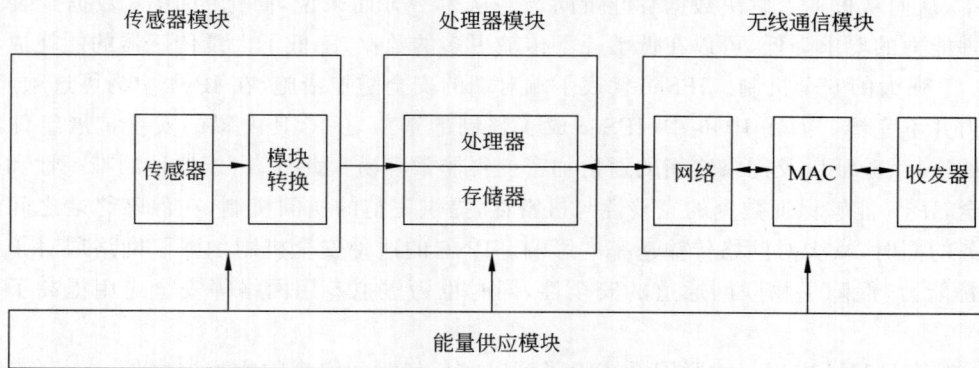

图 3-15　传感器结点硬件结构

其中,传感器模块由传感器和转换器组成,负责感知被监控对象的数据信息。处理器模块包括处理器和存储器,负责存储采集信息并控制整个传感器网络结点的工作。无线通信模块就像一个收发装置,负责完成结点间的通信工作。而能源供应模块就是一个小型的电池,负责各结点的能源供给。

网关结点又称汇聚结点,即将众多的传感器结点所监测到的数据进行汇总,再通过传输网络传送到控制服务器,是传感器网络与互联网的连接纽带。由于传输需要,该结点无论是处理能力、通信能力还是存储能力都较传感器结点要强。

传输网络和远程监控中心的结构较简单,传输网络负责传感器与监控服务器之间,以及传感器之间的互传信息,并建立合适的通信路径。而远程监控中心则是对无线传感器网络进行管理和配置,并发布测控任务。

无线传感器网络的各个结点协同操作,不仅可以探测磁场、地震、温度、光照度、噪声、物体的各项属性,还能在航空、军事、救灾、环境保护、医疗等应用领域发挥重要作用。当然,完成这些复杂的工作还需要技术的支持,经简略划分,无线传感器网络主要用到以下关键技术。

(1)定位技术。为实现秘密检测,无线传感器网络系统的体积通常都很小,这导致其内部资源和能量的储存量较少。因此,无线传感器网络的定位技术必须具有灵活、低复杂度算法、高鲁棒性等特点,以便延长网络寿命、减少能源消耗。

(2)数据融合技术。在无线传感器网络的应用中,每个传感器都能采集到大量的数据和信息,有用户需要的数据,也有不需要的冗余信息。这时,就需要数据融合技术将采集到的数据进行分析处理,整合出更加符合用户需求的高效信息。该技术优势主要体现在以下几方面。

① 节省能量。很多时候,相邻的两个传感器之间所采集的数据非常相近,如果将这些冗余的数据全部传输,无疑会增加传输网络的负担,损耗更多的能源,所以要依靠数据融合来清理重复的数据信息。

② 信息获取准确。传感器网络周围的环境千变万化,传感器结点所采集的数据也未必准确,通过对某一区域的所有传感结点进行数据融合,有利于获取更加可靠的信息。

③ 能提高数据收集速度。在无线传感器网络中,数据传输通道的大小是固定的,数据融合之后,体积变小,减少了传输延迟,在一定程度上提高了数据收集的效率。

(3)QoS 建设技术。QoS 在上文提到过,是保障网络服务质量、解决网络堵塞和延迟的一项核心技术,无线传感器网络中的 QoS,会根据用户具体应用的不同,结合其网络特征完成设计。目前,QoS 技术的目标是实现带宽的最优化利用、能源使用的最低化和 QoS 的最合理控制。

(4)同步管理技术。在传统的无线网络中,主要考虑的还是时间同步,如网络时间协议(NTP)就可以解决全局时间同步的问题。在无线传感器网络的应用中,时间同步也是最重要的,难点是每个传感器都有自己的本地时钟,不同结点的频率不尽相同,而且还受到温度和磁场的影响。这时候,就需要时间同步管理机制为传感器网络中的所有结点提供相同的时间标准,而结合无线传感器网络的体积特点,时间同步设备必须在大小、成本、能耗方面控制得相当到位。

(5)网络安全技术。无线传感器网络的无线传输通道相对于有线传输通道有其局限性,那就是安全系数低,很容易被黑客窃取数据或进行信息篡改、恶意攻击。而无线传感器网络又不能像其他网络那样设计空间复杂度大的密钥,因其计算能力和存储能力都无法达到。所以,在设计无线传感器网络的安全系统时,必须考虑安全管理、点对点消息认证、完整性鉴别、能量有限性等问题。目前,最常用的安全系统是基于块加密和定制流加密的 RC4/6等算法。

（6）无线通信网络技术。无线传感器网络不仅有其自组织性,而且是通过多个结点的多跳通信,这使无线通信技术成了区别于其他通信技术的全新研究领域。此外,无线通信网络的优劣在一定程度上决定了无线传感器网络应用的成败。

（7）嵌入式实时系统软件技术。无线传感器的各个结点就是嵌入式系统,同时,传感器各结点的信息采集等功能要求整个网络系统要对外部的事件进行实时反应。所以,无线传感器网络结点的设计既要满足嵌入式系统的要求,又要有实时系统的特性。

第4章　物联网数据库应用技术

本章介绍物联网数据库应用技术的概念和概况,包括 MySQL 概述、操作数据库和表、创建数据库、查看数据库、删除数据库和查看数据表等,NoSQL 数据库的提出和 NoSQL 数据库技术的诞生、NoSQL 数据库技术的重要性和主要特点、NoSQL 数据库技术的实现和应用模型分析等内容。

4.1　物联网数据库技术

在信息系统中,数据库技术是作为一项核心的技术存在的,是利用信息化设备,如计算机进行对数据的协助管理。数据库技术的主要研究方向是如何进行高效的数据组织和存储,如何进行数据的获取和处理。通过对专业知识的查询和获取,了解到数据库技术的主要对象是数据,其中会涉及多方面的概念,主要有信息、数据、数据库系统等知识。作为现代信息的重要分支,数据库技术是进行数据处理的核心技术。而进行数据库技术研究的最终目的是实现数据的共享。经过人工管理、文件系统和数据库系统 3 个阶段的发展,数据管理技术趋于成熟并且不断地发展和进步。数据库技术也是在社会的不断发展中渐渐成熟的,一些大型的办公企业都在应用信息技术进行数据的存储和处理,互联网的普及不仅带动了各个行业的发展,同时各个行业的完善与扩大也同样加快了互联网技术的发展,加上人们对于数据处理的要求越来越高,数据库技术发展也越来越迅速。

接下来将会详细介绍 MySQL 数据库和 NoSQL 数据库。

4.2　MySQL 数据库

1. MySQL 概述

MySQL 由 MySQL AB 公司自主研发,特点是简单、高效、可靠。在很短的时间内,就成为 IT 业内广为人知的开源数据库。它的应用广泛,包括小型 Web 网站、微型嵌入式系统和大型级企业应用。后来,MySQL 被 Oracle 公司收购,其发展更加迅速。目前,世界上许多大型网站都在使用 MySQL 的关键应用程序,包括 Google、Facebook 和 eBay 等公司的网站。

MySQL 是一个程序,是一个关系数据库管理系统,可以存储大量且种类繁多的数据,并提供服务来满足任何组织的需求,包括大型企业、商店和政府部门等。

2. 操作数据库和表

工欲善其事,必先利其器。用户可在 MySQL 官网上自行下载 MySQL 数据库并安装,这里不再详细介绍。

首先介绍一下什么是数据库和表。一个数据库服务器可以有多个数据库;表是数据库最基本的组成对象,是数据库的实体,用来组织和存储数据。表有表头和数据,表头被定义为字段，是表的列；表的每一行存储一条记录。

3. 创建数据库

使用 SQL 语句：

```
CREATE DATABASE db_name;
```

便可创建数据库，其中 db_name 是数据库的名字，它可以是任意的。

使用命令行创建数据库如图 4-1 所示。

4. 查看数据库

查看当前服务器中已经存在的数据库，使用 SQL 语句：

```
SHOW DATABASES;
```

执行该语句后，可以显示各系统数据库和用户自定义的数据库，如图 4-2 所示。

图 4-1　创建数据库

图 4-2　显示数据库

5. 删除数据库

删除数据库使用 SQL 语句：

```
DROP DATABASE 数据库名称;
```

如图 4-3 所示，界面中的 SQL 语句是删除 mydatabase 数据库的语句。

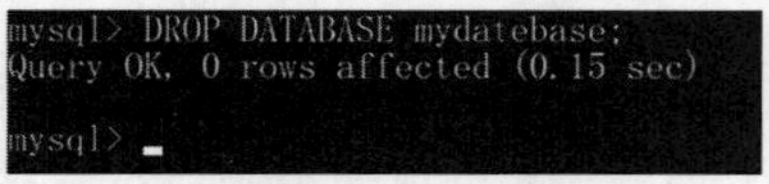

图 4-3　删除数据库

6. 创建数据表

用 SQL 语句创建数据表，需指出表所在的数据库、表的名称，列出表中每个字段名、字段的数据类型、是否为空、字段约束等，语句如下：

```
USE 数据库名; CREATE TABLE 表名(字段 1 的名称 字段 1 的类型 字段 1 的约束,字段 2 的名称 字段 2 的类型 字段 2 的约束…);
```

在上面的语句中，先打开指定的数据库，然后在该数据库下创建表。表名后是"()"，其中定义表的字段。每个字段名、类型和约束之间使用空格隔开，而两个字段之间使用","隔开。

在数据库中创建 new_table 表，代码如下：

```
USE mydata;CREATE TABLE new_table(
    'id' INT
    'name' VARCHAR(45),
);
```

7. 查看数据表

使用 SHOW TABLES 命令,查看数据库中的表。如查看 mydata 数据库下的表,代码如下:

```
USE mydata; SHOW TABLES;
```

执行上述代码,如图 4-4 所示。

8. 添加表信息

使用 INSERT INTO 语句指出需要添加数据的表;使用 VALUES 语句指出需要添加的数据。在 new_table 表中添加 3 条数据,代码如下:

```
INSERT INTO new_table VALUES('1','tom');
INSERT INTO new_table VALUES('2','jerry');
INSERT INTO new_table VALUES('3','kate');
```

9. 查询数据

使用 SQL 语句:

```
SELECT * FROM  表名;
```

就可以查询数据,如图 4-5 所示。

图 4-4 查看数据表

图 4-5 查询数据

4.3 NoSQL 数据库

1. NoSQL 的提出

基于 SQL 的关系数据库系统,其主要设计思想是模拟真实世界中的事物与关系来构建关系数据库中抽象的数据结构。然而,大数据时代已经来临,是继云计算、物联网后又一项改变世界的技术,传统关系数据库在处理大数据量时已经不能满足要求,开发人员只能不断优化数据库来解决面临的大数据量的问题。传统的存储方式和基于 SQL 的关系数据库系统早已无法满足各类互联网大数据应用的高性能与高扩展性的使用需求,无法有效地支撑互联网平台中大数据处理业务的有效运行。于是 NoSQL 技术和理念被提出了。

NoSQL 技术的出现,能够满足互联网时代大数据处理业务的高性能需求,还能够实现大数据存储的水平扩展性。传统的 SQL 关系数据库系统不能很好地解决大数据的高性能读写、数据属性字段不固定、快速响应数据结构变化、数据库系统水平扩展和表结构灵活改变等问题,在 NoSQL 技术中都得到了较好的解决。随着 NoSQL 技术的快速发展,出现了很多优秀的基于 NoSQL 技术理念的数据存储系统,其中以 MongoDB 文档数据存储系统为代表的 NoSQL 数据库技术优点最为突出,且越来越具备可用性和实用性。

互联网大数据处理业务,还具有领域不同和需求多样化的特点,NoSQL 技术在实际应用的过程中,无法做到像传统的 SQL 关系数据库系统一般的通用性和可移植性,往往还需要针对不同类型的需求和业务场景,采用有针对性的定制化解决方案。对于本书所讨论的知识共享平台而言,大数据的高性能存储和关系查询的性能优化等,都是必须解决的关键问题。

2. 互联网大数据时代与 NoSQL 技术的诞生

NoSQL(Not Only SQL)的概念早在 20 世纪 80 年代就有人提出,然而到了互联网大数据时代,NoSQL 的概念才真正被人们所重视。在大数据时代来临之前,各类的业务应用系统最常用的数据库都是 SQL 关系数据库系统。如 MySQL 数据库系统、SQL Server 数据库系统、Oracle 数据库系统等。这些传统的 SQL 关系数据库系统足以应付大多数的常规业务,而且经过多年的发展、成熟、稳定。但是,随着互联网业务的不断发展,传统的 SQL 关系数据库系统在应付大规模、大量并发的数据时就明显显得有些力不从心了。正是在这个时候,NoSQL 技术逐步受到重视,开始得到迅速的发展。

NoSQL 这个名词是相对于传统的 SQL 关系数据库技术而言的,它用来指代和传统的 SQL 技术所不同的非关系数据库技术。随着互联网技术的推进和发展,大量的新型互联网应用业务带来了越来越多的大数据处理的业务场景。大数据场景下,海量的数据访问和复杂的数据类型,对数据库系统提出了更加苛刻的性能要求和扩展性要求。传统的 SQL 关系数据库系统虽然成熟可用,并且具备良好的事务管理和数据一致性等优秀特性,但是在进行大数据处理时暴露了明显的性能瓶颈。新生的 NoSQL 技术,就是为了解决大数据处理时的高并发、高交互的苛刻性能需求及数据类型的多样化而诞生的。因此,基于 NoSQL 技术理念的新型数据库系统通常都具有高性能、高扩展性的技术特点。同时,NoSQL 技术对于处理大量的多样化的数据类型具有更好的适用性。相对于传统的关系数据库系统而言,NoSQL 数据库系统弱化了数据一致性、可用性、原子性、隔离性等严格的参照标准,进而获得了更大的灵活性和高效性。

NoSQL 技术刚提出时还主要是为了强调和传统的 SQL 关系数据库系统的差异化,而随着互联网时代发展至今,NoSQL 技术已经是帮助解决大数据处理和云计算业务员等相关领域问题的重要解决方案。如今的 NoSQL 技术重点解决的是高性能存储、大数据处理、水平扩展性等方面的问题。NoSQL 数据库系统大都原生就支持分布式应用环境,NoSQL 技术旨在确保具有良好的性能的基础上,同时还实现低成本及高灵活度的水平扩展性。NoSQL 技术的这些特性,能够极大地弥补传统的关系数据库系统的短板。

经过大量的互联网大数据的应用实践,技术人员逐步意识到,NoSQL 技术自身和传统的 SQL 关系数据库技术并不是互斥的和相互矛盾的,而是可以相互协同、互补以解决实际的业务场景中的许多问题,往往需要将这两种技术有机地结合起来使用才能够更加合理地解决问题。

在国内,随着互联网技术及移动互联网业务的高速发展,涌现出了如阿里巴巴、百度、腾讯、京东、滴滴等优秀的互联网领军企业,这些企业在带动和引领互联网和相关技术的快速发展的同时,也带动了大量的创新型企业和团队的涌现。对于各个企业的技术团队而言,如今的平台研发与建设,早就已经不是单一的传统 SQL 关系数据库系统一统天下的格局了,而是 SQL 关系数据库技术和 NoSQL 非关系数据库技术通过有机地整合形成更加优化的解决方案,以应对互联网大数据时代的新应用需求的全新格局。

3. 移动互联网的新特点强化了 NoSQL 技术的重要性

移动互联网时代的到来和智能移动终端的流行,使信息的产生和传播都变得异常迅速。在全新的移动互联网时代,网络中的每个用户不再仅仅是数据的消费者,同时也成了数据的生产者。以博客、微博、朋友圈、问答系统、分类信息系统、外卖、团购、电商等各类新型信息系统为典型代表的互联网平台中,用户不再是简单的消费信息数据,而是时时刻刻都会有大量的用户在线产生数量巨大、形式多样的各种类型的数据。巨大的数据量、超高的并发量、复杂多样的数据类型,都对传统的 SQL 关系数据库系统提出了十分严峻的挑战。

根据 CAP 理论的具体阐述,在保证业务系统的可用性的基本前提下,数据的一致性、可用性和分区容忍性,这三者之间一定是无法做到同时满足的。因此,对数据存储系统的设计和实现,只能考虑同时满足其中的两者,必须有所侧重。对于互联网大数据应用系统而言,系统的大数据规模已经决定了系统的分布式横向扩展能力是必须要得到满足的一个条件,也就是说分区容忍性是大数据处理业务必须满足的一个必要条件。因此,在数据存储系统的设计和实现的技术选择上,工程师们必须在数据一致性、可用性之间做出互斥的选择,做出相应的取舍。

互联网大数据业务系统的主要特点和银行类、金融类的业务系统是有明显区别的。互联网大数据处理业务往往对数据的一致性的要求不是非常高,因此可以选择用数据的弱一致性来代替数据的强一致性,以此为代价换取更高的可用性,而 NoSQL 技术的核心理念就是如此。所以说,在移动互联网新时代到来的时候,NoSQL 技术的重要性就得到了进一步地强化。

4. NoSQL 技术的特点

(1) 能够处理超大量的数据。

(2) 运行成本低。

(3) 性能没有瓶颈。

(4) 数据库的扩展性好。

5. NoSQL 技术介绍

NoSQL 技术是对非关系数据库技术综合的统称。随着互联网应用和大数据处理业务的兴起和广泛流行,传统的 SQL 关系数据库系统在应对大数据、高并发的 Web 网络应用时,已经不能满足更高的要求,暴露出了许多的瓶颈问题,于是非关系数据库技术,即 NoSQL 技术就趁势而兴起。

NoSQL 这个概念曾在早期就有人提出,然而到了互联网大数据时代,NoSQL 的概念才真正为人们所重视。在大数据时代来临之前,各类的业务应用系统最常用的数据库都是 SQL 关系数据库系统。这些传统的 SQL 关系数据库系统足以应付大多数的常规业务,而且经过多年的发展,成熟、稳定。但是,随着互联网业务的不断发展,传统的 SQL 关系数据库系统在应付大规模、大并发量的数据时就显得明显有些力不从心了。正是在这个时候，NoSQL 技术逐步受到重视，开始得到迅速的发展。

6. NoSQL 技术的原理分析

（1）CAP 原理。CAP 原理有时又称 CAP 理论。CAP 原理的主要内容是，在任何一个分布式数据存储系统中，数据的一致性、可用性和分区容忍性，这三者是不可兼得的，最多满足其中两者。

① 一致性。数据的一致性主要是指在分布式数据存储系统的不同数据存储单元中的数据需要保持同步更新和一致。如果某个分布式数据存储系统中所有数据存储单元中的数据副本，都能够在同一时刻保持相同的数据值，就可以说该分布式数据存储系统满足了数据的一致性原则。

② 可用性。可用性主要是关注分布式数据存储系统的响应速度和负载能力。可用性要求分布式数据存储系统要有良好的响应速度，即高性能。同时，可用性还要求当分布式数据存储系统中的任何一个分区结点发生故障时，分布式数据存储系统的整体还要能够继续响应客户端的数据交互请求，这种可用性也是分布式系统的一个重要技术指标。简而言之，数据的可用性就是要求分布式数据存储系统的各个分区中的数据必须保持随时可用的状态。

③ 分区容忍性。分区容忍性主要是指分布式数据存储系统中的各个分区是否具备动态的水平扩展能力。依据 CAP 原理的核心思想，任何一个分布式数据存储系统都只能在数据的一致性、可用性、分区容忍性这 3 个特性中满足其中两个。分布式数据存储系统是绝对不可能做到三个特性全部都满足和兼顾的。CAP 原理的核心思想是提醒和建议那些设计分布式数据存储系统的工程师，在设计和实现分布式数据存储系统时，必须要在数据一致性、可用性、分区容忍性 3 个特性中做出一定的权衡与取舍，必须有所妥协。CAP 原理在大数据存储与管理的领域为业界所广泛关注和认可。当前，CAP 原理已然成为大数据存储系统设计领域的重要理论基础之一。业界普遍认为，SQL 关系数据库系统选择了数据一致性（C）和可用性（A）作为侧重点，而 NoSQL 类型的数据库系统则并不是按照 SQL 关系数据库的这种原则作为设计的要点，而是做出另外的取舍。

（2）数据一致性和可用性的辩证关系。根据 CAP 原理的核心思想定论，在分布式数据存储系统中最多只能兼顾和实现数据的一致性、可用性和分区容忍性中的两个特性要求。而在当今时代的大部分互联网业务系统中分区容忍性通常是必须实现的一个技术指标，因此，在大多数的业务场景中，分布式数据存储系统往往需要在数据的一致性和可用性这两个特性之间做出合理的权衡与取舍。作为 CAP 原理的实践验证，到目前为止，仍然不存在任何一个 NoSQL 数据库系统能够做到同时满足数据的一致性、可用性、分区容忍性这 3 个特性。

下面来讨论互联网大数据处理业务系统的一些共性特征。

① 互联网大数据处理业务系统对数据一致性和事务性约束要求往往不高。互联网大数据处理业务系统通常都是实时性要求较高的高并发 Web 应用系统，这类应用系统一般情况下对数据库中数据的一致性要求不高，尤其是在数据产生并写入时，对数据一致性的要求比较低，大部分情况下仅仅是要求系统中的数据能够在最终做到数据一致性就可以满足要求。

②互联网大数据处理业务系统在大部分操作场景下对复杂关系查询的需求不高。互联网大数据处理业务系统通常都是大用户量、大数据量、高并发量的 Web 网络系统,在这类系统中如果去实现很复杂的关系条件查询检索,一定会严重地影响 Web 系统的数据访问性能和系统对客户请求的响应速度。因此,互联网大数据处理业务系统在设计和实现时,通常都要尽量避免设计和实现较为复杂的关系查询功能,尤其是对核心的主要大数据表的复杂关系查询。很多互联网大数据处理业务系统从产品设计和架构设计阶段,就已经确立了尽力规避复杂关系查询的设计原则。互联网大数据处理业务系统的设计和实现原则是强调以单数据表的高速查询为主,而需要尽量弱化多数据表的复杂关系查询。

③ 互联网大数据处理业务系统对数据库中数据同步更新的实时性要求也不高。在平常的非大数据业务系统中采用更多的是传统的 SQL 关系数据库系统,这类系统在产生并写入新的数据之后,通常会要求立即读出该组数据的记录。然而,互联网大数据处理业务系统在大部分情况下并没有这样的硬性要求,几秒甚至几十秒的读取同步延迟在大部分时候是可以被业务系统的用户所接受的。所以说在大数据高并发量的互联网 Web 应用系统中,对于数据库中数据同步更新的实时性要求不高。

综上所述,互联网大数据处理业务系统对于数据一致性和事务性机制的要求不高,通常只要求数据存储系统能够实现数据最终的一致性就可以,而并不一定要求数据存储系统在写入新数据时就能够实时实现数据的一致性。同时,高可用性和良好的水平扩展性却常常是互联网大数据处理业务系统关注的重点需求。所以,对于互联网大数据处理业务系统而言,分布式数据存储系统需要做到较好的可用性,以及仅实现最终一致性就可以满足要求。

(3) CAP 原理与 NoSQL 技术。传统的 SQL 关系数据库系统的功能往往比较复杂,需要支持的功能特性非常多,从最简单的键值查询功能,一直到复杂得多表联合关系查询,再到需要满足数据强一致性的事务管理功能,可谓是面面俱到。然而,基于 CAP 原则,重点考虑互联网、分布式、大数据等场景,与 NoSQL 数据库技术相关的数据库产品则往往更加注重系统的性能和水平扩展性,并不是十分追求各种功能的复杂性和全面性。尤其是对数据一致性的要求,大多数 NoSQL 数据库技术都没有强调支持。另外,大部分的 NoSQL 数据库系统并不支持事务。

传统的 SQL 关系数据库系统的事务管理机制都要满足 ACID 原则,这是一种强一致性的事务机制。其中 A 代表操作要具备原子性,即关系数据库系统中的事务所包含的多个需要执行的操作必须具备原子性特征。具体来说,就是要求事务中的所有操作能够全部完整地执行,否则就让事务中的所有操作都不被执行。C 代表数据一致性,即关系数据库系统需要保证在事务执行的过程中,其所有数据的状态必须是一致的,不可以出现数据状态不同步的情况。I 代表隔离性,即关系数据库系统中的任何两个事务之间不应该相互产生任何影响。例如,不允许出现任何两个事务的执行覆盖彼此执行的数据结果的情况等。D 代表数据的持久化,即关系数据库系统中的任何一个事务一旦执行完成,那么所有相关的数据必须最终被写到某个安全、可靠、持久化的存储设备之中(如硬盘设备),以确保数据能够持久地保存。

基于 NoSQL 技术的数据库系统和传统的 SQL 关系数据库系统有很大的不同,大部分 NoSQL 数据库系统只要求提供行级别操作的原子性支持,即同时对某一个 Key 所标识的数据所进行的多个不同操作在实际执行的过程中必须有序地被串行执行,这样才能确保每一个 Key/Value 键值对所标识的数据都不会遭到不可预料的破坏。

7. NoSQL 技术的主要实现

NoSQL 数据库系统实现的方式有很多种,不同的实现有不同的侧重点和优势。常见的 NoSQL 数据库系统主要有 4 种类型:Key-Value 存储数据库系统(key/value storage system)、文档数据库系统(document-oriented data storage system)、列存储数据库系统(column-oriented orderly storage system)、图形数据库系统(graphic data management system)。

(1) Key-Value 存储数据库系统。Key-Value 存储数据库系统一般以一张哈希数据表为核心,哈希数据表使用特定的键指针指向对应的数据内容区域。相对于其他 NoSQL 数据库系统而言,Key-Value 存储模型实现起来很简单,并且易于部署,这是其最大的优势。当然,基于 Key-Value 模型的 NoSQL 数据库系统也存在一些缺点,例如,Key-Value 模型在只对部分数据内容进行查询或更新操作时,Key-Value 模型的效率不是特别让人满意。比较典型和常用的 Key-Value 存储数据库系统有 Redis、Oracle BDB、Tokyo Cabinet/Tyrant、Voldemort 等。

(2) 文档数据库系统。文档数据库系统和 Key-Value 存储数据库系统在存储方式上有很大的相似之处。两者的最大不同点是数据模型的不同,文档数据库系统的数据模型以各种类型的版本化的文档为主。文档数据库系统通常都会以某个可移植性较强的数据格式来存储各种类型的半结构化的文档数据,这些指定的数据格式通常为 XML 格式或 JSON 格式等。有些资料中认为,文档数据库系统是从办公软件 Lotus Notes 中获得的启发。文档数据库系统更好地实现了键值的嵌套规则,这使它比 Key-Value 存储数据库系统更进一步,可以获得更好的查询效率。通常,文档数据库系统相对于 Key-Value 存储数据库系统而言,拥有更好的查询支持和性能。比较常用到的文档数据库系统有 MongoDB、Couch DB 等。

(3) 列存储数据库系统。列存储数据库系统是以列相关存储架构对系统中的数据进行存储的一种针对大数据业务专用的数据库类型。列存储数据库系统非常适合处理批量数据和实现即时查询的要求。相对于列存储数据库系统,传统的比较常见的行式存储数据库系统中的数据是以行相关的存储架构体系进行数据存储的。

在互联网的海量数据场景下,常常会采用列存储数据库系统作为技术解决方案。列存储数据库系统中的数据具有很高的压缩率,这不仅能够节省储存空间,还能够大量地节省计算内存和 CPU 负载。键值在列存储数据库系统中仍然存在,但是键值是指向多个列的,而不是指向多个行。在列存储数据库系统中,列是由列家族来统一安排和管理的。比较常见的列存储数据库系统有 HBase、Cassandra、Riak 等。

(4) 图形数据库系统。图形数据库系统使用灵活的图形模型来存储数据,能够很容易将存储横向扩展到多台服务器上。图形数据库系统和典型的行式存储数据库系统、专用于大数据处理业务系统的列式存储数据库系统及基于通常的固定的数据存储结构的 SQL 关系数据库系统之间有很大的区别。

8. NoSQL 技术的适用场景

NoSQL 数据库系统通常适用于以下的一些应用场景。

(1) 数据量很大而数据结构比较简单的应用场景。

(2) 对数据结构的灵活性和水平扩展的灵活性要求较高的业务系统。

（3）对数据的读写性能要求很高的应用场景。

（4）对数据的一致性和事务性要求不高的业务系统。

（5）需要通过指定的 Key 值去映射复杂模型的 Value 值的场景，尤其是多重数据类型的场景。

9. NoSQL 技术应用模型分析

NoSQL 技术的常见应用模型大致有以下几种：NoSQL 数据存储系统与 SQL 关系数据库系统两者互为镜像的应用模型、两者相互同步的应用模型、两者形成有机互补的应用模型，以及 NoSQL 数据存储系统的单一应用模型。

（1）NoSQL 数据存储系统与 SQL 关系数据库系统互为镜像的应用模型。NoSQL 数据存储系统与 SQL 关系数据库系统互为镜像的应用模型是在传统的 SQL 关系数据库系统的基础上增加一层 NoSQL 数据存储作为数据镜像，数据镜像通常是存储在内存或其他高速存取设备中。

NoSQL 数据存储系统中始终保存和 SQL 数据库系统中完全相同的数据，或者至少保存相同数据的一个常用的子集，业务系统在使用数据时可优先访问 NoSQL 镜像中存储的数据，以获取更高的访问速度。这样一来，业务系统就可以充分利用 NoSQL 数据存储系统的高性能读写特性来提升整个系统的数据吞吐能力，从而提高业务系统的总体性能。

NoSQL 数据存储系统与 SQL 关系数据库系统互为镜像的应用模型具有十分明显的优势。在完整保留的 SQL 关系数据库的严格约束、事务性、数据强一致性、对复杂关系查询的良好支持等优势的同时，又能利用 NoSQL 镜像的高速读写特性，显著地提升业务系统的总体性能。因此，NoSQL 数据存储系统与 SQL 关系数据库系统互为镜像的应用模型，是对数据吞吐能力要求很高的这类业务系统经常会采用的一种数据存储解决方案，对于高性能、高并发量的业务系统而言十分有效。

NoSQL 数据存储系统与 SQL 关系数据库系统互为镜像的应用模型也有非常明显的缺点。其不能提升业务系统的水平扩展能力；基于这种应用模型的大数据业务系统的设计与实现会有更高的开发成本和维护成本。这种应用模型的使用，仅仅只能弥补传统的 SQL 关系数据库系统在大数据、高并发场景下的性能短板，增加数据吞吐能力。

（2）NoSQL 数据存储系统与 SQL 关系数据库系统数据相互同步的应用模型。NoSQL 数据存储系统与 SQL 关系数据库系统的同步应用模型是把 SQL 关系数据库系统中的数据自动地同步到 NoSQL 数据存储系统中，用以分担 SQL 数据库的数据交互的负载的一种做法。业务系统可以只在 SQL 数据库中写入用户生产的数据，以及维护数据之间的必要关系，而把用户对数据的消费请求分摊给 NoSQL 数据存储系统。

NoSQL 数据存储系统与 SQL 关系数据库系统的同步应用模型的优点是可以通过对负载的分担，降低 SQL 关系数据库的负载压力，以实现更好的数据吞吐能力。同时，对用户消费数据的请求，可以利用 NoSQL 数据存储系统的高性能特性，提高响应速度和高并发负载能力。另外，对于 NoSQL 数据存储系统所负责的部分而言，也具有更好的水平扩展能力。

NoSQL 数据存储系统与 SQL 关系数据库系统的同步应用模型的缺点是只能一定程度地提升系统的扩展性和性能。数据同步要求 SQL 数据库系统自身有原生的底层协议提供支持，技术实现的难度和挑战性都很大，因此实现的成本也就变得很高。对于大部分业务系统的建设而言，这种应用模型并不是一种十分经济可行的有效解决方案。

（3）NoSQL 数据存储系统与 SQL 关系数据库系统形成有机互补的应用模型。NoSQL 数据存储系统与 SQL 关系数据库系统的互补应用模型是一种把传统的 SQL 关系数据库系统和 NoSQL 数据存储系统结合使用，有机整合达成互补的一种技术解决方案。通常做法是对系统中的数据进行合理的划分，系统中关系性较强、规模较小、结构相对简单、对事务性和数据的强一致性要求很高的一部分核心数据存储在 SQL 关系数据库系统中，以发挥其严格约束、事务支持、复杂关系查询和维护、数据结构化等优秀特性，而那些规模庞大、结构复杂多样、对关系性要求不太高、对性能要求很高、对扩展性要求较高的另一部分数据则存储在 NoSQL 数据存储系统中。还需要通过某种协同机制，建立和维护两种数据之间的关联关系，使得 NoSQL 数据存储系统和 SQL 关系数据库系统之间保持有效的协同。

NoSQL 数据存储系统与 SQL 关系数据库系统的互补应用模型能够最大限度地利用 NoSQL 数据存储系统的高性能和高扩展性优势，又最大程度地节约 SQL 数据库系统的开销，降低其负载压力，还能一定程度确保关键数据的严格约束和一致性要求。相对于其他应用模型而言，该应用模型是相对来说最复杂却也最好的技术解决方案。但是，如何才能够对业务系统中的数据做出更加合理的划分，如何解决好 NoSQL 数据存储系统和 SQL 数据库系统之间有效协同的问题，就成了该应用模型能够有效体现其优势的关键所在。由于互联网大数据业务系统的需求多样性和差异性，NoSQL 数据存储系统与 SQL 关系数据库系统的互补应用模型不可能实现统一的规范和框架，只能通过技术根据各自系统的差异化需求和具体特点做出差异性的设计和实现，这对技术团队的水平和经验都提出了很高的要求，对于开发的难度和成本都提出了挑战。

（4）NoSQL 数据存储系统的单一应用模型 NoSQL。数据存储系统的单一应用模型则是彻底地放弃传统 SQL 关系数据库系统的应用，只使用 NoSQL 数据存储系统来实现业务系统中大数据的存储和管理的一种相对简单的技术解决方案。NoSQL 数据存储系统的单一应用模型的优点很明显，模型简单、可以大幅降低业务系统的建设成本；对 NoSQL 技术的优势可以最大限度地利用，而不受 SQL 关系数据库的制约；数据存储系统有很高的读写性能和良好的横向扩展能力等。

NoSQL 数据存储系统的单一应用模型的缺点也十分明确：彻底失去了传统的 SQL 关系数据库的严格约束、强事务性、强数据一致性、复杂关系处理等优势。在某些业务系统中，由于对复杂关系查询的需求不高、对数据强一致性要求不高时，也能够见到 NoSQL 数据存储系统的单一应用模型被采用。过去，这种单一使用 NoSQL 数据存储系统的方式较少被使用，然而随着很多种 NoSQL 数据存储系统的能力逐步提升，复杂关系查询的支持能力得到了一定的提升，对数据一致性的支持也有所提高，部分 NoSQL 数据存储系统至少能够提供一定程度的弱数据一致性支持。因此，NoSQL 数据存储系统的单一应用模型也被越来越多地使用。

10. NoSQL 数据库系统的选择

本书讨论的知识共享平台，具有高并发量、大数据量、数据一致性要求不高、数据访问性能要求较高等特点。知识共享平台中的文档资料数据是碎片化、多样化的，数据量大且性能要求较高，同时数据的可用性、水平扩展性及对于多样性数据类型的兼容性要求较高。上述都是知识共享平台需要解决的关键性问题。而数据一致性并不是知识共享平台中最为敏感的需求，甚至可以说平台对数据一致性的要求较低。因此，在知识共享平台中引入 NoSQL

技术是非常合适的。但是同时必须注意到,知识共享平台本身对于多条件关系查询方面的功能还是有一定需求的。

　　基于上述讨论,NoSQL 数据存储系统与 SQL 关系数据库系统的互补应用模型是最适合的选择。然而,这种应用模型的复杂度也很高,实现的成本也很高,对于企业级的知识共享平台而言,并不是一个经济的选择。只能退而求其次,考虑采用 NoSQL 数据存储系统的单一应用模型作为知识共享平台的技术解决方案。前面已经讨论过,虽然 NoSQL 数据存储系统的单一应用模型的缺点也十分明显,即彻底失去了传统 SQL 关系数据库的严格约束、强事务性、强数据一致性、复杂关系处理等优势,然而随着很多种 NoSQL 数据存储系统的能力逐步提升,复杂关系查询的支持能力得到了一定的提升。对复杂的关系型查询能够支持得比较好的 NoSQL 数据库系统中比较典型的有 MongoDB 文档数据库系统。MongoDB 文档数据库系统的定位是介于典型 NoSQL 数据存储系统和传统 SQL 关系数据库系统之间的。MongoDB 文档数据库系统具备高性能、高扩展性等优势的同时,还一定程度上对复杂关系查询相对于普通的 NoSQL 数据库系统更好的支持,相当于其兼具了传统 SQL 关系数据库系统的一些优点。对于本书所讨论的知识共享平台而言,具备最佳的适用性。

　　本书给出基于 MongoDB 数据存储系统的知识共享平台的设计与实现,利用 MongoDB 数据存储系统的优势解决了系统中海量文档的高性能存储问题,又利用 MongoDB 数据存储系统对于关系查询相对较好的支持,解决了碎片化文档的关系查询问题。使平台具有功能实用性的同时又具有性能的可用性。

11. MongoDB 数据库系统

　　Mongo DB 文档数据库系统具备分布式数据存储的支持能力,是 NoSQL 数据库系统中的一种较为优秀的实现。MongoDB 文档数据库系统由 C++ 语言编写和实现,旨在为大型互联网 Web 应用系统提供一种具备良好扩展性的、高性能特点的数据存储解决方案。

　　MongoDB 文档数据库系统比常见的其他 NoSQL 数据库系统的功能更加丰富。MongoDB 文档数据库系统支持多种数据结构,比其他 NoSQL 数据库系统支持的数据结构更多更丰富。MongoDB 文档数据库系统采用 BSON 格式来存储数据,BSON 格式类似于 JSON 格式,基于该格式,数据库系统可以存储更加复杂的数据类型,也可以实现复杂的键值嵌套。

　　MongoDB 文档数据库系统支持的查询语言和面向对象的查询语言相似,相对于其他 NoSQL 数据库系统而言,其对复杂的关系查询的支持要强大许多。面向对象的查询语言为 MongoDB 文档数据库系统带来了近似 SQL 关系数据库系统的单表查询的大部分功能支持。MongoDB 文档数据库系统还支持对数据建立相应的索引,进一步提升了查询能力。MongoDB 文档数据库系统具备高性能、低成本的横向扩展能力、部署方便等优势。

　　MongoDB 文档数据库系统的适用场景如下。

　　(1) 作为 SQL 关系数据库系统的高速缓存。MongoDB 文档数据库系统具有高速读写方面的显著优势,通常把 MongoDB 文档数据库系统作为 SQL 关系数据库系统的高速缓存而放入内存中去,可以获得很高的访问性能,可以显著地提升业务系统的数据吞吐能力。

　　当前,在传统 SQL 关系数据库系统的基础上增加一层 NoSQL 数据存储作为数据镜像是很多互联网 Web 系统通常会采用的技术解决方案,用以解决数据吞吐能力的瓶颈问题。

（2）MongoDB 文档数据库系统很适合那些需要使用 JSON 格式的数据类型或其他的对象类型作为数据存储模型的业务系统。上文中提到过，MongoDB 数据库系统是一种典型的文档类型的 NoSQL 术产品。MongoDB 文档数据库系统采用 BSON 格式来存储数据，BSON 格式类似于 JSON 格式，基于该格式，数据库系统可以存储更加复杂的数据类型，也可以实现复杂的键值嵌套。这就使得用 MongoDB 文档数据库系统在存储各种复杂对象类型和 JSON 类型格式的数据时，具有天然的优势。

（3）MongoDB 文档数据库系统适用于存储大数据量的低价值数据。MongoDB 文档数据库系统是一种基于 NoSQL 技术理念的开源产品，MongoDB 文档数据库系统的最大优势是优秀的高速读写性能。因此，MongoDB 文档数据库系统经常会作为大数据量的低价值数据的存储解决方案。用 MongoDB 文档数据库系统存储海量的数据时，存储的成本非常低，所以 MongoDB 文档数据库系统非常适用于存储海量的低价值数据。

（4）MongoDB 文档数据库系统适合用于高并发量、高实时性、低数据一致性的数据。互联网 Web 系统 MongoDB 文档数据库系统的显著优点是更新数据的速度非常快，可以高实时性高性能地插入数据。因此，MongoDB 文档数据库系统非常适用于实时性要求很高、高并发量的大型 Web 应用平台。尤其是对于本文所研究的知识共享平台中面临的大数据场景，MongoDB 文档数据库系统的高性能优势是十分明显的。很多的移动互联网平台都具备这些类似特点，实时性和高并发在移动互联网平台是非常明显的特点。在这样的情况下 MongoDB 数据库系统又可以最大化地发挥自身的特点。还有一点就是这类平台大部分都会随着业务扩展、产品升级造成用户量的增加，分布式扩展的要求很高，这也是 MongoDB 数据库系统的长处。本书所讲述的用户路由系统也是电信的高并发和高扩展的需求应用，所以都比较适合使用 MongoDB 数据库系统作为核心存储系统。

（5）MongoDB 文档数据库系统适合对横向扩展性要求很高的业务系统。MongoDB 文档数据库系统中已经集成了对 Map Reduce 的功能支持，可以做到同时支持数十个到数百个或更多的分布式结点，具有很好的扩展性和伸缩性。所以对于扩展性要求高的数据存储解决方案来讲，MongoDB 产品也是最优的一种选择。当然，MongoDB 文档数据库系统也不是万能的，也有其缺点和不适用的场景。

① MongoDB 文档数据库系统不适用于对关系型查询要求非常高的业务系统。MongoDB 文档数据库系统相对于传统 SQL 关系数据库系统而言，尽管也实现了多表联合查询及索引功能，但是 MongoDB 文档数据库系统对复杂查询功能的支持和性能优化的都相对薄弱。如果应用系统需要使用大量的复杂 SQL 语句以实现更加复杂的逻辑关系查询，MongoDB 文档数据库系统就会显得支持不够，因此通常还是需要使用传统 SQL 关系数据库系统来设计和实现这一类的应用系统。

② MongoDB 文档数据库系统不适用于对事务性要求较高的业务系统。由于 MongoDB 文档数据库系统对读写操作的事务性支持较为薄弱，通常情况下并不追求数据的高一致性，所以对数据读写的事务性要求较高的业务系统，尤其是那些对数据的强一致性有很高要求的业务系统，并不适合使用 MongoDB 文档数据库系统，如支付平台和金融类型的业务系统等，这些系统对数据读写的事务性要求非常高，使用 MongoDB 文档数据库系统是无法满足要求的，至少不能使用 MongoDB 文档数据库系统作为核心的存储方案。

③ MongoDB 文档数据库系统不适用于对复杂查询性能优化要求高的业务系统。虽然

MongoDB 文档数据库系统在数据随机读写方面具有十分明显的性能优势,但是 MongoDB 文档数据库系统对于复杂查询条件下的查询性能的优化能力是十分有限的,对于如商业智能 BI 类的系统及与其类似的应用系统而言,MongoDB 文档数据库系统是肯定不能满足要求的。

综上所述,MongoDB 文档数据库系统是一种十分成熟的 NoSQL 数据库技术产品,其不仅仅具备了 NoSQL 数据库系统的大部分性能优势和扩展性优势,还同时具备了只在一些传统的关系数据库中才有的功能和优势。相对于本书讲述的知识共享平台而言,MongoDB 数据库系统的高速读写能力、大数据处理能力和分布式扩展能力等这些优势,都能满足知识共享平台的需要。

MongoDB 数据库系统不支持复杂数据关联关系查询和数据的强一致性要求。对于知识共享平台,这并不是主要关注的问题。因此,本书讲述的知识共享平台,非常适合使用 MongoDB 数据库系统作为高性能和高扩展性的解决方案。

第 5 章　物联网云平台技术

本章介绍物联网云平台技术:云平台简介,包括云平台的概念、云平台功能和平台多样性;云平台的搭建,包括云服务器简介和云服务器应用搭建;云平台应用技术,包括物联网前端、Web 前端和移动端。

5.1　云平台简介

5.1.1　云平台概念

物联网的概念是把世间万物都连在一起,这是一个伟大的愿景,会给世界带来巨大的变化。现阶段谈到的物联网方案,基本只是在原有硬件设备上增加手机、计算机远程控制监控的功能。而要真正实现物联网,离不开物联网云平台。如图 5-1 所示,一般情况下,用手机无法和非同一个局域网下的其他硬件设备直接点对点通信,需要一个位于互联网上的服务器做中转。这个服务器就是物联网云端。对于传统的中小型硬件设备制造商,由于缺乏互联网开发资源和人才,自己开发服务器就需要投入比较大的资金,存在很大的风险。为此出现了专用的云端平台为硬件厂商提供服务。这样一来,既节省了开发成本、降低了风险,也加速了产品上市周期,是中小硬件厂商合理的选择。

图 5-1　物联网云平台概念

物联网云平台是为物联网定制的云平台,物联网和普通的互联网有很大不同。在数据量方面,物联网有的数据量非常小,一次只有几十到几百字节,大部分时间是休眠的,如智能电表;有的数据量非常大,如智能监控、智能摄像头;在终端数量方面,比起普通互联网的终端数量,物联网可以用海量来形容,如智能水电燃气表、家庭中所有的智能家电等,物联网终端数量比普通互联网的手机、计算机终端要多出几个数量级;在协议类型方面,普通互联网都是 HTTP 或 HTTPS 访问,协议相对单一。HTTPS 对物联网来说有局限性,有些设备是无法接受的,它们需要更轻量级的协议访问方式;计算机和手机接入互联网可通过以太网、WiFi、移动通信等几种方式,而物联网接入的方式要多得多,不同的接入方式特性不相同,要考虑如何对接。所以用普通的云平台来为物联网服务是不合适的。

5.1.2　云平台功能

(1) 设备通信。这是云平台的最基本功能,需要定义好通信协议,可以和设备正常通信,提供不同网络的设备接入方案,如 2/3/4/5G、NB-IoT、LoRa 等。提供设备端 SDK,提供一定的 SDK 源代码,减少客户的工作量。提供设备影子缓存机制,将设备与应用解耦。

（2）设备管理。设备管理的合法性,每个设备需要有一个唯一的标识。设备控制的接入权限,设备管理的在线、离线状态,设备的在线升级,设备注册、删除、禁用等功能。

（3）数据存储。面对海量的连接数量和海量的数据,必须有可靠的数据存储功能。

（4）安全管理。接入物联网的设备五花八门,计算能力差距悬殊,对不同接入设备要有不同的权限级别。有的设备存储了非常重要的数据,需要对设备的安全连接做出充分保障,一旦信息泄露会造成极其严重的后果。

（5）人工智能处理。对物联网海量的数据做分析处理,寻找其中的商业价值。

5.1.3　平台多样性

由于物联网的多样性,以上基本功能在某些场合不能满足用户的需求,这样就有了更加专一的物联网平台,如单独的车联网平台、单独的工业物联网平台及单独的智能家居平台。

（1）车联网平台特有功能。地图在车联网里是一个非常重要的功能。导航、定位及制定行驶路线都需要地图的支持。车联网中还有报警功能,在车辆故障或遇见危险情况时能够提供支援。

（2）工业物联网特有功能。组态是工业软件的一个基本功能,需要把各种测量点和传感器组合成一个图表,方便工程人员查询操作。

（3）数据解析。工业上有很多标准协议,需要把这些协议数据转换成可读的数据。

（4）智能家居平台特有功能。语音识别、语音控制是智能家居的一个必然发展方向。实时视频,此功能针对安防,用户可以实时地看到家中情况。无线配置,现有的智能家居大部分是蓝牙和 WiFi 连接,需要针对无线的自动配置做特殊定制。

5.2　云平台的搭建

5.2.1　云服务器简介

云服务器(elastic compute service,ECS)是一种简单高效、安全可靠、处理能力可弹性伸缩的计算服务。其管理方式比物理服务器更简单高效。用户无须提前购买硬件,即可迅速创建或释放任意多台云服务器。它同时是云计算服务体系中的一项主机产品,该产品有效地解决了传统物理主机与 VPS 服务中,存在的管理难度大、业务扩展性弱的缺陷。在实际应用中的云主机具有 3 方面的弹性能力,主机服务配置与业务规模可根据用户的需要进行配置,并可灵活地进行调整。用户申请的主机服务可以实现快速供应和部署(即实时在线开通),实现了集群内弹性可伸缩,计费方式灵活,用户无须支付押金,且有多种支付方式供用户选择。

云服务器的业内名称为计算单元。所谓计算单元,是指这个服务器只能算是一个人的大脑,相当于普通计算机的 CPU,里面的资源都是有限的。要获得更好的性能,解决办法一是升级云服务器,二是将其他耗费计算单元资源的软件部署在对应的云服务器上。例如,数据库有专门的云数据库服务、静态网页及图片有专门的文件存储服务等。

云服务器是云计算服务的重要组成部分,是面向各类互联网用户提供综合业务能力的服务平台。平台整合了传统意义上的互联网应用 3 大核心要素:计算、存储、网络,面向用户提供公用化的互联网基础设施服务。云服务器平台的每个集群结点都被部署在互联网的骨干数据中心,可独立提供计算、存储、在线备份、托管、带宽等互联网基础设施服务。

云计算服务器具有以下特点,即高密度(high-density)、低能耗(energy-saving),易管理(reorganization)、系统优化(optimization)。

(1) 高密度。未来的云计算中心将越来越大,然而土地寸土寸金,机房空间捉襟见肘,如何在有限空间容纳更多的计算结点和资源是发展关键。

(2) 低能耗。云数据中心建设成本中电力设备和空调系统投资比重达到 65%,而数据中心运营成本中 75% 将是能源成本。可见,能耗的降低对数据中心而言是极其重要的工作,而云计算服务器是能耗的核心。

(3) 易管理。数量庞大的服务器管理起来是个很大的问题,通过云平台管理系统、服务器管理接口实现轻松部署和管理则是云计算中心发展必须考虑的因素。

(4) 系统优化。在云计算中心中,不同的服务器承担着不同的应用。如有些是虚拟化应用、有些是大数据应用,不同的应用有着不同的需求。因此针对不同应用进行优化,形成有针对性的硬件支撑环境,将充分发挥云计算中心的优势。

5.2.2 云服务器应用搭建

常见的网络应用协议包括 HTTP、FTP、SMTP、POP 等。嵌入式物联网应用是建立在这些网络应用协议的基础之上的。这些协议会规范基本的请求连接、响应和数据传输等方面的格式。作为嵌入式物联网应用来说,其应该自行定义应用协议的格式,这些数据格式可以简单自定义,也可以使用成熟的标准格式,如 HTML、XML、JSON 等。由于防火墙一般只开放端口为 80 的 HTTP 数据包,所以物联网应用一般都会构建在 HTTP 的基础上。

要区分网络应用层协议 HTTP 和应用自定义协议。后者使用前者进行传输通信。不管应用自定义协议使用哪一种格式,都需要通信双方同时使用。物联网设备和物联网平台后台通信时,可以使用简单的 XML 格式或 JSON 格式,而物联网平台还要被 PC 浏览器访问,那么,由于浏览器只支持 HTML 格式,则要求物联网平台后台提供 HTML 格式的内容服务,同理,物联网平台和手机 App 之间的通信可以用 XML 或 JSON。甚至,可以自定义简单的命令来实现功能,但是使用 XML 或 JSON 这些格式可使数据有良好的可读性,而且也有成熟的类库来解释。

本节讲述一种基于 TCP/IP 的物联网感知层数据传输方式让数据接入云端。在物联网感知层的数据传输中,系统需要拥有公共网络 IP 地址的计算机来允许感知层硬件设备使用 HTTP 进行远程访问,所以云服务器是一个很好的选择,目前国内比较知名的云服务器提供商有阿里云云服务器、百度云服务器、腾讯云服务器及新浪云服务器,系统可以任意选择一个云服务器提供商购买和配置云服务器,目前很多云服务器提供商支持面向学生的云服务器服务,虽然服务器配置较低、内存小、带宽小,但收费较低并且对于学生来说云服务器提供商所提供的云服务器足够系统来运行个人项目。

本节案例选择的是阿里云的云服务器提供商所提供的面向学生的服务器,系统为 CentOS,约有 40GB 储存、1GB 内存及 15Mb/s 带宽,成本价很低。另外阿里云有提供云盾和云骑士涉及服务器安全的防护系统。所以使用云服务器时系统不必为服务器安全担忧。

选择云服务器以后便可以开始搭建云服务器,首先在服务器上搭建 HTTP 服务器系统。第一个需要的是在 CentOS 系统中搭建 MySQL 数据库,在 CentOS 系统中 MySQL 的搭建步骤如下。

(1) 添加 MySQL yum 储存库,如图 5-2 所示。

```
sudo rpm -Uvh platform-and-version-specific-package-name.rpm

sudo rpm -Uvh mysql80-community-release-el6-n.noarch.rpm
```

图 5-2　添加储存库

(2) 选择一个 MySQL 的发行系列。使用 yum repolist all｜grep mysql 命令查看 yum 存储库中有哪些 MySQL 相关的软件,选择一个版本设置安装顺序列表:

```
--> sudo yum-config-manager --disable mysql80-community
--> sudo yum-config-manager --enable mysql57-community
--> sudo dnf config-manager --disable mysql80-community
--> sudo dnf config-manager --enable mysql57-community
--> yum repolist enabled | grep mysql
```

(3) 使用命令 sudo yum install 安装 MySQL:

```
-->sudo yum install mysql-community-server
```

(4) 启动 CentOS 的 MySQL 进程服务:

```
--> sudo service mysqld start
```

(5) 获取 MySQL 启动之后生成的超级用户临时密码:

```
--> sudo grep 'temporary password' /var/log/mysqld.log
```

(6) 使用 root 账户和临时密码登录 MySQL:

```
--> mysql -uroot -p your temporary password
```

CentOS 下 MySQL 的搭建完成以后便可以开始 Tomcat 的搭建,CentOS 下 Tomcat 搭建分为 3 部分,第一部分是部署 CentOS 系统下 JDK 的环境,第二部分是在 CentOS 系统下部署 Tomcat 的环境,第三部分为测试环境搭建是否完整。

在 CentOS 中系统默认安装了 Open JDK,Open JDK 是在 Java 的基础上由甲骨文公司所推出的新的、开源的、开放标准的 Java 开发平台规范,但在系统搭建环境过程中用不到,所以系统先要卸载 Open JDK,使用 rpm -qa｜grep Java 查看当前系统中所包含的 JDK 版本信息,找到 Open JDK 相关的安装包信息,例如,在本系统中所查询到的信息为 Java 1.4.2 gcj compat 1.4.2.0 40jpp.1 1 5 和 Java 1.6.0 openjdk 1.6.0.0 1.7.b 0 9.e l 5 两个相关的安装包,查询到之后使用语句:

```
--> rpm -e --nodeps java-1.4.2-gcj-compat-1.4.2.0-40jpp.115
--> rpm -e --nodeps java-1.6.0-openjdk-1.6.0.0-1.7.b09.el5
```

卸载安装包,卸载完 Open JDK 之后安装新版本的 JDK,使用命令 sudo yum install java-1.8.0- jdk.x86_64,安装完毕之后输入 java -version 来查看是否安装完毕,此时终端会显示当前 JDK 的版本号。

安装完 CentOS 下的 JDK 之后开始安装 Tomcat,在 CentOS 下安装 Tomcat 第一步是下载和解压缩 Tomcat，使用 wget 命令后面跟上下载地址即可下载压缩包，下载完毕之后解压缩，使用命令 sudo tar -zxvf apache-tomcat-此处为自己下载的 Tomcat 版本号.tar.gz -C 此处接上安装目录 --strip-components＝1，linux 下文件执行都需要权限，因此系统需要更改解压缩后的 Tomcat 文件夹里文件的属性。首先进入 Tomcat 的解压缩目录，之后使用命令更改文件权限，如图 5-3 所示。

```
2  sudo chmod -R tomcat .
3  sudo chgrp -R tomcat conf
4  sudo chmod g+rwx conf
5  sudo chmod g+r conf/*
6  sudo chown -R tomcat logs/ temp/ webapps/ work/
```

图 5-3　更改文件属性命令示例

更改完文件属性之后修改 CentOS 下 Tomcat 的配置文件，使用命令 sudo vi/etc/systemd/system/tomcat.service，进入 vim 编辑界面以后按 Insert 键进入编辑模式，更改文件属性示例如图 5-4 所示。

```
[Unit]
Description=Apache Tomcat Web Application Container
After=syslog.target network.target

[Service]
Type=forking

Environment=JAVA_HOME=/usr/lib/jvm/jre
Environment=CATALINA_PID=/opt/tomcat/temp/tomcat.pid
Environment=CATALINA_HOME=/opt/tomcat
Environment=CATALINA_BASE=/opt/tomcat
Environment='CATALINA_OPTS=-Xms512M -Xmx1024M -server -XX:+UseParallelGC'
Environment='JAVA_OPTS=-Djava.awt.headless=true -Djava.security.egd=file:/dev/./urandom'

ExecStart=/opt/tomcat/bin/startup.sh
ExecStop=/bin/kill -15 $MAINPID

User=tomcat
Group=tomcat

[Install]
WantedBy=multi-user.target
```

图 5-4　更改文件属性命令示例

在上面的命令中，参数/opt /tomcat 是本系统中 Tomcat 的安装目录，如果自己安装，可更改参数；environment 为设置 Tomcat 目录所在环境变量。

在 CentOS 中编辑完 tomcat.service 后，按 Esc 键，输入"："，再输入"wq"，并进行保存。修改完配置文件后启动 Tomcat 及 CentOS 的防火墙，启动 Tomcat 及防火墙命令，如图 5-5 所示。

启动完成后，在浏览器中输入云服务器 IP 地址并加上"：8080"，如果出现 Tomcat 页面则证明云服务器搭建成功。

在服务器编写时，云服务器的搭建流程是，首先选择自己喜欢的服务器基础环境，并在其上搭建，完成以后系统开始进入应用程序的操作系统进行开发，开发完了以后把整个工程

```
sudo systemctl start tomcat.service
sudo systemctl enable tomcat.service

sudo firewall-cmd --zone=public --permanent --add-port=8080/tcp
sudo firewall-cmd --reload
```

图 5-5　更改文件属性命令示例

使用脚本或插件生成 WAR 文件,WAR 文件包含所有的 Java EE 项目静态资源及 classes 文件,classes 文件为 Java 文件编译之后生成的文件,运行在 JVM 虚拟机中,当工程开发完毕以后将系统的项目打包将 WAR 文件放到 Tomcat 的 webapp 目录下,重启 Tomcat 服务器。将文件从本地传输到云服务器可以使用 FTP 或者其他 SSH 工具,在云服务器上搭建 FTP 服务器的教程在此就不再赘述,读者可以自行查阅网上的教程。

下面开始本系统服务器程序的编写,云服务器需要实现的功能有保存设备信息、注册登录,系统首先从这两部分开始。首先,要完成数据库表的建立及数据增、删、改、查接口的编写。从需求出发,系统需要两张表,一张用来保存设备信息,包括设备 ID、设备昵称、设备的类型、设备的状态,以及设备与用户的关联 ID,设备 ID 是设备的唯一识别号,也是该表的主键,设备类型用于表示当前设备是什么类型的设备,便于 App 使用不同的界面展示不同的传感器种类,设备状态用于保存可控开关的状态是否关闭或者打开;另外一张表保存用户信息,包括用户 ID、用户名、密码字段。

在数据库表的设计工作完成之后,就需要开始编写 SQL 语句创建数据库与数据库表,创建数据库和数据库表分为两部分,首先在本地创建数据库和数据库表,另外需要在云服务器中创建数据库和数据库表。连接数据库的时候需要数据库服务器的地址信息,这部分在本地调试和在服务器运行是稍有不同的,在云服务器中需要填入 MySQL 数据库的 URL 地址而本地数据库则直接用 localhost 地址,如图 5-6 所示。

```java
public static void execSql(String sql){
    getConn();
    Statement stmt = null ;         // 数据库操作

    try {
        stmt = conn.createStatement() ; // 实例化Statement对象
        stmt.execute(sql) ;        // 执行数据库更新操作
        stmt.close() ;             // 关闭操作
    } catch (SQLException e) {
        e.printStackTrace();
    }

}
```

图 5-6　数据库执行语句函数示例代码

数据库表创建完毕之后接着编写增、删、改、查接口函数,首先引用 MySQL 的依赖 jar 包,使用反射获取 Connection 类的实例,编写接口函数,数据库语句执行函数,该函数可用于执行拼接好的 SQL 语句,SQL 语句的动态拼接用于实现数据的增、删、改、查接口,如图 5-7 所示。

```
public static boolean login(String username,String password){
    getConn();
    boolean statue = false;
    Statement stmt = null ;        // 数据库操作
    String sql = "SELECT id,name,password FROM user where name='"+username+"' and password='"+pa
    ResultSet rs = null ;
    try {
        stmt = conn.createStatement() ; // 实例化Statement对象
        rs = stmt.executeQuery(sql) ;   // 执行数据库更新操作

        while(rs.next()){ // 依次取出数据
            statue = true;
        }
        rs.close() ;
        stmt.close() ;

    } catch (SQLException e) {
        e.printStackTrace();
        return false;
    }
    return statue;
}
```

图 5-7　数据库操作工具类登录接口代码示例

在数据库操作工具类中需要编写登录的数据库查询函数、注册的数据库查询函数。下面开始各个接口的详细设计。

1. 登录与注册接口编写

新建一个 LoginServlet 类继承自 Servlet 类,在 LoginServlet 中复写 doGet()与 doPost()函数,在 doPost()函数中调用 doGet()函数并将参数传入该函数,在 doGet()函数中获取登录时获取的用户名与密码,调用数据库工具中登录函数,如果用户名与密码比对成功则向response 中写入登录成功,否则写入登录失败,如图 5-8 所示。

```
@Override
protected void doGet(HttpServletRequest req, HttpServletResponse resp) th
    String username = req.getParameter("username");
    String password = req.getParameter("password");
    boolean login = JDBCConn.login(username,password);
    resp.getWriter().print(login);

}
}
```

图 5-8　复写 doGet()函数示例

新建一个 RegisterServlet 类继承自 Servlet 类,在 RegisterServlet 类中同样复写 doGet()函数与 doPost()函数,在 doPost()函数中调用 doGet()函数数并将参数传入该函数,在doGet()函数中的 request 参数中获取注册的用户名与密码,拼接 SQL 语句并执行。

登录接口编写完毕之后在 web. xml 中声明 LoginServlet、RegiserServlet 类如图 5-9所示。

2. 数据访问接口编写

应用层获取传感器数据的接口同登录与注册相似,使用 Servlet 来处理 HTTP 请求。所有的感知层传感器所发送的数据都存储在服务器中,每次应用层访问服务器时都会从服务器中取出一次数据。新建一个 TemperatureHumidityAppServlet 类继承自 Servlet 类,同样复写 doGet()与 doPost()函数,在 doPost()函数中调用 doGet()函数并将参数传入其中,

```
<!-- APP登录 -->
<servlet>
  <servlet-name>LoginServlet</servlet-name>
  <servlet-class>letmesleep.online.controller.LoginServlet</servlet-class>
</servlet>
<servlet-mapping>
  <servlet-name>LoginServlet</servlet-name>
  <url-pattern>/login</url-pattern>
</servlet-mapping>
```

图 5-9   web.xml 中声明 Servlet

在 doGet()函数中处理该 HTTP 请求,在 doGet()函数中获取 App 请求中的指令信息,指令信息中包括设备 ID,再从服务器中取出对应的传感器数据。

3. 设备控制接口的编写

应用层控制接口的编写同登录与注册相似,使用 Servlet 来处理 HTTP 请求。新建一个 LightControlServlet 类继承自 Servlet 类,同样复写 doGet()与 doPost()函数,在 doPost()函数中调用 doGet()函数并将参数传入其中,在 doGet()函数中处理该 HTTP 请求,在 doGet()函数中获取 App 请求中的控制命令指令信息,获取指令之后将指令写入服务器的内存中保存在集合类内部,在感知层访问服务器时转发给感知层。在编写完之后在 web.xml 中声明 LightControlServlet 及 URL 地址。

4. 感知层控制接口的编写

服务器指令分发到感知层原理同获取相似,应用层在发出控制指令以后指令便存储在服务器的内存中,在感知层访问服务器的时候,服务器便从内存中将指令取出并发送给感知层。新建一个 LightServlet 类继承自 Servlet 类,同样复写 doGet()与 doPost()函数,在 doPost()函数中调用 doGet()函数并将参数传入其中,在 doGet()函数中处理该 HTTP 请求,服务器将指令发给感知层。

5. 传感器数据传输接口编写

TemperatureHumidityServlet 便是用于处理感知层传感器数据传输 HTTP 请求的 Servlet,在 TemperatureHumidityServlet 类的 request 参数中获取温度和湿度数据,随后保存在服务器中的集合类中,如图 5-10 所示。

```
*/
public class TemperatureHumidityServlet extends HttpServlet {
    @Override
    protected void doPost(HttpServletRequest req, HttpServletResponse resp) thro
        this.doGet(req, resp);
    }

    @Override
    protected void doGet(HttpServletRequest req, HttpServletResponse resp) throw
        String temperature = req.getParameter("temperature");
        String humidity = req.getParameter("humidity");
        SocketListener.queue.poll();
        SocketListener.queue.offer(temperature+"_"+humidity);
        System.out.println(temperature+"_"+humidity);
    }
}
```

图 5-10   Get 与 Post 函数复写

到此为止服务器的所有函数接口已经编写完毕。下一步便是打包项目,打包项目前需要更改一些项目中的文件。首先,需要数据库配置文件,修改数据库用户名、密码、数据库地址信息。另外如果项目中包含 JSP 文件,其静态资源引用的地址同样需要更改。服务器端系统使用的 maven 构建的项目,maven 工程项目中的配置文件 pom 中声明 WAR 包打包插件 maven war plugin,构建成功之后使用命令行输入 mvn package,等到项目打包完成之后在工程目录下会生成 WAR 包文件,生成 WAR 包之后使用 ftp 传输到服务器中,将 WAR 文件移动到 Tomcat 目录中 webapp 文件夹下,然后进入 tomcat/bin 目录下输入命令 ./shutdown.sh 关闭 Tomcat 服务器,然后输入 ./startup.sh 重新启动 Tomcat,1～2min 之后服务器启动完成在浏览器中输入云服务器地址加上工程名测试搭建结果,如果出现 Tomcat 的页面则服务器搭建成功。

5.3　云平台应用技术

5.3.1　物联网前端

物联网前端是指创建 Web 页面或 App 等前端界面呈现给用户的过程。前端开发通过 HTML、CSS、JavaScript 及衍生出来的各种技术、框架、解决方案,来实现物联网产品的用户界面交互。它从网页制作演变而来,名称上有很明显的时代特征。在互联网的演化进程中,网页制作是 Web 1.0 时代的产物,早期网站主要内容都是静态的,以图片和文字为主,用户使用网站的行为也以浏览为主。随着互联网技术的发展和 HTML5、CSS3 的应用,现代网页更加美观、交互效果显著、功能更加强大。

5.3.2　Web 前端

万维网(world wide web,WWW)是一种基于超文本和 HTTP 的、全球性的、动态交互的、跨平台的分布式图形信息系统;是建立在 Internet 上的一种网络服务,为浏览者在 Internet 上查找和浏览信息提供了图形化的、易于访问的直观界面,其中的文档及超级链接将 Internet 上的信息结点组织成一个互为关联的网状结构。

HTML 是网页的核心,是一种制作万维网页面的标准语言,是万维网浏览器使用的一种语言,它消除了不同计算机之间信息交流的障碍。因此,它是目前网络上应用最为广泛的语言,也是构成网页文档的主要语言,学好 HTML 是成为 Web 开发人员的基本条件。

HTML 是一种标记语言,能够实现 Web 页面并在浏览器中显示。HTML5 作为 HTML 的最新版本,引入了多项新技术,极大增强了对于应用的支持能力,使 Web 技术不再局限于呈现网页内容。

随着 CSS、JavaScript、Flash 等技术的发展,Web 对于应用的处理能力逐渐增强,用户浏览网页的体验已经有了较大的改善。HTML5 中的几项新技术实现了质的突破,使 Web 技术首次被认为能够接近于本地原生应用技术,开发 Web 应用真正成为开发者的一个选择。

HTML5 可以使开发者的工作大大简化,理论上单次开发就可以在不同平台借助浏览器运行,降低了开发的成本,这也是业界普遍认为 HTML5 技术的主要优点之一。AppMobi、摩托罗拉、Sencha、Appcelerator 等公司均已推出了较为成熟的开发工具,支持

HTML5 应用的发展。

HTML 不支持数据的动态变化。因此产生了基于解释引擎的动态语言，如 ASP、PHP、JSP 等。这类语言会使用 HTML/CSS 来描述展现样式，而使用动态语言来控制数据的展现，如访问数据库获取新数据等。

需要知道，ASP、PHP、JSP 这些语言是服务器编程语言，当用户通过浏览器访问服务器对应网页时，该网页的 ASP/PHP/JSP 等内容会经过服务器的解释引擎转换为具体的数据，最终和其他的 HTML、CSS 数据一起返回给浏览器进行展现。因此，浏览器得到的永远都是确定的 HTML、CSS 和数据，不存在 ASP/PHP/JSP 的语句。

脚本是浏览器技术支持的语法，而不是服务器技术支持的。例如，一个登录界面，要确保各种字符、长度太长字符串的正确性，一般会使用 JavaScript 脚本进行检测，而不需要发送请求给服务器。上述讲到的 Ajax 技术也是浏览器支持的脚本技术。

编写 HTML、CSS、JS 脚本称为 Web 前端编程开发，编写而 ASP、JSP、PHP 等为后端开发。

后端开发会涉及数据库访问、业务逻辑，并且需要和前端进行交互。因此，Web 应用编程架构普遍使用 MVC 编程模型，M 为数据模型，负责数据库访问；V 为视图，负责展现；C 为控制。MVC 模型能够对展现和数据库进行良好的分离，有助于应用开发。

作为整体运行架构来理解，服务器需要包括数据库（如 MySQL）、Web 应用和解释引擎和 Web 服务（如 Apache 和 Tomcat）。Apache 提供 HTTP 服务。

JSP 的基础是 Java 语法，J2EE 架构提供 Servlet 技术，用于支持网络运用。JSP 其实是对 Servlet 的高级封装并作为独立的技术出现的，JSP 侧重支持 B/S 方面的网络运用，而 Servlet 则通过映射类的方式支持 C/S 方式的网络运用，如微信蓝牙接入和 WiFi 接入的后端技术即是用 Servlet 进行支持，顶层使用 XML/JSON 格式。

物联网中使用 Web 多为用户展示感知层数据和交互界面，因此会用到很多图表展示。

5.3.3 移动端

移动开发又称手机开发，或叫作移动互联网开发。是指以手机、PDA、UMPC 等便携终端为基础，进行相应的开发工作，由于这些随身设备基本采用无线上网的方式，因此业内又称作无线开发。

移动应用开发是为小型、无线计算设备编写软件的流程和程序的集合，像智能手机或平板电脑。移动应用开发类似于 Web 应用开发，起源于更为传统的软件开发。但关键的不同在于移动应用通常利用一个具体移动设备提供的独特性能编写软件。例如，利用 iPhone 的加速器编写游戏应用。

目前，手机应用日渐热门，由于手机携带方便，并且是生活随身用品，而且信号覆盖广、操作便捷，使人们对其寄予了越来越高的期望。大家期待各种常见的或是重要的信息化系统、互联网应用可以被移植到手机上同步使用，使用户无论在何时何地，都可以连线精彩的网络世界、登录信息系统。为此，如何进行手机开发，如何在手机上催生各种多姿多彩的应用，日渐成为整个 IoT 产业关注的焦点。

由于整个市场还处于发展阶段，目前大众对手机应用了解并不是很多，但其实这个市场早已是暗流涌动，各种各样有趣的应用层出不穷，新奇创意不断，大量原来 PC 和互联网上的信息化应用、互联网应用均已出现在手机平台上，一些前所未见的新奇应用也开始出现，并日渐增多。

第 6 章　物联网应用协同开发平台

结合物联网相关平台架构技术及现有物联网平台架构情况,本章介绍了一种物联网应用协同开发平台架构,通过结合物联网相关平台架构技术,以及基于现有的物联网平台架构情况实现。通过物联网应用协同开发平台对设备实现资源虚拟化抽象,以资源形式对设备进行表示与数据存储,对设备及数据进行统一的抽象与表示。利用设备间的互联网将设备数据实时同步,从而提高平台的应用效率。基于不同应用领域的需求,通过融合设备资源数据构建应用资源树,实现设备的交互与管理。基于此架构,可有效地对物联网平台中的数据及设备交互指令进行管理与控制。因此,该架构使平台具有很好的通用性,可实现不同应用领域间的互联互通。

6.1　应用协同开发平台的概念

物联网应用协同开发平台如图 6-1 所示。作为物联网设备与应用间的中间件,该平台对物联网异构设备与应用解耦,打破现有物联网应用依赖设备而进行垂直开发的模式,解决现有物联网平台架构技术应用局限性较强、平台封闭性过高、各平台实例间无法进行互联互通等问题。

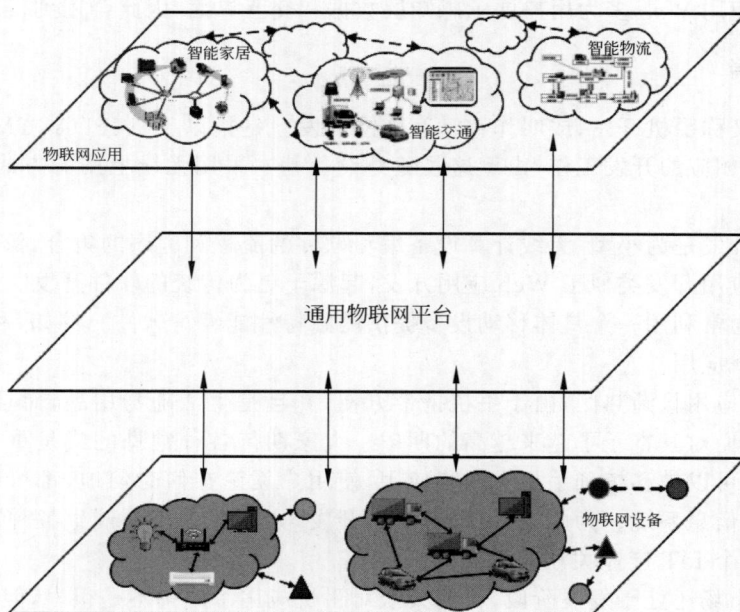

图 6-1　物联网应用协同开发平台

物联网应用协同开发平台是一种中间件,它可以向上层提供统一数据交互接口,通过调用统一交互接口,允许符合平台标准的数据与设备模型访问,由此可以与异构设备交互,进行数据访问与指令控制,对应用屏蔽设备异构性;对物联网下层不同领域的异构设备进行抽象与统一建模,以通用物联网平台所定义的统一数据格式与模型对设备进行描述。由此,不同设备和应用均采用统一数据交互接口,通过"理解"相同平台标准数据,省去应用和硬件间因数据不相通而需要进行的指令翻译与数据转换的过程。

由于设备与应用依托平台作为中间件,设备只需与平台进行交互,应用开发也基于平台所提供的标准接口,所以设备与应用均不再局限于单一领域的应用场景。数据和交互方式的一致性,使不同领域间的设备与应用可以直接互联互通。设备与应用不需要修改和二次开发,即可移植到任意领域的任意需求场景中,实现了应用的通用性与可移植性。设备也可以部署于应用了通用物联网平台架构的实际场景中。依靠通用物联网应用协同开发平台,可提高设备与应用的开放性和通用性,避免了重复搭建物联网基础设施和平台,可有效地降低物联网应用门槛、扩大物联网的应用范围、促进物联网更好地发展。

6.2　应用协同开发平台的架构

现有物联网应用开发平台架构存在着通用性不足的情况,通过对其原因进行分析,同时存在着设备异构性导致设备数据与控制差异化严重、应用与设备交互所产生的物联网数据管理与调度问题,以及维护设备间交互网络以进行互联互通等问题,围绕这些主要问题进行分析,由此确定构建物联网应用协同开发平台所必需的关键技术。本章在此基础上,设计了一种物联网应用协同开发平台架构,并对此系统架构进行了说明与解释。

6.2.1　平台异构数据的统一表示

随着物联网应用领域的不断扩大,基于物联网平台所构建的应用程序类型越来越多,物联网设备类型也不断增加。但是,新的物联网设备难以直接应用于现有物联网平台,其中一个重要原因即新设备数据无法被现有物联网平台及应用直接解析。因此需要对应用进行修改,以使应用能够理解新设备数据并进行相应控制操作。同时,若需要不同应用与设备间进行互联互通以产生联动控制,则应该对应用或设备进行预配置,以获取联动对象的数据格式和控制命令,才能完成相应功能。应用与设备处于紧耦合状态,而难以进行直接移植,也正是因为这种情况而产生的。在此情况下,若需要实现不同领域间的互联互通,进行跨物联网领域的应用构建,所需要进行的数据转换与匹配工作将非常复杂。

经过细致的研究与分析,出现这一现象的主要原因是设备异构性问题而产生的数据与控制指令差异化。不同设备使用不同的数据表示格式,甚至对相同的数据也可能具有完全不同的表示方式。所以在跟不同设备交互时,需要提前获取相应设备的数据规范格式,以进行解析。因此平台架构设计必须解决设备异构性问题,即通过对异构设备进行统一表示,如资源虚拟化等技术,如图 6-2 所示。不同的物理设备以相同类型的逻辑资源进行表示,使用统一的逻辑资源交互接口来代替异构的设备交互,这样物联网应用只需理解一种统一的逻辑资源操作,即可对任意的设备进行数据访问与控制,实现应用与设备解耦。

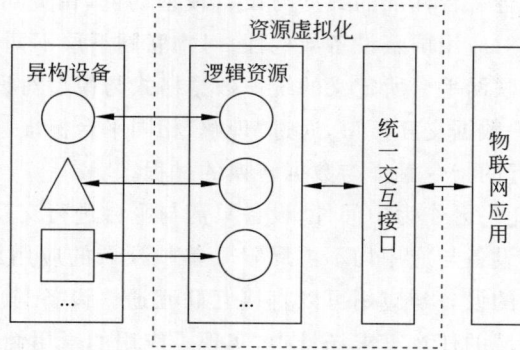

图 6-2 资源虚拟化

6.2.2 平台数据管理与调度

异构设备及其数据通过资源虚拟化操作,以统一的逻辑资源形式进行表示,对设备与应用进行解耦,因此达到了数据统一。然而由于物联网规模较大,物联网应用协同开发平台需要接入海量设备终端,由此造成应用需在海量的逻辑资源数据中进行所需数据检索与设备匹配。因此,影响平台性的主要因素就是平台对数据的组织与调度能力。

物联网平台提供对应用支持的本质是对数据的管理,这可以使应用能够获取所需设备数据以提供服务,同时在需要控制设备时也可以调度相应设备执行操作。因此物联网应用协同开发平台能够设计一种高效的数据管理与调度方法,对设备数据进行准确的组织,同时能够对应用提供支持以使应用能够快速获取所需信息是非常重要的。

平台对于数据的管理就是设备与应用间的中间件提供数据服务。从设备视图方面考虑,数据应能够对设备进行有效表示;从应用视图方面考虑,需要能够对数据进行有效组织和高效地调度,在设备与应用进行交互时,能够快速获取有效信息。逻辑资源数据是经过资源虚拟化操作所产生的,是以设备角度进行的数据统一与管理。对应用而言,需要在海量数据中进行设备数据检索,以获取设备所能提供的能力,实现服务的基础就是设备能力。由于应用对设备数据的直接使用,效率会随着数据规模的增长而降低。在此情况下,平台对物联网数据的管理与调度方法可以从两个层面进行,一是基于资源虚拟化操作,对逻辑资源数据的管理;二是在此基础上进行面向应用的数据聚合与映射并抽象为应用数据,如图 6-3 所示。在基于平台实际应用场景下,对设备逻辑资源数据再次进行抽象,以应用角度提供数据管理服务,使得应用可以快速获取所需数据。通过对不同层次数据的交互,可获取平台中相应的设备或应用数据。

6.2.3 平台交互网络管理

在物联网应用场景中通常有大量物联网设备进行数据交互和相互协作来提供服务,只有在极少数的应用场景中,设备无须交互,可独立工作。物联网之间设备间网络连接关系的表示与抽象,是物联网平台技术需要解决的问题。在物联网中,设备通常还具有动态多变的特征,设备的增加和减少,以及设备因位置变化而引起的网络拓扑的变化,通常是无法预测的,因此无法提前进行处理。同时,对于物联网设备的使用,当前的趋势为"即插即用",即在

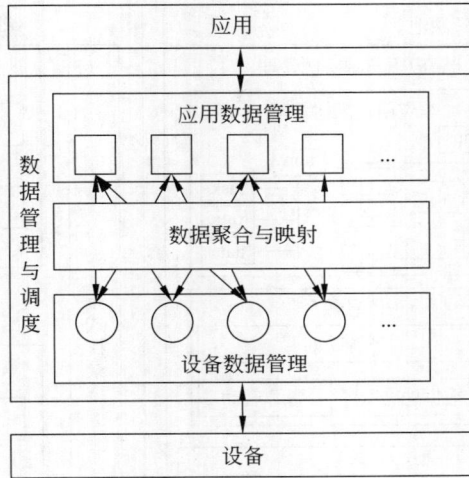

图 6-3　数据管理与调度

没有人工参与的情况下,设备就可以连接到物联网使用。因此,物联网中设备网络状态维护需要有自组织特性。

对物联网设备间网络进行动态维护,是为了更好地进行相互间的数据交互与控制操作。在物联网的应用场景中,设备之间的关系越来越紧密,相互之间需要紧密数据交互与合作。然而现有的物联网平台架构技术都是在需要处理数据的时候,再通过网络对相应的数据进行请求,如果网络拓扑发生变化造成请求失败,是无法完成相关工作的。因此,在进行平台架构设计时,需要考虑数据交互的有效性和及时性,设计出一种数据交互模式,以最少的通信开销最大化地交互网络的使用,使相互之间可以及时获取所需的数据。

6.2.4　平台架构设计

在对现有物联网平台技术进行了研究与分析的基础上,研究物联网应用现状的不足,并结合物联网开放与通用趋势的考虑,提出了物联网应用协同开发平台架构,如图 6-4 所示。通过统一物联网平台数据和结构,并利用资源对数据进行表示与封装,避免了不同设备和应用之间进行交互时需要事先了解交互对象的交互协议及数据表示形式并进行数据转换的问题。与此同时,考虑到设备间进行数据与操作交互,提出了分布式目录的概念,依靠对邻居设备资源实例及资源目录结构的同步与交互操作完成。基于设备间交互的资源数据来完成设备应用逻辑。通过对设备互联网络进行的资源虚拟化操作,以统一的方式构建和表示设备及其数据,以形成面向设备的资源树结构。在此基础上,为了方便物联网应用对数据进行检索与使用,本章介绍了对设备资源数据进行信息融合操作,基于应用逻辑对设备资源数据进行重建,形成面向应用的资源实例及资源树结构的方法。物联网应用通过平台所提供的应用资源接口以资源调度服务对应用资源进行使用,访问物联网数据以实现具体逻辑。

1. 设备资源虚拟化

通过使用统一资源表示模型对设备的资源进行虚拟化抽象,将设备以资源形式注册到平台,以完成异构设备到统一资源模型的转换。同时,对设备生成的数据进行数据解析、数据标注、资源映射及数据封装等操作,将个性的设备数据进行解析并更新到设备所对应的资

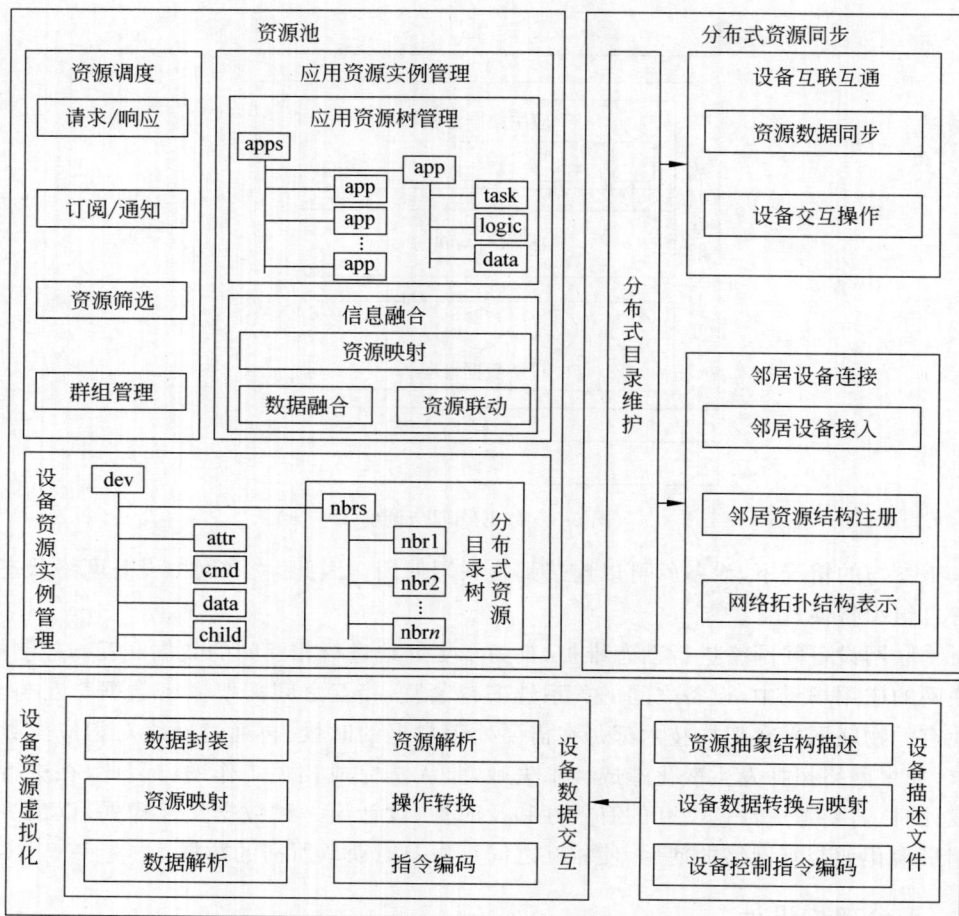

图 6-4　物联网应用协同开发平台架构

源实例,则应用可以通过统一接口访问资源数据来获取设备数据。上层应用与资源实例通过数据转换中间件进行资源解析、操作转换及指令编码等步骤进行交互操作,将资源交互操作转换为具体设备控制指令,由设备执行实际操作。设备资源虚拟化即是在资源与设备间的数据与指令进行交互转换,向上屏蔽设备异构性,实现设备及其数据的统一表示。

2. 资源池

将异构设备通过设备资源虚拟化表示为统一资源实例形式,形成资源池。本章采用资源树的形式,以树形结构实现对资源实例的组织与管理,将相互关联的资源实例,例如,温控设备对应资源与空调所包含的温度传感器对应资源组成一棵资源树,通过资源的层级关系表示其关联。通过对设备进行抽象与资源虚拟化所形成的资源树,是以设备角度来进行的,便于对设备的抽象与数据管理,但是这些资源实例与资源树对应用而言,无法得到高效地利用。例如,为完成多个设备的联动,需要多次频繁地对多个资源树的数据进行处理。这对应用与平台的交互来说,既耗时、也浪费带宽,因此本章在面向设备的物理资源层基础上,提出面向应用的应用资源层概念。结合应用具体逻辑,在设备资源上通过资源映射函数、数据融合及业务逻辑转换等操作进行资源与数据的融合,做进一步抽象,以应用角度组织资源及其数据形成应用资源,以方便应用实现,简化应用与平台交互。通过请求与响应、订阅与推送及资源筛选等资源调度接口实现对资源数据的获取。

3. 分布式资源同步

对设备间的交互关系及其拓扑状态的维护也是很重要的。因为,实际的应用均需要多个设备,甚至多个平台实例进行互联互通与相互协作,并且相互间的网络连接状态可能动态多变。本章介绍了分布式资源目录的概念,对物联网设备的互联拓扑网络关系进行维护与管理,形成分布式资源同步。设备通过广播等发现协议进行邻居发现,并以资源形式将邻居及交互网络状态表示出来,从而形成分布式资源目录树。通过对邻居资源数据的解析,可以获取邻居的状态及功能描述,然后在此基础上进行资源数据同步,即可实现相互间的数据共享。本章介绍以订阅与推送模式来进行不同设备间数据交互。通过邻居资源发现"感兴趣"的数据,即设备与应用所需数据时,向邻居设备进行资源订阅。当邻居设备的资源数据及资源结构等发生变化时,即会进行实时同步,使数据变化能够被及时获取,减少被动数据获取时延,提高数据时效性及数据交互便利性。通过实时资源同步方式,而非在需要时主动请求的方式,在应用需要处理信息时,即可立即对最新数据进行处理而无须等待,提高了应用处理效率。

6.3　平台设备资源虚拟化

由于物联网平台架构技术没有一套完整并且统一的数据抽象与表示模型,导致其通用性与开放性不足,不同领域不同平台实例间无法实现互联互通。同样的设备与数据的不同物联网平台架构技术,由于没有统一数据的表示模型,导致其有不同的表示方法。在开发过程中,首先要了解的就是设备的数据与指令格式,使应用和设备紧耦合在一起,做不到应用的移植性和通用性,进而导致应用的垂直开发模式。不同平台间,由于数据及其表示模型的差异,无法进行直接的互联互通。对于以上问题,本章通过对设备进行资源虚拟化抽象,利用资源的标准表述形式对设备的功能及数据进行描述的方式来解决。将异构的设备数据抽象并转换为资源实例,并通过资源对设备功能与状态进行描述。通过与资源的数据交互完成与设备的数据访问及操作控制。

6.3.1　资源的表示模型

通过对物联网平台架构技术的调研与分析,得知对于任何设备及应用均可通过如图6-5所示的模型进行描述。把任意的设备与应用看作一个系统,则对其描述时,可从输入、输出、属性及状态4方面进行描述。属性用来描述设备与应用静态的、固有的、不可变的信息。状态用于描述设备与应用如位置、亮度、挡位等可变信息值,在输入的控制之下,这些信息值在有限的状态集合中进行变化。环境信息等由本系统的属性值、状态值及所感知和产生的信息,由设备与应用向外输出。设备与应用接收到的外界的控制指令由输入端获得,设备与应用随后产生相应变化及改变状态等。

通过分析上述模型,本章对设备与应用的建模中引入了资源这一概念。不同类型的资源实例对物联网应用协同开发平台体系架构进行描述,其中资源包括所有的数据、属性、状态及控制指令等。这些基本的资源实例组成资源树实例,不同的设备与应用则通过不同的

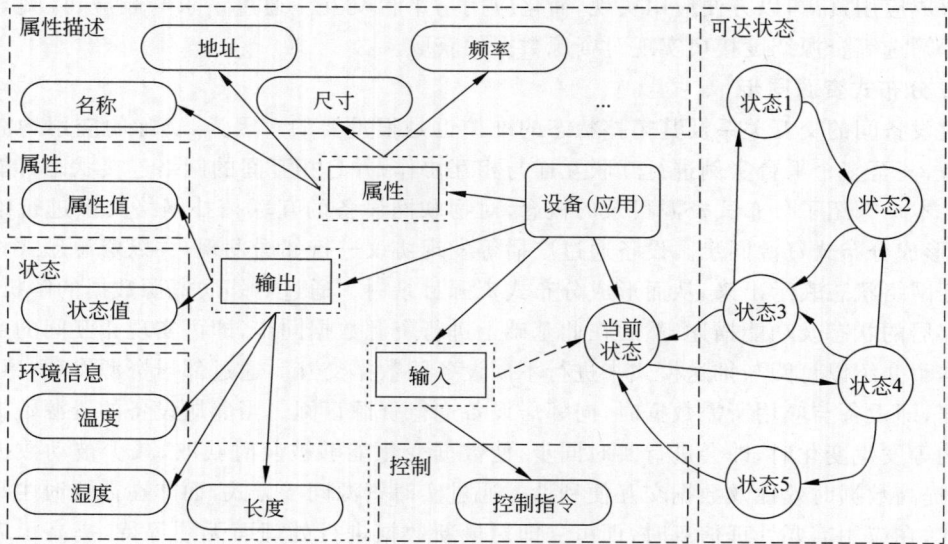

图 6-5　资源抽象模型

资源树实例来表示。通过这种对异构的甚至未知的设备与应用的表示方式，从而达到对物联网应用协同开发平台数据格式与设备表示模型的统一。

　　资源类型及其结构定义为如图 6-6 所示。其中，resourceObject 作为其他资源类型的根结点，是平台中的设备或应用程序的表示，而其他类型资源实例不能独立存在则需要附加到某个 resourceObject 实例。attribute 用于描述设备与应用程序的属性和状态，两者的区别在于，属性值通常是设备或应用程序的先天和固定的客观的描述信息，而状态值是设备或应用程序在当前情况下的状态描述，可能受到设备和应用程序接受的控制指令和环境等因素的影响，从而产生变化，因此通过在 attribute 资源类型中设置只读属性来进行区分。resourceObject 资源实例可以附加一个或多个 attribute 资源实例来描述不同的属性与状态数据。command 资源用来表示设备与应用程序的控制指令，控制指令和 command 资源实例一一对应。每个控制指令的一次实际执行，就创建一个 node 资源实例，其可描述设备与

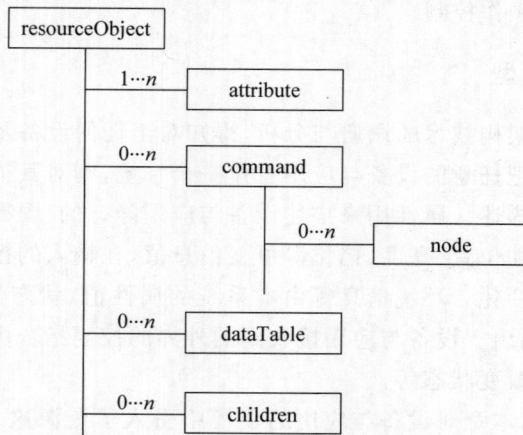

图 6-6　资源类型定义及其关系

应用的控制操作,同时也可存储操作记录。0 个或多个 node 资源实例可被 command 资源实例挂载,同时 0 个或多个 command 资源实例可被 resourceObject 资源实例挂载。dataTable 资源通过数据表的形式对数据进行保存,可用于对设备与应用所探知的环境信息及所必要的数据进行存储。resourceObject 资源实例可以包含 0 个或多个 dataTable 资源实例。除此之外,resourceObject 可用于对不同设备与应用间的关系进行组织与描述,通过将 resourceObject 资源挂载其他 resourceObject 资源实例作为子资源。例如,空调作为一个 resourceObject 资源实例,可以包含温度计所对应的 resourceObject 资源实例以及温度控制器所对应的 resourceObject 资源实例。

6.3.2　设备描述文件

随着物联网技术在各领域内的应用,物联网设备已经不单指那些具有简单功能和数据的单功能传感器或控制器,多个功能相关的传感器和控制器正在被整合为一个整体,形成多功能设备,而利用这些多功能的设备又可以组成更加复杂的设备类型(如汽车、飞机)。研究这些复杂设备的组成成分时,可以把设备看成不同传感器和控制器的集合体,进行的资源虚拟化操作将集合体内的每个传感器和控制器都形成不同的资源实例,研究设备所在应用环境时,要先将整个设备看作一个资源实例,才能进行资源虚拟化建模操作。所以,要根据设备具体的应用场景,合理选择设备的资源虚拟化操作,将设备的资源树结构进行抽象,能看到设备在应用场景中提供的功能及数据,然后根据场景的需求接口,将设备的资源进行封装,使其具有良好的资源封装特性。

本章通过设备描述文件的方式,来表示抽象后的设备的资源虚拟化。设备描述文件以资源抽象结构描述、数据解析与映射及指令编码这 3 部分内容为主。在物联网应用协同开发平台"理解"异构设备的过程中,设备描述文件扮演着中间文件的角色,在设备或平台中以动态可配置的形式存在,主要通过匹配设备的类型、标识符等达到匹配设备的目的。设备描述文件在描述异构的设备及其功能的时候,采用统一的格式定义,进而使异构设备能够兼容于平台。设备开发人员可以根据平台定义相应的标准格式,来手动配置生成设备描述文件。也可以将语义和推理等人工智能技术进行结合,再根据设备数据自动推理出描述文件。将异构设备表示为统一资源的形式,并定义好二者之间的转换关系,这是设备描述文件生成的核心。本章分析了设备以及在设备的应用场景下数据与功能的交互,认为可通过如图 6-7 所示的步骤操作设备资源的虚拟化抽象。

设备要进行资源虚拟化抽象的操作,首先应该将设备的应用及交互功能的需求进行结合分析,选择并确认设备的抽象粒度,要在设备的实际应用场景中,为设备进行最合适的资源虚拟化抽象操作。这样可以在不修改设备任何硬件的前提下,仅通过调整资源虚拟化的粒度,为不同的应用场景生成不同设备描述文件。本章对设备的粒度划分总结为 3 种类型:平台级、设备级、基础单元级。基础单元级的抽象粒度最小,例如,抽象为功能单一的传感器及执行器,基础单元级的数据及控制指令较为单一,经虚拟化后产生的资源树也具有简单的结构。设备级经抽象后产生的是相关设备,由功能联系与合作紧密的多个基础单元类型设备结合生成,在某些应用场景中,在某一个功能上这些基础单元相互之间联系紧密,数据交换及互相调用较为频繁,例如,机械臂在工厂流水线上的一系列操作、智能家居的空调以及

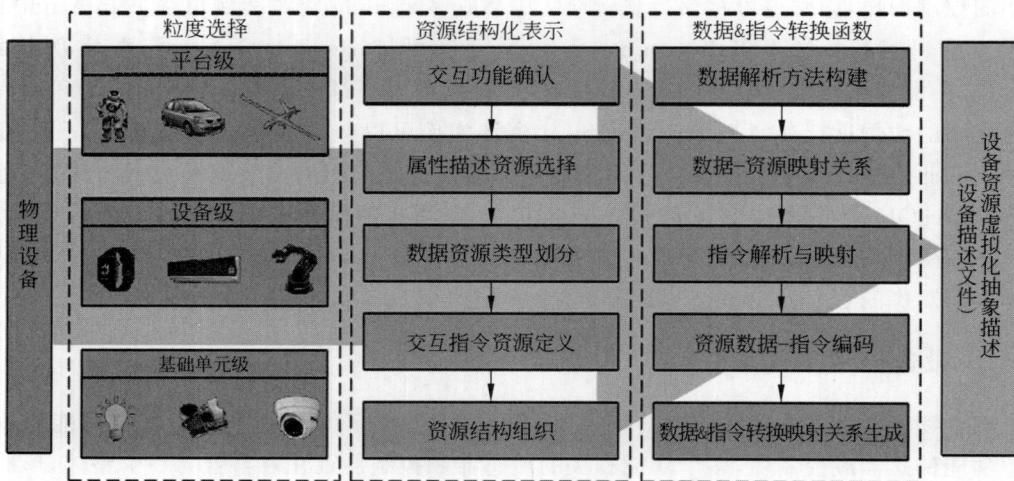

图 6-7 设备描述文件构建流程

能在不同场景穿戴的智能手表设备等。平台级由多个具有不同功能的设备级单元组成,经抽象后的资源树结构较为复杂,产生的数据也更加多样。通过把控设备资源虚拟化的粒度,能够避免因粒度过细导致抽象后的资源实例过多,避免资源及其数据量过大,也能避免抽象粒度粗糙导致数据不够精确等问题。

选择好设备的抽象粒度,确定了设备需要提供的数据与能力后,可以构建设备的资源结构。使用属性资源刻画设备的属性与状态信息、使用数据资源存储设备需要记录的数据、使用控制指令资源定义设备所提供的交互操作,组织这些资源进而形成完整的资源树结构,来作为设备逻辑代理对象。设备状态与数据可以访问相应资源获悉,操作指令资源达到对设备的控制。

构建设备的资源结构后,还需说明设备数据及指令的转换与映射关系,关联设备能够"理解"的个性化数据和平台能够"理解"的资源数据。解析设备的原始数据,并将其转换为平台通用数据格式,把数据资源映射关系确认下来,再将数据存储至相应资源。同时,操作控制指令资源时,使用控制指令的转换操作,解析资源数据,通过相关转换和编码,形成可供设备操作的原始指令。由此将设备资源数据与指令间的转换函数构建出来。

上述操作就是生成设备描述文件的步骤。再通过平台对设备描述文件的读取和解析,即可完成对设备的资源虚拟化与统一抽象。

6.3.3 设备数据交互

设备资源虚拟化操作之后,会产生相应的设备描述文件,通过对该文件的解析,物联网应用协同开发平台可以解析和理解设备的接入操作、数据存储及控制指令。多样的设备描述文件可以通过标准的设备描述文件解析逻辑进行处理,在平台不做任何修改的前提下达到兼容异构设备的目的,平台具有良好的通用性,能够与不同设备互联互通。我们将物联网应用协同开发平台中的这部分逻辑,在本章中定义为设备数据交互中间件。

作为物联网应用协同开发平台与异构设备进行交互的逻辑,当物联网被接入新设备时,设备数据交互中间件负责实现将设备注册到平台,采用的是将设备抽象为资源树实例的形式进行注册。当有资源树产生变化时,有新设备接入的讯息就会被其他设备与应用获悉,通过与资源实例进行交互,达到交互操作该设备的目的。除此以外,在设备产生数据并进行数据交互和存储时,设备数据交互中间件要处理设备产生的数据,并将形成的相应资源更新操作作用到相应资源实例中,将设备数据实时同步到资源实例。同时,当其他设备或应用操作设备所对应的资源实例需要执行控制指令时,设备数据交互中间件需要解析和处理该资源,设备只能执行原始的控制指令,所以要结合资源数据所表示的控制参数配置对资源操作进行转换。

如图 6-8 所示,当物联网首次接入某设备时,通过设备类型、编号等信息,应用协同开发平台获取到相对应的设备描述文件,依靠设备数据交互中间件,解析该设备的描述文件,"理解"设备的资源虚拟化模型,对资源类型以及资源树结构进行解析,并通过形成的资源创建操作在平台中创建资源,完成设备注册到平台的流程。当设备的状态产生变化或环境感知有数据产生时,依靠设备描述文件,设备数据交互中间件解析设备产生的原始数据,将其转换为平台规范化数据格式。再将该数据通过资源映射操作映射到相应的资源实例,封装数据以生成相应资源的更新操作,存储或将该数据最终反映到资源变化上。在其他应用或设备操作平台时,要向该设备发送控制指令,需要通过平台所提供的接口进行资源交互,获取到相关资源实例的数据后,设备数据交互中间件再通过设备描述文件,解析资源数据,结合获取的控制指令的具体详情及配置。通过操作转换将平台规范化格式的数据转换为原始设备数据,并通过指令编码数据,最终生成可由设备直接读取并执行的控制指令,控制设备执行最终的操作。

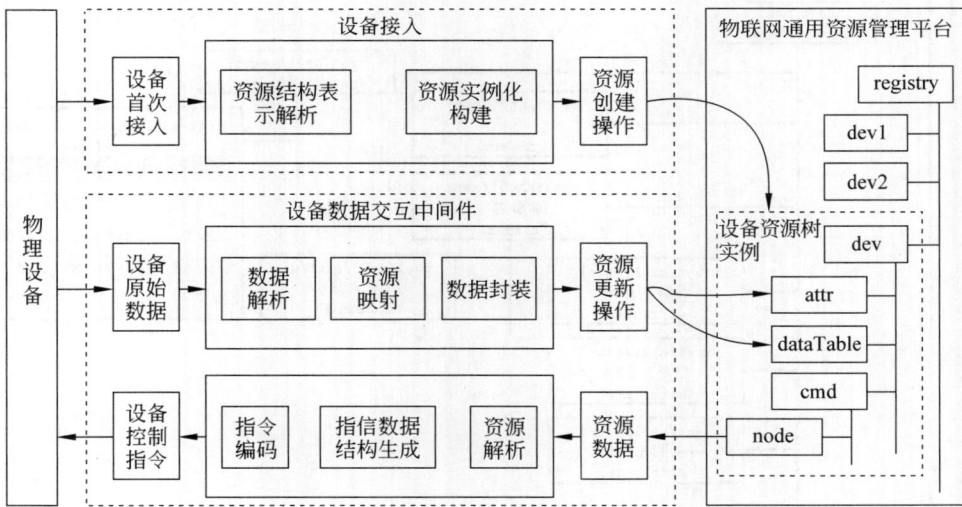

图 6-8　设备数据交互

通过处理设备数据交互中间件,完成对异构设备多样性数据的转换,生成应用协同开发平台中的相关资源以及资源数据,完成设备的资源虚拟化操作逻辑,统一设备以及设备产生的数据。在平台中仅需重点关注资源数据,对资源进行交互操作,通过统一资源交互的接口,最终与异构设备完成交互。

6.4 资 源 池

通过进行设备资源虚拟化的操作,接入物联网平台中的设备均可以用资源实例的形式来表示,从而形成大量的资源实例数据,本章将用资源池的概念对其进行表示。资源池中对于资源数据的组织形式、由平台所提供的对资源的交互方式,以及物联网应用对资源数据的使用方式,是在进行资源数据组织调度的设计时需要重点考虑的问题。本章将讲述如何通过提供统一的资源交互接口供物联网应用使用,以及通过简化资源的交互方式及减少接口复杂度的方式进行资源访问。通过与应用计算逻辑的结合,形成面向应用的资源树结构,对物联网应用及其数据进行表示和存储,以便于应用对设备资源数据的访问,从而使对物联网的数据调度效率更高。同时这样也能对应用进行统一抽象与表示,提高物联网应用间的交互操作效率。

6.4.1 资源树

物联网应用协同开发平台是面向设备的,通过资源虚拟化抽象的方法,所有设备都以资源实例形式在平台中表示。设备的状态和数据由相应的资源存储和表示,与设备的交互通过与资源的交互来完成。对于这些资源及资源数据的组织和表示,将采用资源树结构方式进行。如图 6-9 所示的是当应用协同开发平台应用于由空调、灯泡及窗帘所组成的物联网时,所构建的一个面向设备的资源树的示例。采用树形结构对资源实例进行组织,能够很好

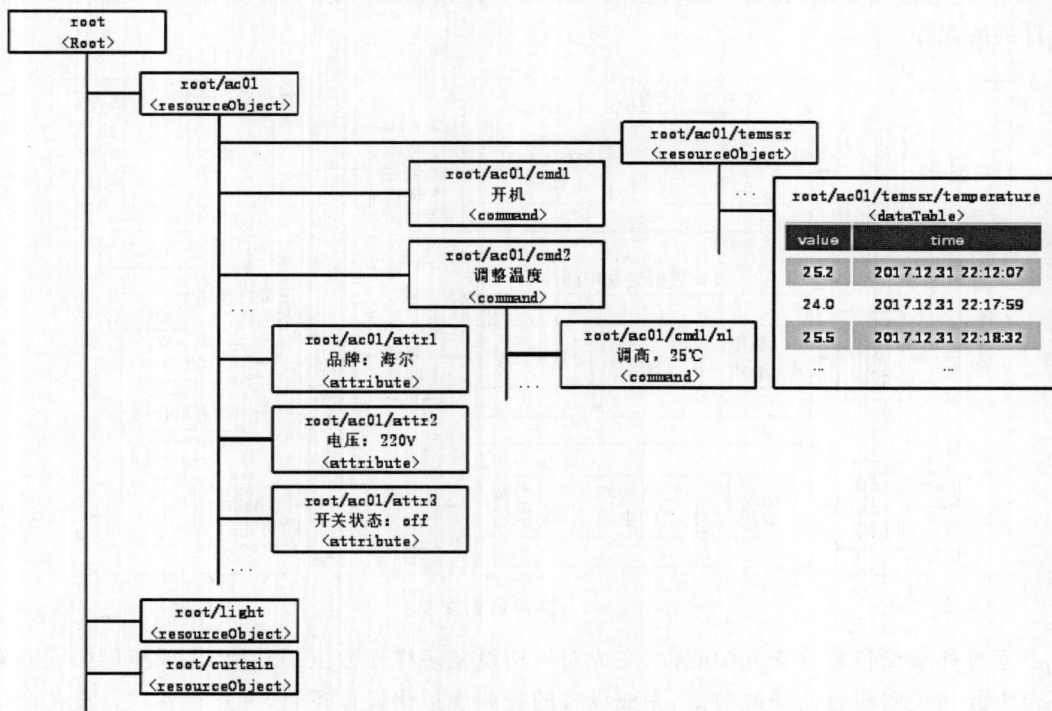

图 6-9　资源树的示例

地对关联的资源和数据进行分类和划分,能很好地表示资源数据的层级关系。同一资源子树下的数据是相关的,而不同资源子树间的数据是不相关的,也不会互相影响。例如,空调相关的资源均挂载到以空调作为根结点的资源子树上,则空调相关的数据可以通过检索资源子树的相关资源来获得,而其他资源子树所挂载资源的情况则不用了解。

资源的位置与标识由资源的唯一标识符来完成。资源标识符是全局唯一的,并且只对应一个资源实例。资源标识符由资源树的根结点到该资源的名称路径组成,通过符号"/"连接,如 root Name/ancestor Name/…/parent Name/resource Name。以这种方式表示的资源唯一标识符,可以在物联网应用协同开发平台中保证唯一性,而且同名资源实例可以出现在不同的资源子树下。同时,资源树的层级结构可以通过资源标识符清晰简洁地表示出来。这样就能很容易找到资源实例,并获取资源信息。

6.4.2 统一资源交互接口

尽管平台中资源类型数量有限,但是平台中的资源实例数量非常多。物联网应用和不同平台之间进行的数据交互均需要通过资源交互接口进行数据检索与修改操作。若资源交互接口与具体资源实例相关,而且因资源实例的不同而不同,则会使应用协同开发平台对异构设备的资源虚拟化操作变得毫无意义,且使数据接口与平台的资源变得杂乱无章,使基于平台的数据变得复杂。因此,需要由平台提供统一的资源交互接口,统一和规范所有资源实例的交互方式及交互数据格式。通过一种交互接口,可以与各种资源实例交互,进行数据交互操作。

通过调研与实践,资源交互接口设计为 REST 架构风格,如图 6-10 所示。REST 架构风格通过创建(C)、检索(R)、更新(U)及删除(D)等操作类型向通过资源标识符指定的资源进行操作,将可执行的操作类型进行了规范和固定,并通过资源标识符来解释说明操作的对象,使资源交互接口变得更加统一和简洁。交互均为无状态的,每次交互均包含了所需的信息,使平台更加方便实现,更易于维护和扩展,并且可以根据需要用代码实现。同时,平台的实现不需要考虑调用接口来交互的对象的情况,可以很好地实现跨平台和跨语言等。

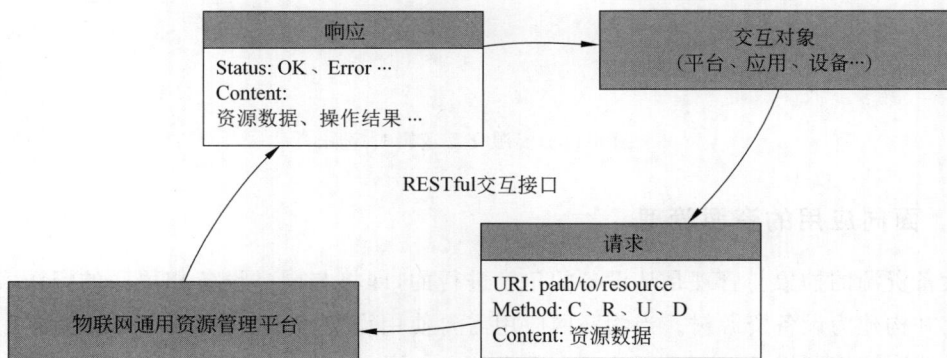

图 6-10 RESTful 资源交互接口

如图 6-11 所示为资源交互的流程。在进行逻辑计算时,应用端对所涉及的数据计算需要对数据管理模块进行数据操作以获取数据。数据管理模块将应用对数据的操作转换为资源的 CRUD 操作或操作组合,并将 CRUD 操作或操作组合封装为资源请求序列,以从平台请求资源。平台将分析资源请求操作对象的资源标识符和对其进行的操作内容,将资源请求分配给不同的资源处理逻辑进行处理,从而对资源数据进行更新,并将操作结果以响应形式返回给应用端。那么平台端仅需要实现有限的资源处理逻辑操作,就可以通过装配不同的资源实例数据及请求处理内容来完成对不同资源的操作。

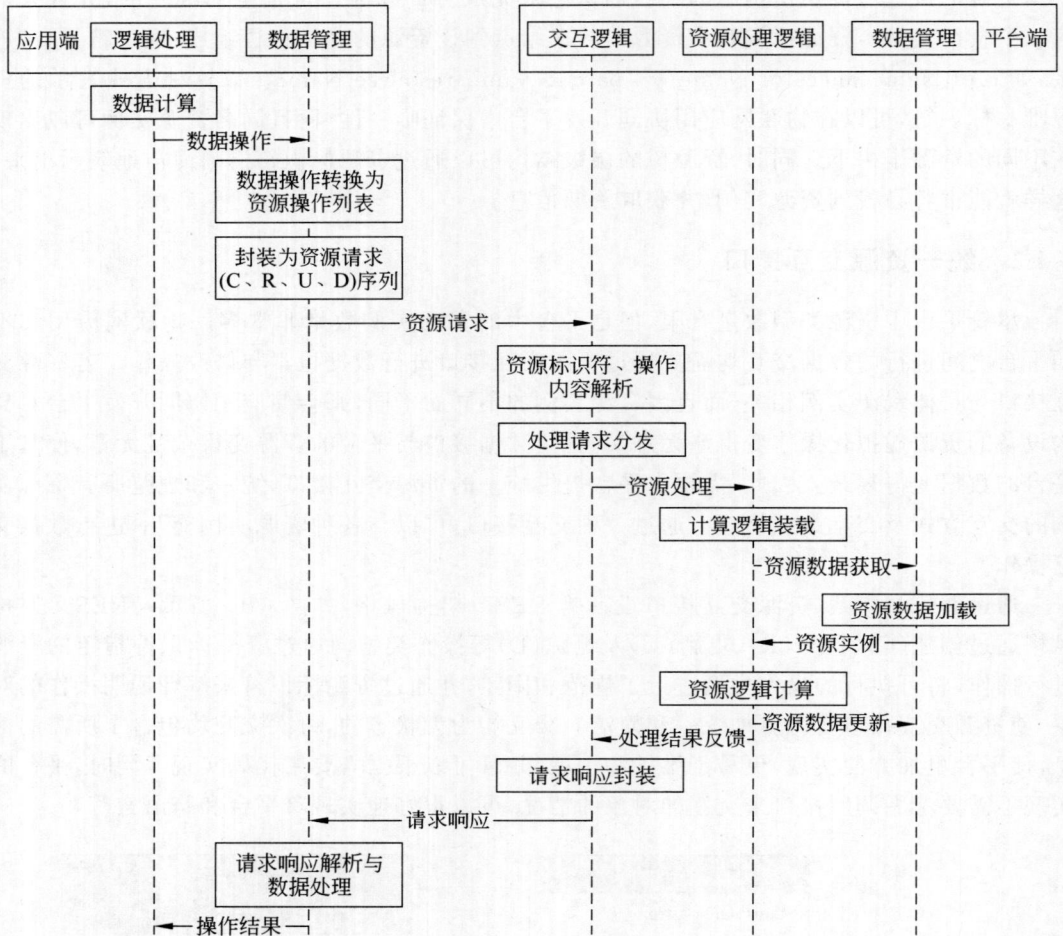

图 6-11 资源交互逻辑时序图

6.4.3 面向应用的资源管理

设备资源的抽象与管理是从设备的角度进行的,即将与同一设备相关联的资源实例进行组装并构建为设备资源树。当物联网应用需要使用设备资源时,可能需要请求多个设备资源来获取应用逻辑计算所需要的所有数据信息。同时,在物联网的不同应用领域之间,不仅有设备的控制与数据交互操作,也需要应用程序之间的数据交互操作。因此,要对设备资源进行进一步的抽象与封装,形成领域应用资源实例并构建应用资源树。结合物联网应用领域知识,对设备资源实例进行资源映射与信息融合来形成应用资源,这样可以便于物联网中应用数据的组织以及不同应用领域之间的信息交互需要。

物联网中,设备的功能是对物联网应用领域进行信息的感知及环境改变操作。对于不同的应用场景,即使在相同的设备部署情况下,由于应用需求不同,可能会进行不同的数据处理与操作组合,以实现不同的功能,即根据不同的应用需求,通过设备数据的定制化组合与处理,可以形成不同的概念与描述信息,形成不一样的应用数据。而在现今的物联网平台架构中,这些应用数据均由物联网应用本身进行处理与维护,即使在同一应用领域下的不同应用也可能需要分别进行设备数据的请求与处理,以生成所需的数据信息。在物联网应用协同开发平台中,本节介绍了以面向应用构建应用资源的方法对这些数据进行调度与管理。

如图 6-12 所示,当平台部署到不同的应用领域时,根据应用服务对设备资源数据进行关联关系构建,根据应用需求对设备资源实例进行聚合,并创建相应的应用资源,即通过应用服务需求,划分和聚合设备能力、数据状态等关联关系,这样可以让应用无须在资源池中进行检索即可直接获取所需设备数据。当设备资源数据发生变化而更新时,平台对资源数据进行聚合,形成对应用状态与数据的相关描述,并将这些数据进行封装,形成应用资源,并通过资源映射关系更新相应的应用资源。在此基础上,物联网应用通过对应用资源访问来获取所需的信息。当物联网应用需要发布控制指令时,通过操作应用资源来实现。依据构建的应用资源数据信息,对其属性的数据进行解析与处理,结合应用服务需求,将应用指令分解为针对不同设备资源的指令控制序列集,并通过与不同的设备资源进行交互,将控制序列分配到不同的设备上进行执行,从而实现设备的联动控制。

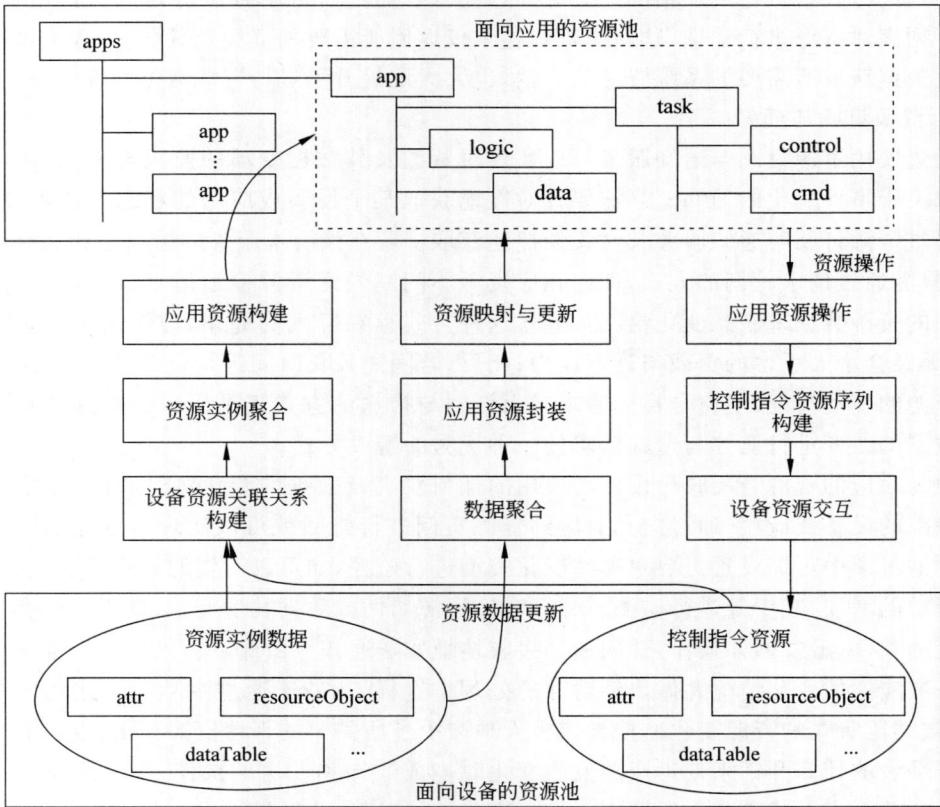

图 6-12　应用资源构建与交互

6.4.4　资源调度服务

除资源管理外,应用协同开发平台还新增了通用资源服务的功能。这部分的通用资源服务功能主要是提供面向资源的基础服务,作为一种资源交互的补充而存在。相比于传统方式,基础服务的使用可以使与资源的交互变得更为快速和方便。这些通用资源服务主要包括资源筛选、资源订阅与通知、群组管理等,通过下面对这些资源调度服务的说明,相信大家可以有更清晰的认识。

1. 资源筛选

在物联网应用协同开发平台中,所有的数据均以资源作为载体。为了获取相关的数据,需要通过对资源的所需资源数据进行检索。普通资源检索方式,通过资源唯一标识符向特定资源发送检索请求,进而获取单个资源的数据。由于通常需要对多个数据进行分析,这就导致使用普通资源检索的方式难以满足获取多个满足需求的资源数据。因此,如果需要筛选一定的资源及其数据,例如,获取创建时间在 2017.12.31 00:00:00 之前的所有资源数据,就需要执行多次资源检索操作,同时还需要对搜索出的资源数据结果进行手动筛选。显然,这种交互方式操作麻烦又烦琐,需要花费大量的时间。

资源筛选服务就是对资源检索操作的一种完善和扩展,允许使用者通过资源检索操作来快速获得大量带有筛选条件资源列表,还可以进一步地通过对检索资源进行条件匹配并进行筛选的方式来获得更加精细的资源筛选要求。通过资源筛选服务,可以通过预定义筛选条件列表对资源进行筛选,这就使资源检索仅返回所需要的资源及其数据,极大地减小了对有效数据获取所需要的系统资源的开销,也大大地提升了进行资源数据交互的便捷性。

2. 资源订阅与通知

通过使用资源订阅与通知服务可以实现对资源及其数据变动的监控与追踪,还可以及时获取关于事件变化的通知。当需要针对性地获取某个设备或应用的状态及数据变化时,可以通过资源订阅与通知服务及时又便捷地获取。若在没有本服务的情况下要想获取这种变化,只能通过请求轮询的方式,即向相应资源不间断发送资源检索请求,通过比较两次请求返回的资源数据来获悉变化情况。显然这种方式存在巨大的弊端,若使用了较短的请求间隔,无疑会增大平台的负载与计算压力;相反,若间隔较长时间进行资源请求,则无法及时获取资源的变动情况,不符合目标需求。而订阅与推送的方式正是用来处理这类对资源状态与数据的改变进行监控与追踪需求的一种优秀的解决方式。

因为对应的资源会反映出设备与应用的任何状态及数据的变化,所以对于需要进行监控与追踪的设备或应用,通过向其对应的资源实例进行订阅就可以实现对变化的监控。在对资源的订阅中可以设置需要对哪些变化类型进行监控,如可以对资源属性的变化,资源直接子资源的增加、减少等进行监测。一旦对应资源属性或数据发生变化,本服务就会依照预先设定的条件,触发通知操作,并向通知接收地址发送通知。由此,就可以及时、准确地获取到设备或应用的变化情况并做出针对性的处理。这样,相较于通过主动比较式的查询操作来说,被动监听式的资源变化监控操作极大地减少了所需的平台资源开销,仅仅通过略微增加了平台的计算开销来处理资源发生变化时生成通知和发送的操作,极大地减小了平台的交互负载压力。只需要在资源真正发生变化的情况下,才触发操作进行处理,平台的交互性能有了极大的提升。

3. 群组管理

在实际使用中,常常会遇到一些批量性的操作,如对多个资源实例进行统一的操作,或对多个资源实例进行批量操作。传统方式中,需要对这些资源实例分别进行多个交互请求操作才能实现多个资源的交互。显然,这种麻烦且耗时的交互方式对于群组的管理并不合适。如果多个操作中的某个操作发生了异常,不仅要回滚其他已经进行的操作,而且无法做到很好的同步操作。群组管理服务是用于处理此种批量操作需求的服务。使用群组管理服务可以管理群组成员,进行对群组成员批量操作处理。群组中的成员为多个符合这个群组需求的资源实例。对群组成员可以通过添加或删除操作进行管理。同时,也支持对群组进行批量的读取、写入、订阅、通知等操作。群组管理是一种代理逻辑,即向群组中的成员发送的请求,并不会被直接执行,而是把该操作复制给该群组所有的群组成员,再由每个成员实现操作,最终将所有的处理结果汇聚为一个操作响应并进行返回,从而做到对群组成员操作的一致性。

6.5　分布式资源同步

本节通过介绍分布式目录树的概念来进一步解释如何对物联网互联设备的网络状态进行维护。可以采用邻居发现方法,使设备对与其相连的邻居设备间的网络连接状态在本地进行维护,再把邻居网络设备的资源树结构的同步与处理与本地的结合起来,这样就可以构建出整个网络的分布式目录树。通过对分布式目录树的检索与维护,就可以在众多的物联网互联设备之间进行数据共享与交互操作。这种分布式网络维护与数据交互的方式,极大地扩大了物联网应用协同开发平台的应用领域,使平台在除了能够支持如车联网等网络动态变化的应用场景的基础上,进一步提升了平台通用性。

6.5.1　分布式目录管理

在物联网应用的世界中,本地设备需要通过网络连接维护才能够获知其他设备的存在,进而才能形成设备间的互联互通,实现物联网设备之间的数据交互,支撑起庞大的物联网应用体系。对于物联网中设备网络的管理,主要有中心式及分布式两类比较通行的做法。其中,中心式管理方法要求整个物联网网络中需要有一个超级中心服务结点,其余设备通过与该结点的连接,进而实现整个网络的互联互通。因此,这就要求该结点的可靠性要比较高,而且能够随时与其余结点进行通信。若该中心结点发生宕机,则整个物联网网络就会面临瘫痪。显然,这种中心式的方式不利于物联网的广泛应用。当前物联网设备的发展趋势是向低成本、简单便捷发展,若需要在物联网中部署可靠性要求如此高的结点,将会极大提高部署、维护、使用的成本。与此同时,在绝大多数的物联网应用场景中,设备的位置不是固定不变的,而是经常发生改变甚至多变的,如车联网中每辆车都在实时变动,这就导致整个物联网网络的拓扑结构不稳定,因此很难保证当前设备与中心结点的连接。同时,物联网中设备之间的交互也具有很强的区域性,即大多数交互操作都会发生在相邻近的设备间,很少发生与相隔较远的设备进行通信的情况。因此在物联网应用中,采用分布式设备网络管理方式将会是更好的选择。本章在对物联网平台架构进行研究时就采取了分布式管理的方法。与此同时,结合设备的资源虚拟化抽象操作,进一步提出了分布式资源目录树的方式来对物联网设备网络进行管理。对于物联网设备,除了可以通过资源虚拟化操作而生成的资源实例外,资源树中还有分布式资源目录树,即使用专门的资源对设备周边邻居互联情况进行封装与描述。最终实现以资源形式抽象表示出了设备连接情况进行自组织管理,同时,可与分布式资源目录树进行交互进而实现与相邻设备之间交互操作。

如图 6-13 所示,在新设备首次接入当前的物联网网络中时,需要通过邻居发现的方法,如广播等,在当前的物联网网络中发送新设备的接入信息进而实现对邻居设备的发现。当有邻居设备响应时,则表明附近存在着邻居设备需要进行交互,这时就需要对邻居设备进行注册,即需要在分布式资源目录树中构建邻居设备所对应的资源描述。与此同时,还需要在此基础上创建关于网络连接状态、通信地址等关键交互信息描述的资源实例,依据网络连接探测技术,如心跳包等,实现对邻居设备间的网络状态的实时维护,进而保证整个资源树结构的有效性。将由不同设备维护的分布式资源目录树整合起来即可完整表示设备间的网络拓扑结构,完成整个物联网网络的构建。在此基础上,就可以实现不同设备之间的数据共享及交互控制操作。同时,通过检索整个分布式资源的目录树,就可以获取当前设备的邻居设备的信息,以及与各邻居设备间的网络详情,进而可以通过资源交互方式实现设备间的互联互通。

在此基础上,还可以通过检索当前设备的邻居设备分布式资源目录树来获取其他物联网设备互联信息。由此,可以采取对分布式资源目录树中资源实例的管理,就可实现对整个物联网设备网络的管理。

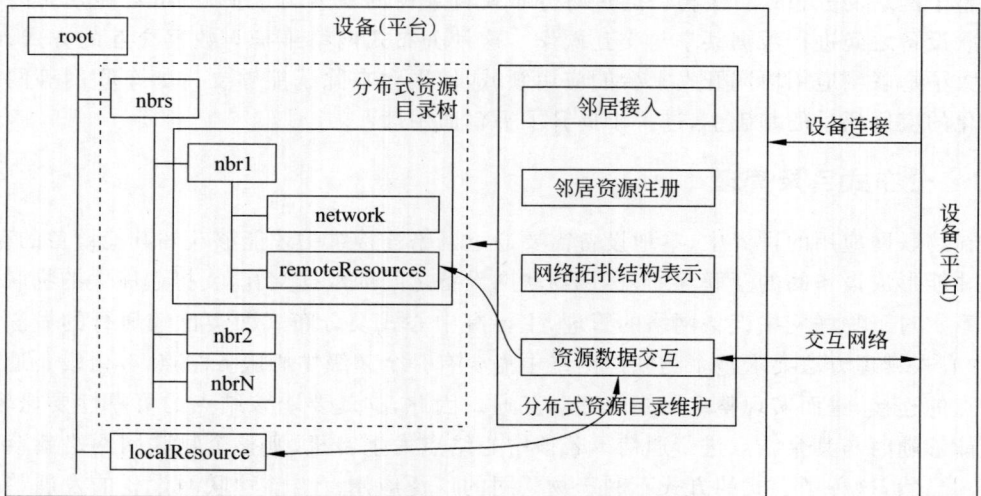

图 6-13 分布式目录树管理

6.5.2 资源数据同步

相对于单个设备,物联网最大的优势是可以将多个设备通过网络组合起来。通过设备间的数据交互进而实现相互协作,为用户提供更便捷丰富的功能与服务。因此,在整个的物联网设计中,数据的交互模式就成为联网平台架构技术需要着重考虑的问题。目前,现有的物联网平台架构技术中主要采用的模式是主动数据获取的模式,即在设备或应用运行过程中，如果碰到需要其他设备提供的数据时，通过主动发送请求的形式向对应的设备进行数据检索。显然，对于追求低成本的物联网来说，这种主动请求式数据共享模式，不需要存储多余信息，只有需要才请求，无疑降低了硬件成本。但与此同时，依赖主动查询的方式需要大量的通信时间，无形中降低了应用与设备处理数据的效率，对应设备产生的更新数据，无法及时地传输到当前设备。一旦与数据来源设备的通信发生中断，就会因为无法获取到有效数据而影响服务，甚至无法再继续提供服务。并且这种无法及时获取到所需数据的更新变化数据共享方式，带来的不仅仅是共享效率低下，还会影响物联网应用的功能与服务性能。

本章介绍了一种基于订阅与推送的资源数据同步模式。在与邻居设备建立了交互网络后，就可以实现对邻居设备的资源实例及资源树结构的请求与检索。本章介绍的通过资源虚拟化操作，将设备抽象为资源实例的方法，使资源实例及资源树结构即是对该设备数据与功能的抽象与统一描述。因此，邻居设备的功能及设备产生的数据与可进行的控制操作等信息就可以通过对资源树的解析获得。依据实际的应用部署情况，当设备与邻居设备连接成功后，就可以通过向邻居设备检索资源来获取邻居设备数据信息。解析出当前应用所需要的资源数据，同时，可以订阅所需的资源及数据，还可将这些资源与数据存储于分布式资源目录树。因此，在邻居设备的数据发生时就会触发资源推送流程，让所需设备与应用能够及时地获得资源数据的更新，使当前设备与邻居资源数据能够实现实时同步。这种方式，不需要额外的设备来存储数据，同时也避免了大量数据同步带来的通信开销。

通过资源数据同步机制实现对远程设备的组织与管理后，当设备在需要进行逻辑计算时，可直接从本地获取数据，避免了等待数据请求的响应造成延迟，极大地提高物联网数据处理效率的同时，避免了因网络中断造成的服务中断等问题。因此，即使发生了网络中断的情况，设备也可以通过访问交互数据在本地的同步数据的历史记录以进行逻辑计算处理，继续为用户提供服务。而且，随着推理、人工智能等新技术的不断发展和突破，不仅可以依赖现有数据，同时通过对历史资源数据进行学习与推理还可进一步推测出数据变化的可能趋势，以及未来一段时间内数据值，有利于物联网应用的效率与能力的进一步提升。

第7章 智能家居系统设计案例

本章主要介绍智能家居系统的功能及实现方式。整体系统以 Visual Studio 2017 和 Microsoft Azure 作为主要的开发平台,运用 MVVM 模式和 C♯ 开发语言。严格按照一般系统的开发流程,首先概括介绍了与系统有关的基本专业知识,重点介绍系统的相关功能及电路和协议设计。再从产品需求分析出发,根据功能需求,总体设计系统的基本框架,逐步涉及各个功能模块,通过编程实现各模块功能,经过测试与整合从而实现一个完整的智能家居系统。

本系统拥有良好的交互界面、时间日历展示、天气预报、语音提示、人脸识别、跨平台消息通知、环境监测与自动化控制等功能,可供读者在实际项目设计中参考,并可以根据实际需要加入其他相关功能。

7.1 选题背景

"嗨,小娜,帮我准备一下明天的早餐,同时检查一下汽车的状态","好的,正在载入任务队列……",这是在写电影剧本吗?不,智能家居常态化已经在路上了。随着嵌入式、无线传感器网络、人工智能等计算机科学技术的飞速发展,人们在满足基础的物质需求以后,逐渐对生活水平的提高提出了新要求,正如雷军所说的"站在风口上,猪也能飞起来"。家,作为人生的驿站、生活的乐园,是日常生活的重要部分,对于家的信息现代化改造,已成为一种潮流。针对传统智能家居高误报、低智能和功能单一的特点,结合嵌入式、无线传感器网络、物联网和云计算等计算机信息技术的新型智能家居系统正以高效节能、智能环保及低成本的特点成为人们日常生活的一部分。本章内容就是充分利用专业知识对智能家居系统的设计与实现。

7.2 技术及编程环境

7.2.1 C♯ 与 .NET core 技术

作为一种安全的面向对象的程序语言,C♯ 可以使开发人员构建基于 .NET Framework 上运行的安全稳定的应用程序,随着微软开源,.NET core 在社区开源,可以利用 C♯ 构建基于 .net core 的跨平台应用,开发人员可以选择 macOS、Linux 或 Windows 任意平台来开发应用程序,然后部署至其他平台。随着 Visual Studio on Mac 和 VS code 的发布,开发人员在跨平台应用开发过程更加便捷。

C♯ 语法表现力强、门槛低。如果是 C++ 、Java 开发人员,就会发现 C♯ 是如此亲切与熟悉,它可以让开发者短期内开始高效地工作。C♯ 继承 C++ 、Java 优点的同时,简化了 C++ 的复杂性,例如,将 C++ 中的函数指针替换为安全委托;增加了许多 Java 中没有的强大功能,如 Linq、反射、Lambda 表达式等。作为一个面向对象的程序开发语言,C♯ 支持继承、封装和多态,类在实现继承的同时支持任意数量接口的实现。

与 C、C++ 相比,C♯的使用更简单、安全,比 Java 更灵活、强大。没有单独的头文件,也不强调特定的方法声明顺序,对于类、结构、接口和事件的声明也更加自由。.NET Framework 最开始发布于 2002 年,就编程框架而言,它足够成熟,至少它包含了主要编程语言中的所有重要、令人满意的功能。但相比较 C 和 C++ 的存在时间,用"中年"来形容 C♯再适合不过了。尽管.NET Framework 是当初设计应用程序的绝佳选择,然而随着计算机行业和移动平台的日新月异,.NET Framework 的位置略显尴尬。

.NET Framework 是主要用于开发运行在 Windows 操作系统计算机的应用程序,在.NET Framework 推出时,微软在个人计算机操作系统方面占据主导地位,而智能手机还有很长的路要走。随着时间的推移,UNIX 和苹果都削减了微软在计算机市场的份额。此外,一个更重要的发展是向移动设备的大规模转变,微软无论是硬件还是软件的份额都微不足道。第三个主要趋势是基于网络的应用程序的增加,而不是基于桌面的应用程序。这 3 个趋势的影响降低了 Windows 桌面应用程序对网页和移动应用程序的重要性,以及降低了在 Windows 以外的操作系统上运行的桌面应用程序的重要性。今非昔比,垄断巨头的微软也做出了选择,拥抱开源,提出了.NET core,支持云、跨平台、崭新的.NET。同时,微软收购了 Xamarin,以解决如安卓、苹果等移动平台的开发。

如图 7-1 展示了基于.NET Standard Library 框架下各开发框架的联系,在图 7-1 中的所有框架下,都可以用 C♯来高效快速地实现应用程序。

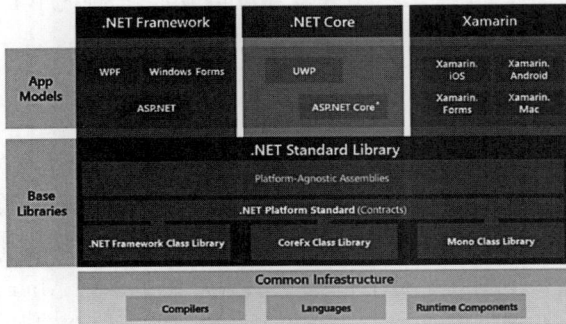

图 7-1 .NET Standard Library 框架

在.NET Framework 下,C♯程序源文件及引用文件通过编译器被编译成符合命令行界面(common intermediate language,CLI)规范的中间语言(intermediate language,IL),IL 代码和其他文件存储在称为程序集(.dll 和.exe)的可执行文件中,当程序需要执行时,程序集被加载到公共语言运行库(common language runtime,CLR)中,CLR 将执行及时 JIT 编译(just-in-time compilation,JIT),将 IL 语言转换为机器代码,图 7-2 说明了 C♯源代码文件、.NET Framework 类库、程序集、编译时和运行时关系。

为了支持跨平台,.NET core 的结构组成与先前的.NET Framework 有所不同,.NET core 由 4 部分组成:.NET runtime(coreCLR)、Framework Libraries(coreFX)、SDK Tools 和 Language Compilers 及 Dotnet app host。

对于基于.NET core 框架的应用来说,不论生产环境是 Windows 还是 Linux 或是 macOS,在程序编写时都使用同一个基础类库,减少了开发人员的维护困难及学习成本。

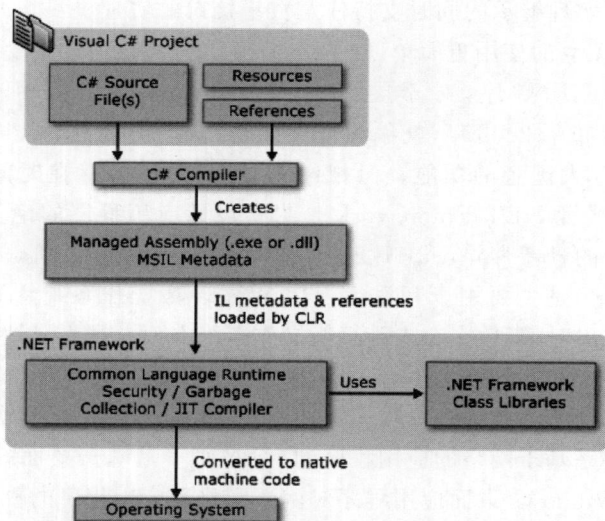

图 7-2　C♯的编译与运行

基于.NET core,微软在 Windows 10 引入了通用 Windows 平台(universal windows platform,UWP),UWP 在运行 Windows 10 的每台设备上都提供了一个通用应用程序平台,同时为跨平台设备提供核 API,意味着开发人员只需编写维护一套代码,就可以将该应用部署到不同平台的设备上,大大减少了开发和维护成本,当前 UWP 平台已经支持的设备有嵌入式单片机、移动终端、PC、xBox、Surface Hub 及 Hololens 等一切搭载 Windows 10 系统的设备。

7.2.2　人脸识别技术

人脸识别,又称人像识别,一般是借助图形传感器对人的面部图像进行采集或者直接分析含有人脸的图像(视频流)的数据信息,是一种基于人脸部生物特征信息进行分析的技术。

本章实例选择的人脸识别技术是由世纪互联运营的中国区 Microsoft Azure 提供的认知服务中的人脸 API。在推进人工智能普及化的进程中,微软公司的认知服务担任了重要的角色,它由视觉、语音、语言、知识及搜索五大类 API 组成,本实例使用的是视觉大类下的人脸 API。在绝大多数情况下,建立一个先进的机器学习模型需要巨大的时间、数据、计算投入和过硬的专业背景,而这成为大众软件开发者的拦路虎,而微软公司的认知服务简化了这一过程,让毫无机器学习背景的开发人员也可以在其应用中轻松添加语音、人脸识别等模块,为开发应用的想象力提供了无限可能。

在人脸 API 中,API 根据分析与应用分为人脸检测 API 和人脸识别 API。人脸检测 API 的主要功能是检测图像数据中的人脸并提供数据,返回的数据供人脸识别 API 使用,基于人脸检测 API 返回的数据,人脸识别 API 分为人脸验证、相似脸查找、人脸分组和人脸识别功能,具体可访问微软 Azure 的官网查看。

7.2.3　编程环境

Visual Studio 是一款交互式的开发环境,功能强大。利用 Visual Studio 可以查看和编辑众多语言代码,甚至可以在 Visual Studio 上开发和测试 Android、iOS、Windows、Web 和云应用程序。

开发人员既可以创建安卓应用,也可以编写基于 C++ 的游戏,同时 Visual Studio 提供的模板可以帮助开发者快速创建游戏、网站、桌面程序、移动应用和 Office 应用程序等,如图 7-3 所示为使用 Visual Studio 开发时创建应用的界面。对于苹果用户,微软公司同样为开发人员推出了适用于 macOS 的 Visual Studio,而对于 Linux 用户,可以使用 Visual Studio Code 搭配插件进行.NET core 的开发。

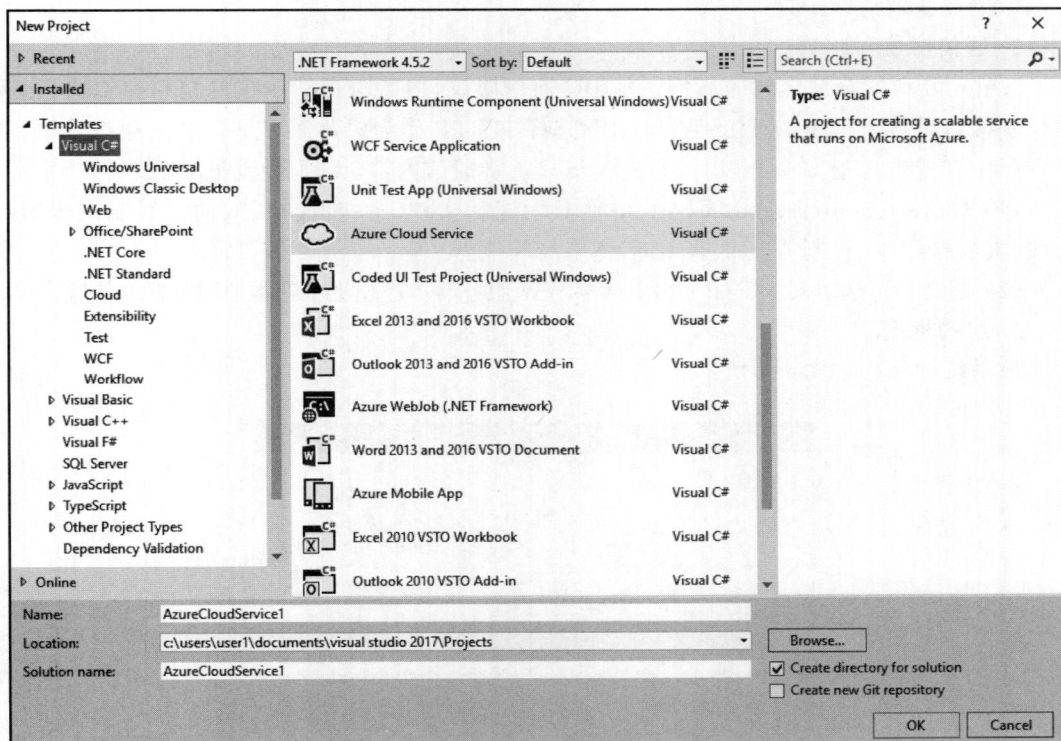

图 7-3　使用 Visual Studio 创建应用

当使用 Viusal Studio 时,可以方便地打开从其他地方获取的代码并开始工作,如从 Git、Visual Studio Team Services 等,只需下载后在 Visual Studio 中打开,就可以继续工作。

7.3　分模块设计

7.3.1　模块综述

1.系统结构

该应用程序是一个典型的物联网应用,所以采用物联网应用中的 4 层结构,即传感层、网络层、平台层及应用层。

(1) 传感层。考虑到智能家居系统涉及网络通信、图片识别、I/O 控制等复杂运算,所以只选择单片机是不够的。同时考虑到经济效益,通过市场比对和硬件性能分析,在传感层,选择 DHT11、光敏电阻、继电器等传感器,通过 Arduino 进行传感器数据采集和 I/O 控制,选择性价比较高的树莓派 3B+作为汇聚终端,向下与 Arduino 通信,同时获取图像传感器数据,向上与平台层通信。

（2）网络层。该系统基于以太网与平台层进行通信。

（3）平台层。选择微软公司的云平台 Microsoft Azure 提供人脸识别、跨平台消息通知等功能。

（4）应用层。通过平台层提供的服务支持,应用层用户可不受平台限制获得消息通知、控制家电及获取访客记录。

2. 通信协议

Arduino 和树莓派之间的通信选择 IIC 通信协议,树莓派通过 RJ-45 接口接以太网,人脸识别接口是典型的 RESTful Web API,选择 HTTP 作为树莓派与平台层的通信协议,在平台层中配置消息通知中心以后,开发人员只负责通信内容,无须考虑通信协议。

（1）IIC(inter-integrated circuit,俗称 I^2C)通信协议。一种简单、双向二线制同步串行总线,具有接线少、控制方式简单、通信速率高等优点。

（2）超文本传送协议 HTTP。用于从 WWW 服务器传送超文本到本地浏览器的传输协议。

3. 结构框图

该系统的结构如图 7-4 所示。

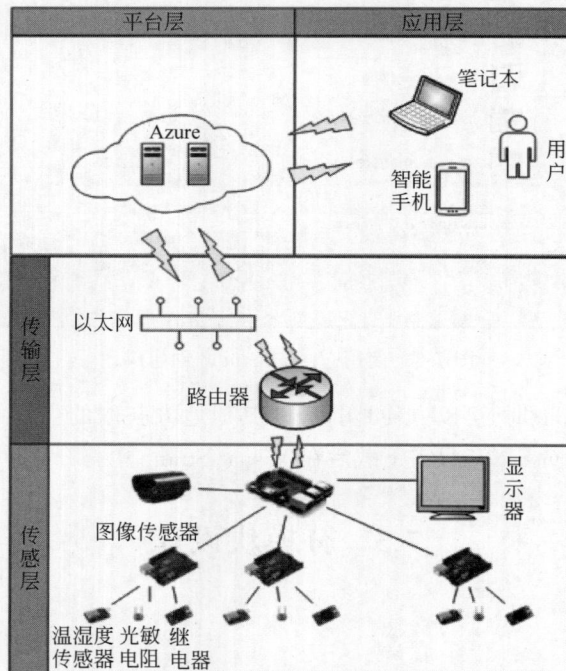

图 7-4　系统结构

7.3.2　硬件系统结构设计

首先需要明确系统所对应的硬件设备结构,假设有 N 个房间需要控制与监测,则在每个房间内由一个 Arduino 与多个传感器组成物联网结点，而树莓派作为汇聚结点，通过 IIC 协议采集各结点传来的数据以及向各结点发送命令。如图 7-5 描述了树莓派与 Arduino 的总体结构。

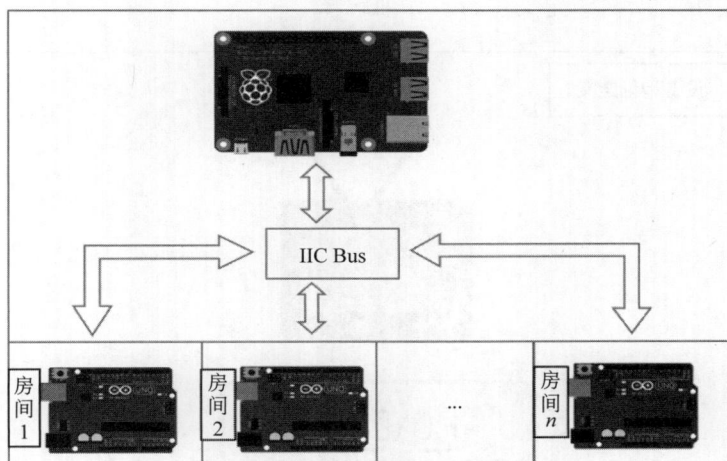

图 7-5　总体设备结构

考虑到每个房间内的系统结构，Arduino 负责控制设备与读取传感器数据，而树莓派则会周期性地请求 Arduino 收集的传感器数据。图 7-6 描述了单一房间内的结构。

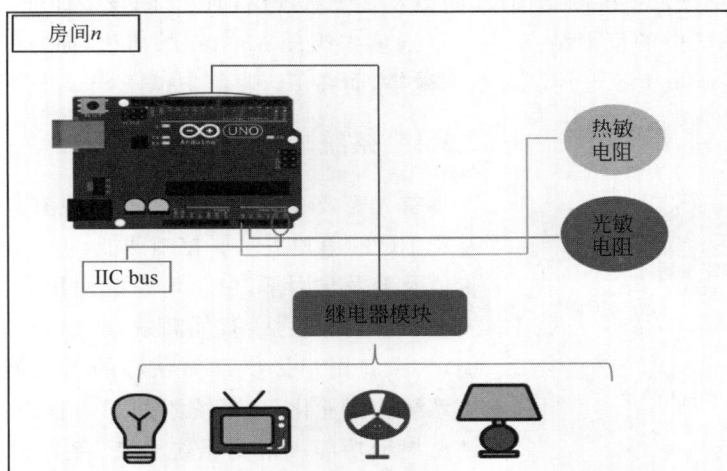

图 7-6　详细结构图

每个房间会拥有多个可控制家电，如灯、电视、风扇等，光敏电阻放置在窗边用来获取光照强度，热敏电阻搭配红外热释传感器用来监测室内是否有人，类似的可以在继电器模块添加可控制家电，以及在 Arduino 的模拟端口添加模拟量传感器来进一步拓展监测内容。

7.3.3　IIC 协议通信设计

完成系统的结构设计后，现在考虑最重要的部分——如何定义设备？即如何做到精确控制，确保命令准确访问对应设备。考虑 IIC 协议的组成，Master 设备与 Slaver 设备通信完全基于 Slaver 设备的地址进行通信,基于 7.3.2 节的结构化设计,选择房间号加设备号的方式来组成设备地址,举例如下。

假设房间 1 有 3 个设备:A、B 和 C,那么这 3 个设备地址可以定义如下:R0\Dev0、R0\Dev1、R0\Dev2。图 7-7 对该定义进行了详细解释。

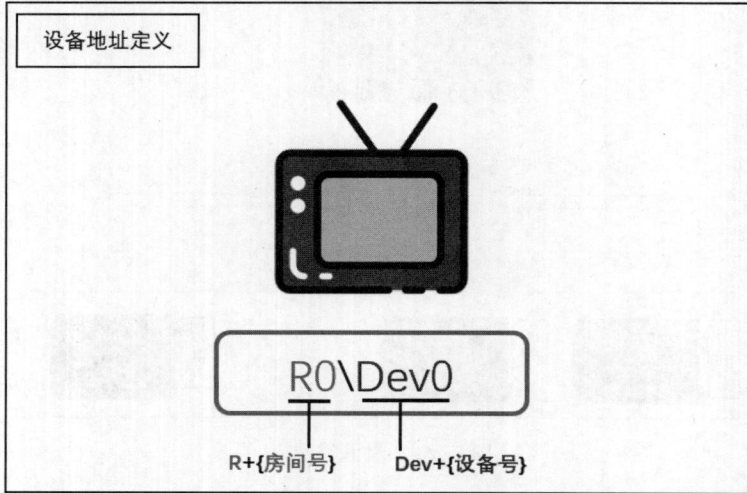

图 7-7　设备地址

至此,已经完成了系统的结构设计,以及基于系统结构设计的设备地址,正如设计的,树莓派将作为该系统中的汇聚结点,在 IIC 通信中担任 Master 的角色,而每间屋子将拥有属于自己的 Arduino 负责家电控制及数据采集,而在 IIC 通信中担任 Slaver 的角色。

7.3.4　系统功能模块设计

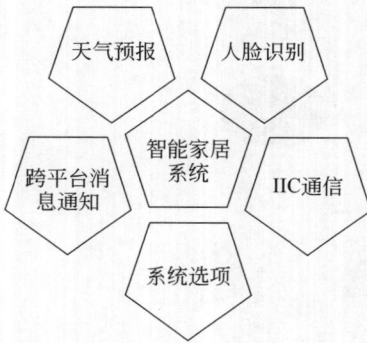

图 7-8　系统的整体功能框架

首先需要考虑设计的功能模块有人脸识别功能和基于 IIC 的单片机从属控制功能,再考虑该系统的实用价值及普及化因素,由于该系统使用者多为家庭用户,要求系统贴近生活、智能高效,所以添加了天气预报功能,为家庭用户提供准时贴心的天气预报。为了凸显该系统的智能化,该系统添加了语音朗读功能、跨平台消息提示功能。根据系统分析,系统的整体功能框架如图 7-8 所示。

7.4　系统开发与实现

本节正式开始环境搭建及系统开发,为了方便交互及成本控制,本系统与用户进行的交互平台选择树莓派与显示器的组合。为了良好的交互体验,系统开发流程选择以界面框架设计开始,具体原因是结合系统功能以及站在用户角度进行系统开发,遵循用户使用习惯,使开发有理有序。

7.4.1　界面框架设计

首先需要明确,UWP 应用是以 Frame 的结构启动,通过 Page 实例进行不同页面的导航。可以认为 UWP 应用的 UI 是所有 Page 的集合,可自己定义下一步去哪一个 Page 及不同 Page 之间的关系,当应用的功能随着系统的完善逐渐增多时,应用的界面也随之增加,所以需要设计一种交互性强的页面 UI,以便用户更加直观简单地操作与使用该系统。

对此选择一个通用的结构来管理这些页面,使用户可以轻松地在应用程序的页面之间导航,界面需要的 UI 元素如下。

(1)导航元素。帮助用户选择目标页面。

(2)命令元素。提供一些基础操作如保存、分享等。

(3)内容元素。用来展示内容。

结合分析,该应用的界面框架如图 7-9 所示。

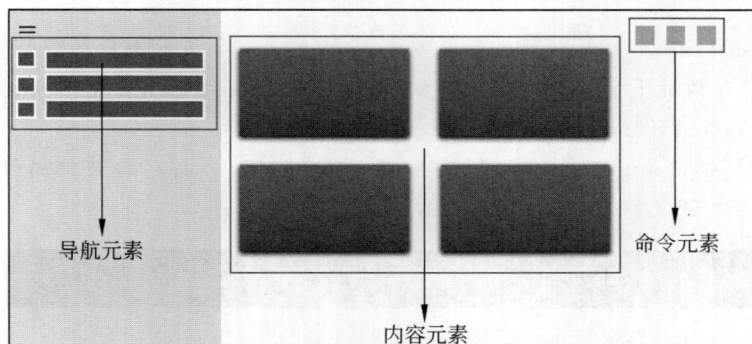

图 7-9　界面框架

完成系统的界面结构设计以后,现在需要设计一个页面导航的逻辑结构及对应的框架。

首先程序进入主界面,以主界面左侧的菜单作为媒介,连接待机、天气、房间、人脸识别和设置 5 个界面,而在设置界面,由于不同功能需要更加详细的设置界面,所以添加了一个页面支持返回上一级的功能,来进行房间属性设置保存,这样增加了交互界面的深度,具体导航框架如图 7-10 所示。

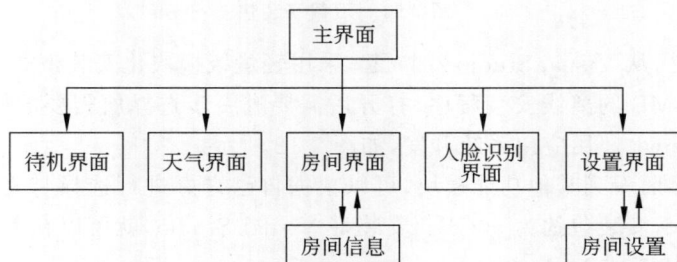

图 7-10　系统界面导航框架

7.4.2　开发环境搭建与创建应用

通过 7.4.1 节的应用界面框架设计,关于系统的界面及导航设计基本完成。从本节开始,将进行开发环境的搭建及创建应用。

使用 C♯ 作为开发语言,Visual Studio 作为开发环境以后,需要确定系统硬件配置是否满足开发需求,前往官网可阅读 Visual Studio 的最低系统与硬件要求,开发配置如表 7-1 所示。

表 7-1　硬件配置

设备规格	处理器	Intel(R)Core i5-8250 CPU @1.60GHz
	RAM	8.00GB(7.68GB 可用)
	系统类型	64 位操作系统,基于 x64 的处理器
Windows 规格	版本	Windows 10 专业版
	版本号	1803
	操作系统版本	17134.1

在符合 Visual Studio 运行环境的最低要求下,首先需要下载开发环境安装包,前往 Visual Studio 的中文官方网址下载页面 https://www.visualstudio.com/zh-hans/downloads/,将会看到多个版本的 Visual Studio。

选择免费社区(community)版,单击"免费下载"按钮,页面将跳转到另外一个页面,浏览器会提示是否下载文件。如图 7-11 所示,选择保存即可。

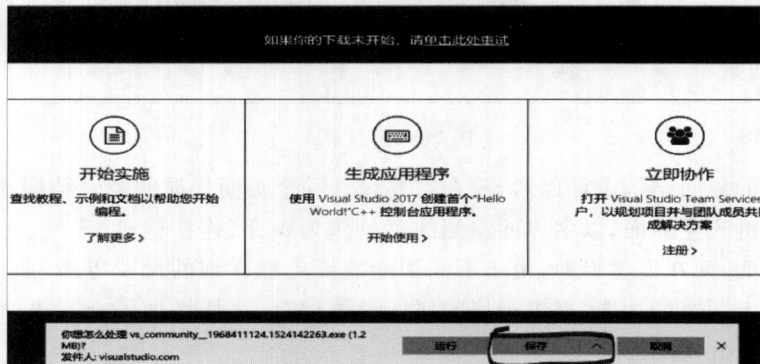

图 7-11　下载安装包

值得注意的是,从 Visual Studio 2017 起,采用轻量级模块化安装模式,上一步下载后得到的只是一个 1.2MB 的离线安装程序,打开后需要进一步选择所需要的模块进行安装,这里首先选择 Windows 通用应用系统开发,如图 7-12 所示。

可以在安装界面看到其他功能模块,可以根据自己喜好进行选择与安装。选择与本系统相关的功能模块,安装包约为 50GB。安装好 Visual Studio,就可以在系统的开始菜单中看到安装成功的 Visual Studio。

运行 Visual Studio,主界面如图 7-13 所示,选中 File|New|Project 菜单选项,进入创建页面,如图 7-14 所示,在左栏选中 Installed|Visual C♯|Windows Universal 菜单选项,在中间的分类中选中 Blank App,在下面的输入框内确定应用名称和存储位置,单击 OK 按钮,进入开发环境。

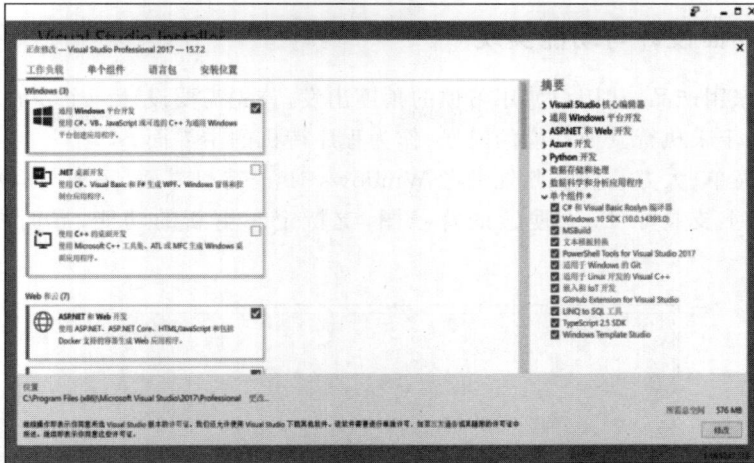

图 7-12　安装 Visual Studio

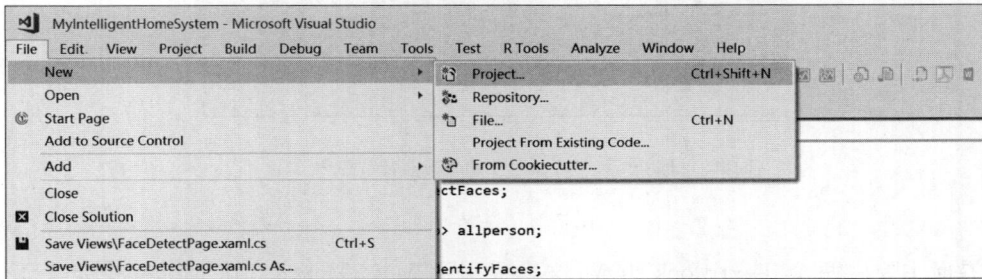

图 7-13　使用 Visual Studio 创建应用

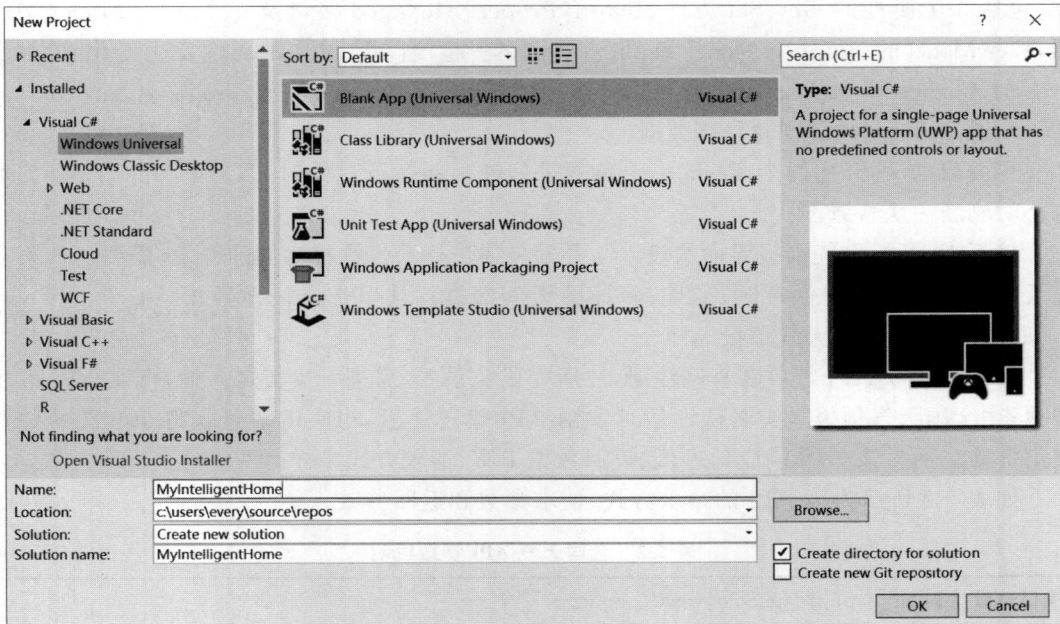

图 7-14　使用 Visual Studio 新建项目

7.4.3 系统界面设计与功能实现

作为一款家用产品,从用户使用习惯的角度出发,首先需要设计一个界面用来显示时间和日期,同时用于未执行其他功能的时候,作为程序待机的主界面。

该界面要简单、大方、直观,此处参考 Windows 10 的待机界面,采取与其相同的界面设计,同时在背景上支持了 Bing 搜索的背景图,支持定时更新的功能,界面设计如图 7-15所示。

16:23

5 月 29 号 Sunday

时间、日期显示　　　　　　Bing搜索背景图

图 7-15　主界面 UI

界面主要由两个 TextBlock 组成,这里采用了 MVVM 框架,在 Model 中定义了一个 SystemTime 类,包含 date、now 和 week 这 3 个属性,在 ViewModel 中,定义了该类的访问器,包括 3 个属性的 Get、Set 方法、INotifyPropertyChanged 接口及一个 ViewModel 构造器,ViewModel 的功能是将 Model 和 View 绑定在一起,当 Model 中的属性发生变化(会触发 PropertyChangedEventHandler 委托的 PropertyChanged 事件,只需重写 PropertyChanged 方法即可),通知 View 动态刷新局部数据。

界面启动后,开启两个 Task,一个负责每分钟刷新一下界面时间,另外一个 Task 负责每小时刷新一次背景图。

接下来,开始天气预报界面的设计与开发。要进行天气预报功能的开发,需要加入第三方天气预报 API 来提供实时、准确、多样的天气数据。这里选择极速数据(https://www.jisuapi.com/)提供的天气预报 API。

首次使用该 API 需要在官网注册,注册完成登录后,需进一步实名认证,再在 API 市场中搜索"全国天气预报",实名认证后可收到 API 赠送优惠,初次申请可获得 100 次的免费使用资格。而且该 API 响应延迟低、返回数据丰富、请求方式多样。

如表 7-2 所示为该 API 的请求方式、请求参数和返回参数。

表 7-2　全国天气 API 参数说明

接口地址	http://api.jisuapi.com/weather/query
支持格式	JSON、JSONP

请求方法	GET POST				
请求示例	http://api.jisuapi.com/weather/query?appkey＝yourappkey&city＝安顺				
请求参数	名称	city	cityid	citycode	location	IP
	类型	string	int	string	string	string
	必填	否	否	否	否	否
	说明	城市	城市 ID	城市天气代号	经纬度,纬度在前,用","分隔	IP
返回参数	名称	date	week	weather	temp	…
	类型	string	string	string	string	…
	说明	日期	星期	天气	气温	…

应用启动,进入天气预报界面后,应用首先会检查网络连接,对于网络异常导致的不同情况应及时反馈给用户,确认网络正常后再访问 API,使用异步方法等待接收 API 的反馈,将返回信息做出解析,将返回信息反序列化成之前根据 API 的返回格式定义好的类,以方便数据的使用,再调用 UI 线程进行页面刷新,显示数据。

天气预报界面程序流程如图 7-16 所示。

考虑到部分代码实现的功能将会在其他页面同样被调用,为减少冗余代码,使代码看起来直观明了,将部分功能封装到文件夹 Helpers 中,如图 7-17 所示。

值得一提的是,该系统采用了 MVVM(Model-View-View Model)的系统设计框架,将所有的 Layout 页面整合到了 Views 文件中,将使用的对象和类整合到了 Models 文件夹中,而用来连接 Model(类、包括数据抽象成类属性)与 View(页面、包括页面其他元素)的黏合剂即 ViewModel 文件夹中封装了所有用到的方法,后文将不再对此赘述。

根据系统流程图,当应用程序进入天气页面时,首先检查网络连接,从检查设备网络适配器开始,到网络访问是否正常,将不同情况的错误信息以窗口的形式告知用户,以方便用户根据提示消息准确排查网络问题。

进行网络连接检查时,直接调用已经封装好的 MyNetHelper 类下的 IsNetAdapterWork 方法和 IsNetConnected 方法,这两个方法返回值的类型均为 bool 类型,通过关键字 Static 将两个方法定义为全局方法,使方法的调用更加简单,同时减少了实例化带来的内存开销。具体实现代码如图 7-18 所示。

完成设备网络连接状态诊断以后,在访问全国天气 API 之前,还需要两个参数,即设备的物理地址(经度和纬度)。实例化 Geolocator 类,通过 Geolocator 类的 GetGeopositionAsync 方法返回一个 Geoposition 类,而在 Geoposition 的属性中将包含设备的经度和纬度,如图 7-19 所示。其具体实现原理是在网络访问正常的状态下,通过本机 IP 地址计算出设备的经度和纬度的模糊值,会存在一定的误差,但对于使用全国天气 API 来说不存在影响。

通过 Geoposition 类返回的对象 geoposition,可以通过该对象的属性获取得到当前设备所在的经度和纬度,随后将作为参数代入下一步的 API 访问中。

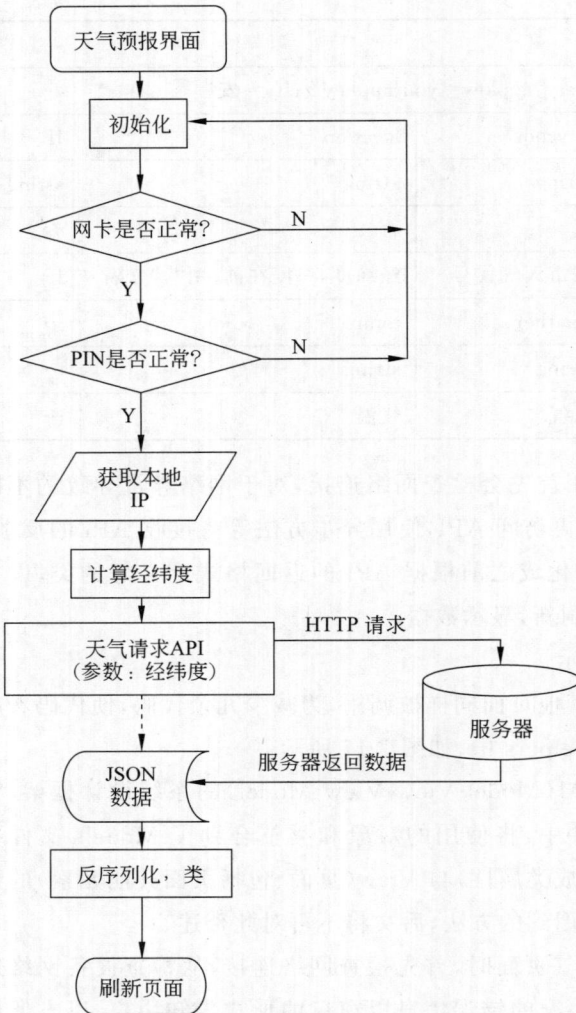

图 7-16 天气预报界面程序流程

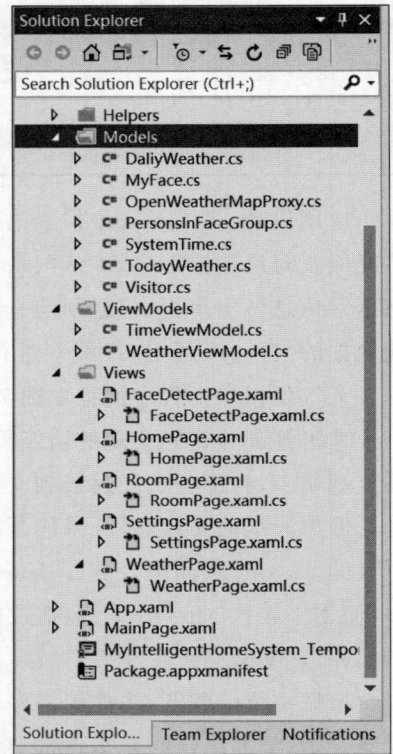

图 7-17 项目文件结构

```csharp
public class MyWeatherHelper
{
    2 references
    public async static Task<WeatherRootObject> GetWeatherRootObjectAsync(string apikey,double lat,double
    {
        HttpClient getWeaher = new HttpClient();
        var responce = await getWeaher.GetAsync($"http://api.jisuapi.com/weather/query?appkey={apikey}&lo

            var result = await responce.Content.ReadAsStringAsync();
            return await Myjson.ToObjectAsync<WeatherRootObject>(result);
    }
}
```

图 7-18 获取天气数据

```
1 reference
public class MyGeopositionHelper
{
    1 reference
    public static  async Task<Geoposition> GetGeopositionasync()
    {
        Geolocator mygeolocator = new Geolocator();
        Geoposition geoposition = await mygeolocator.GetGeopositionAsync(); //6,467ms
        return geoposition;
    }
}
```

图 7-19 获取地理位置

获取设备的地理位置后，程序在下一步调用了 MyWeatherHelper 下的 GetWeatherRootObjectAsync 方法，同时将 APIkey、经度和纬度作为参数传入，在方法体内部，实例化一个 HttpClient 类，调用 HttpClient 的 GetAsync 方法，同时将合并了 APIkey、经度和纬度三个参数的 API 访问字符串作为参数传给 GetAsync，实例化一个 HttpResponse 类获取服务返回的数据，然后从服务器返回的数据中以字符串的格式提取内容，这时，将获得 string 类型的 JSON 数据，紧接着需要将 JSON 数据解析出来，通过添加第三方类库 newtonsoft.json，为方便调用，将引用类库中 JsonConvert 类下的序列化和反序列化方法进行了封装，如图 7-20 所示。

```
public class Myjson
{
    4 references
    public static async Task<T> ToObjectAsync<T>(string value)
    {
        return await Task.Run<T>(() =>
        {
            return JsonConvert.DeserializeObject<T>(value);
        });
    }

    0 references
    public static async Task<string> StringifyAsync(object value)
    {
        return await Task.Run<string>(() =>
        {
            return JsonConvert.SerializeObject(value);
        });
    }
}
```

图 7-20 封装序列化和反序列化方法

对于方法 ToObjectAsync，做一个简单说明，static 关键字将该方法定义为全局，使得在调用方法时省掉实例化的过程，Task<T> 和 async 表示该方法是一个异步任务，返回值类型为 T，在调用时，参数 T 为目标类。

通过调用反序列化方法，实现了将 JSON 数据向类的转化，通过类可以简单直接地进行数据操作。

根据系统运行流程，将 API 返回数据的反序列化，得到天气数据，这时考虑该页面数据的显示方式。根据天气 API 返回的数据内容，考虑可能需要的数据有地点、实时温度、当日最高最低温度、空气质量等，还需要一个列表来显示未来几日的天气，界面设计如图 7-21 所示。

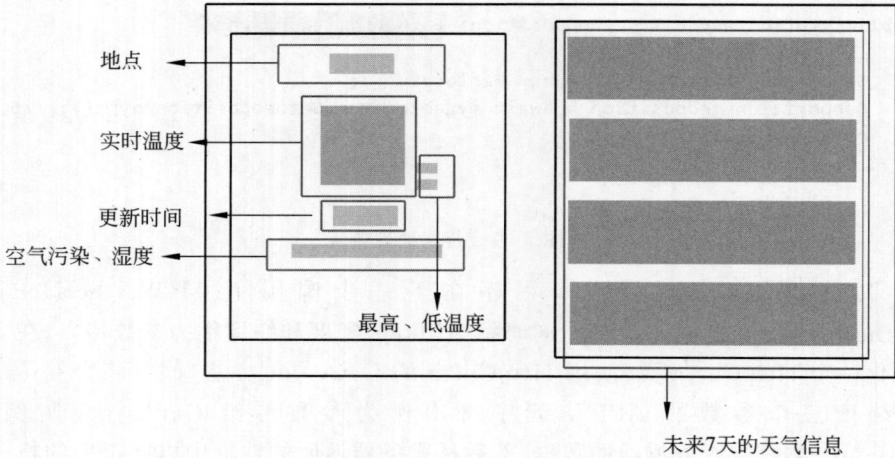

图 7-21　天气预报界面

界面设计用到了 XAML 语言，将 Page 界面分成了左右两个 Grid，通过在各 Grid 中进行元素控制。在左边 Grid 中，以 TextBloct 元素居多，用来显示文本，在右边的 Grid 中，以一个 ListView 元素用来显示未来 7 天的天气信息（而该信息以一个集合的方式进行存储），各 UI 元素中的内容皆通过数据绑定的方法与所用的类的属性绑定，当类的属性值触发 INotifyPropertyChanged 事件时，应用 UI 界面中对应元素的内容也发生局部刷新，效果类似于 Ajax 技术。

至此，天气预报界面设计完成，紧接着开始人脸识别界面与功能的实现。

该功能的假想场景是，当来访者按下门铃，屋外的图像传感器采集访客脸部图像，再通过访问云服务进行评测，判断访客的身份信息，是家庭成员、朋友还是陌生人，对于不同的身份级别采取不同测试，及时通知离家的主人。

本系统的人脸识别功能基于 Microsoft Azure 云服务提供的认知服务，可以在 Microsoft Azure 中国区官网中单击右上角的"登录"按钮。如果没有微软账号，则需要注册微软账号，可以通过手机来简化注册步骤，完成信息填选，通过支付宝认证以及完成微软账号注册后，将获得一个"1 元"免费使用资格，这样就可以用刚刚注册完成的账号享受 Microsoft Azure 云服务提供的各种服务了，这里可以免费试用所有服务一个月，一个月后，如果继续使用当前服务，只需续订业务即可，不用担心数据迁移等问题。

首先登录账号，进入主页，选中"创建资源"|"数据分析"|"认知服务"菜单选项，如图 7-22 所示。在输入 Name、Subscribe、API type、Resource group Location 等配置参数以后，单击"创建"按钮，稍等片刻，便可在仪表盘中看到已经创建好的认知服务了，如图 7-23 所示。

完成认知服务的创建以后，便可得到 API 访问中关键参数 subscribe Key，下一步前往相应页面详细阅读到人脸识别 API 的参考文档。

通过仔细阅读 API 文档，了解到要实现人脸识别功能的具体步骤如下。

（1）创建 PersonGroup（如组名家庭，表示该组用来存放家庭成员）。

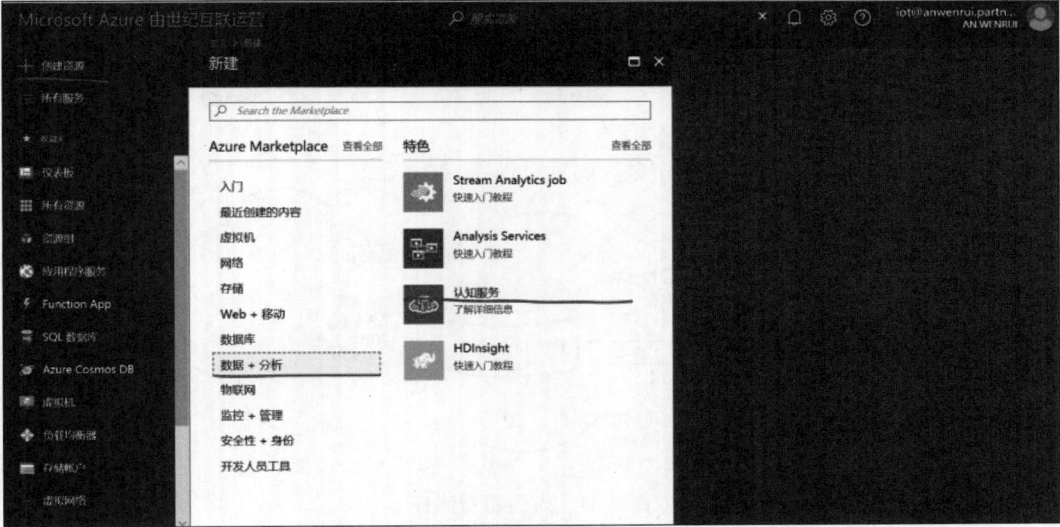

图 7-22　在 Azure 创建认知服务

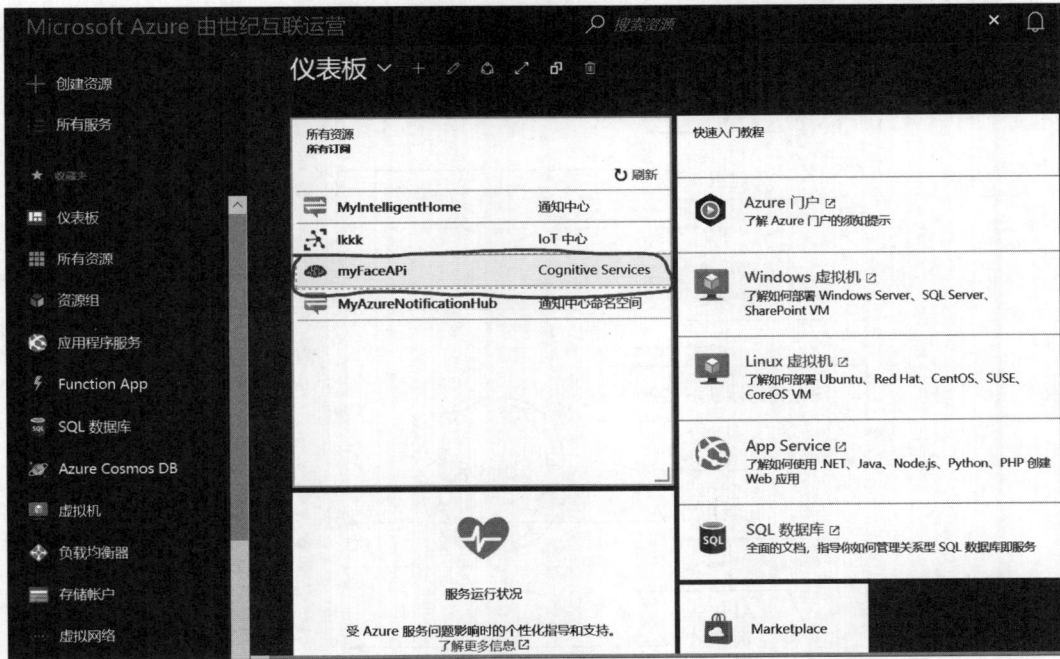

图 7-23　在 Azure 创建认知服务

（2）在已创建的 PersonGroup 中创建 PersonGroup Person 库（即家庭中某人的库，如父亲，该库用来存储该成员的所有图片）。

（3）训练。对于家庭组的父亲库，进行训练算法，得到 Succeeded 标志以后，即表明该集合可以作为人脸识别的匹配库来进行识别。

（4）识别。提供一张待识别的图片，通过比对返回可能组（如家庭）及置信值（0～1，一般取 0.5 为参考值）。

具体流程如图 7-24 所示。

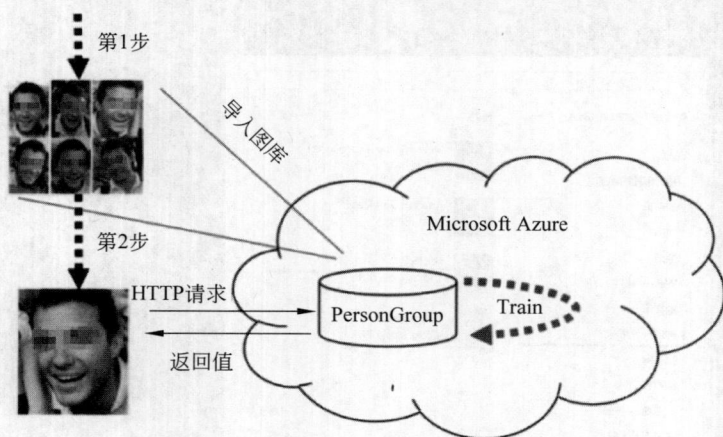

图 7-24　人脸识别流程

通过上述分析，人脸识别功能分为两部分，第一部分创建人像图库；第二部分人脸识别。具体流程分别如图 7-25 和图 7-26 所示。

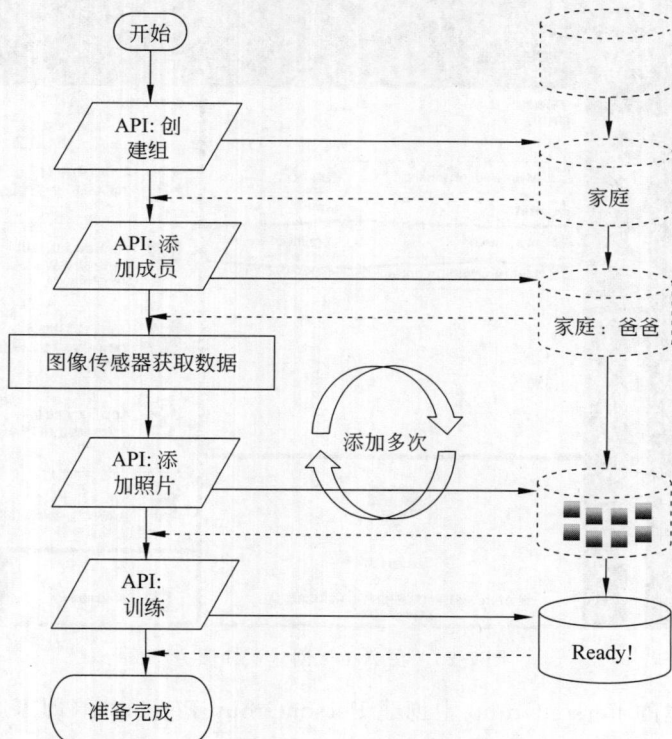

图 7-25　创建成员图库

创建人像图库的流程为：首先在云服务器中创建一个组，其次在组中添加组成员，完成成员添加以后，向服务器中添加成员的图像，完成添加成员图像以后，向云服务提出训练请求，鉴于图像的大小、数量及清晰度，加上训练所需时间也不固定，在得到训练完成的信息以

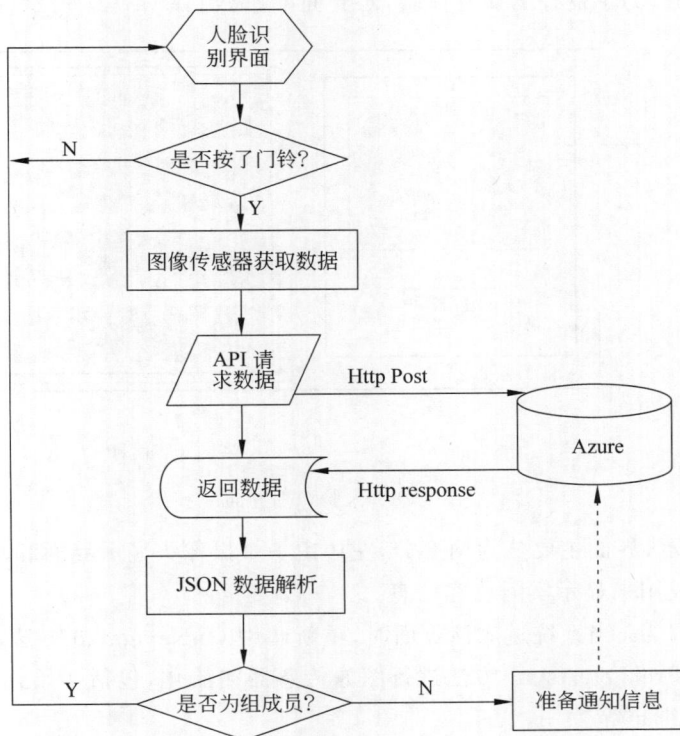

图 7-26　人脸识别

后,说明成员图库已经准备完成。

接下来开始程序代码的实现,根据应用场景的需求,将第一部分的实现单独写了一个程序,以此将两部分功能分开,这也符合实际场景,不能让访客在访问期间可以访问第一部分程序界面。第一部分程序界面如图 7-27 所示。

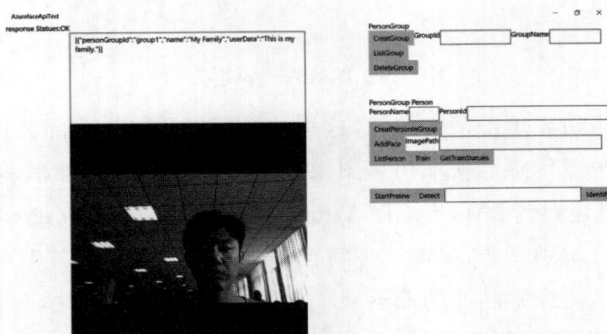

图 7-27　创建人员图库界面

如图 7-27 所示,界面主要分为显示和操作两部分,右边显示部分,自上而下分别为 Text block 、Text box、Capture Element,分别用来显示服务器返回状态、返回信息和预览摄像头;而界面右侧,自上而下,由多个 Button 与 Text Box 组成,用来执行创建组、添加组成员等信息的操作。

对于第二部分,为了良好的交互体验,对界面 UI 做出如图 7-28 所示的设计。

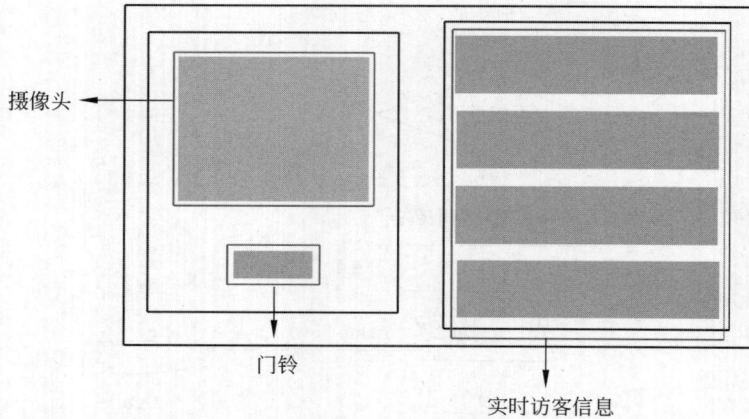

摄像头

门铃

实时访客信息

图 7-28　人脸识别界面

如图 7-28 所示,界面主要分为两部分,左边由一个摄像头显示界面和一个按钮组成,右边由一个列表组成用来显示实时访客信息。

具体实现流程为:当系统进入该页面时,重新调用 OnNavigated 方法,如图 7-29 所示。在其中调用 StartPreViewAsync 方法进行图像传感器初始化,包括初始化图像传感器的访问权限、视频流的绑定等。

```
1 reference
protected async override void OnNavigatedTo(NavigationEventArgs e)
{
    myFaceDetectMediaElement.AutoPlay = false;
    await StartPreViewAsync();
    await ListAllPersonInGroup();
    base.OnNavigatedTo(e);
    myFaceDetectMediaElement.AutoPlay = true;
}
```

图 7-29　加载人脸识别界面

初始化完成后,当访客单击门铃按钮,这里的界面主要分为两部分:图像检测和人员判断。首先,程序通过图像传感器获取访客图像,保存为本地文件,然后将图像文件转换为字节文件与 API 一同打包,访问 Microsoft Azure 的图像检测接口,Microsoft Azure 收到图像字节流以后,通过人脸识别算法,提取图像特征并将其生成一个图片 ID 打包返回,至此便完成了图像检测的任务,图像检测的功能返回了拍摄图像的具体属性,包括人脸个数、人脸特征值等。接下来程序在确认收到图片 ID 以后,将其继续打包访问 Microsoft Azure 的成员检测接口,Microsoft Azure 会通过图片 ID 提取特征值,通过比对算法,判断该图像中的人是否属于已有组的成员,并返回一个可能组和置信值以供参考。

最后在得到人员信息以后,对于不同属性的访客提供不同的操作,同时记录访客信息,展示在右侧的列表中。最终效果如图 7-30 所示。

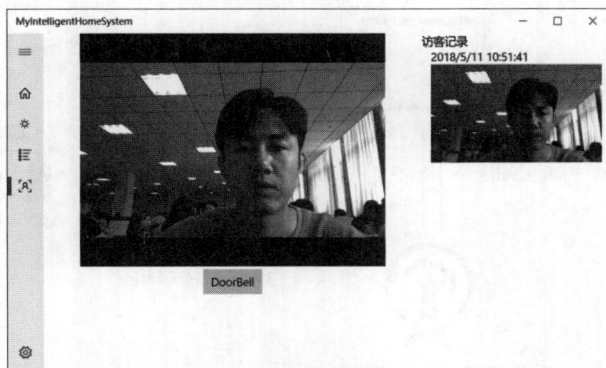

图 7-30 人脸识别界面

7.4.4 跨平台消息通知功能设计与实现

完成人脸识别以后，系统就需要将消息通知给用户了，这里存在的问题是，当用户不在家时，可能使用的设备形态有多种，如计算机、手机、平板等，可能的系统平台有安卓、Windows 和 iOS 等，如何才能做到及时推送消息至用户呢？

针对这个问题微软已经提供了完善的解决方案和平台——Microsoft Azure 的通知中心服务（notification hub）。

什么是通知中心呢？能够经常在手机或平板上看到的各种应用发来的通知，在 Windows 商店应用和 Windows Phone 应用中，事件的发生通常以 Toast 或 Tile 的形式在开始界面上显示，告知用户值得留意的事情，类似于安卓和苹果设备的消息通知，通常显示在屏幕上方的界面。

通知中心的作用往往是在应用未启动的情况下，向用户展示或通知一些新数据内容。

通知中心基于平台消息通知系统（platform notification systems，PNS），当需要向Windows 商店应用发送通知时，需要将服务与 Windows 推送通知服务（Windows notification service，WNS）绑定，同样，如果需要向苹果设备发送通知消息，需要将服务与苹果推送通知服务（Apple push notification service，APNS）绑定，然后发送消息即可。

通常情况下，所有的平台通知系统都遵循类似的结构，如图 7-31 所示。客户端应用联系 PNS 激活自身的 handle，不同的系统其自身的 handle 也不同，对于 WNS，handle 可能是一个 URI 或 notification 渠道，而对于苹果系统来说，handle 是个 token。客户端应用将handle 存储，对于 WNS 来说，后台是一个典型的云服务，而在苹果系统中被称为 provider。当要发送通知时，应用后台通过 handle 联系 PNS 向明确的客户端应用投递消息，到时，PNS 通过 handle 向明确的设备发送消息。

实现这样的结构相当复杂，例如，对于不同的平台，需要对后端多个接口编码，而且通知形式与具体平台有关，平台差异性导致了复杂且难以维护的后端代码。

而使用 notification hub，不必考虑其复杂的后端代码维护，只需负责将客户端应用通过handle 注册，后端负责向用户发送与平台无关的消息即可，如图 7-32 所示。

第 1 步，准备客户端应用，首先在 Windows 应用商店中创建应用，在输入应用名称以后，保存即可，随后便可在仪表盘中看到已经注册好的应用，如图 7-33 所示。

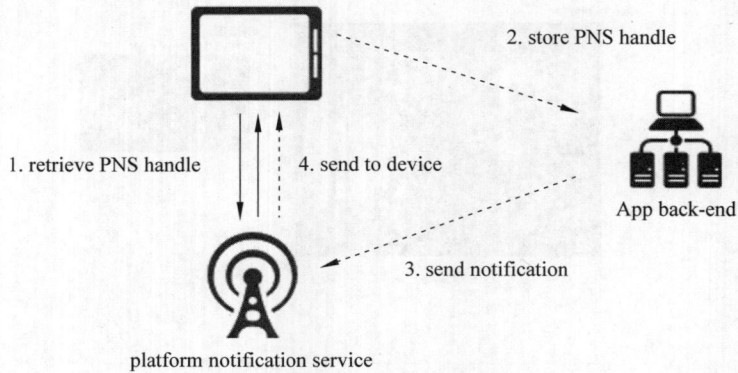

图 7-31　跨平台消息通知的通用结构

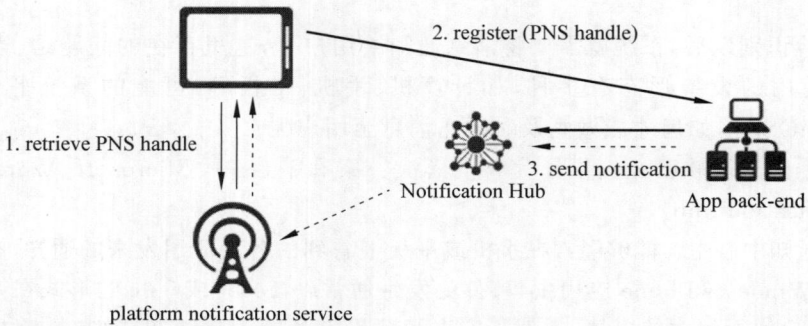

图 7-32　微软跨平台消息通知结构

图 7-33　在微软应用商店创建应用

在仪表盘左侧选中"产品"|"应用名称"|"应用管理"|"WNS/MPNS"菜单选项,页面跳转到如图 7-34 所示的界面。

单击"Live 服务站点",进入应用详细页面,在这个页面将获取最重要的两个关键字程序包 Sid 和应用程序密码,这两个关键字将用于后面配置消息通知中心。

第 2 步,创建通知中心,前往 www.azure.cn,选中"创建资源"|"Web＋移动"|"通知中心"选项,输入必要内容和选项以后,单击"创建"按钮,如图 7-35 所示。便是已经创建好的

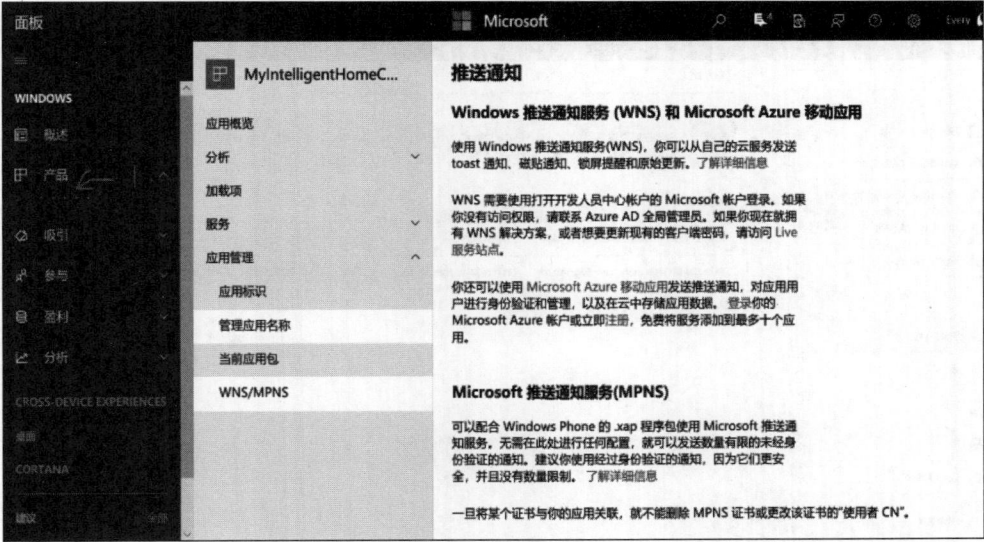

图 7-34　为应用添加 WPS 服务

资源库，单击 MyIntelligentHome 按钮，进入资源界面，在左侧通知中心配置中单击 WNS 按钮，然后会看到熟悉的两个关键字程序包 Sid 和应用程序密码，也就是之前创建应用时产生的两个关键字段，将其输入，单击"保存"按钮即可。

图 7-35　创建认知服务资源

至此，消息通知中心配置完成。

接着，选中"访问策略"选项，保存两条连接字符串，在接下来的推送通知时需要它们。操作界面如图 7-36 所示。

第 3 步，创建客户端应用，这里与之前创建 Windows 通用平台应用相似，不再赘述，在完成应用创建以后，在"管理 Nuget 包"中添加 Microsoft.Azure.NotificationHubs 包，在应用的 App.xaml.cs 文件中添加如下引用：

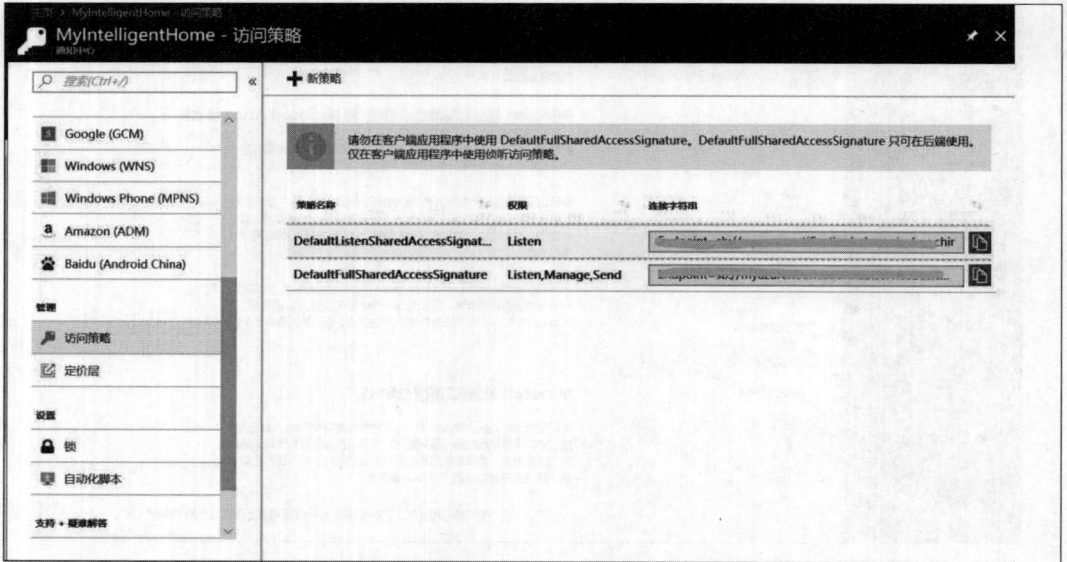

图 7-36　获取通知中心访问字段

```
using Windows.Networking.PushNotifications;
using Microsoft.WindowsAzure.Messaging;
using Windows.UI.Popups;
```

添加 InitNotificationAsync 方法，如图 7-37 所示，这个方法用来在启动应用时将设备及应用注册到通知中心，也就是前文跨平台消息通知结构中的激活 handle。

```
private async void InitNotificationsAsync()
{
    var channel = await PushNotificationChannelManager.CreatePushNotificationChannelForApplicationAsync();
    var hub = NotificationHubClient.CreateClientFromConnectionString("Endpoint=sb://myazurenotificationhub.servicebus.china
    var reg = new WindowsRegistrationDescription(channel.Uri);
    var result = await hub.CreateRegistrationAsync(reg);

    // Displays the registration ID so you know it was successful
    if (result.RegistrationId != null)
    {
        var dialog = new MessageDialog("Registration successful: " + result.RegistrationId);
        dialog.Commands.Add(new UICommand("OK"));
        await dialog.ShowAsync();
    }
}
```

图 7-37　客户端应用注册通知中心

将该方法添加至应用启动的 OnLaunched 方法中即可，启动应用便可看到对话框消息提示应用成功注册通知中心。

完成客户端应用注册通知中心，需在人脸识别功能的流程中加入消息通知方法，在系统发生人脸识别的事件时，向客户端程序发送消息通知。

把访客的图片、姓名及类别发送过去，设计消息通知界面如图 7-38 所示。

通过 XML 文件格式完成该推送消息 UI 的实现，发送时将 XML 文件转换为 string 类型传入 SendWindowsNativeNotificationAsync 方法，通过该方法将消息推送出去。

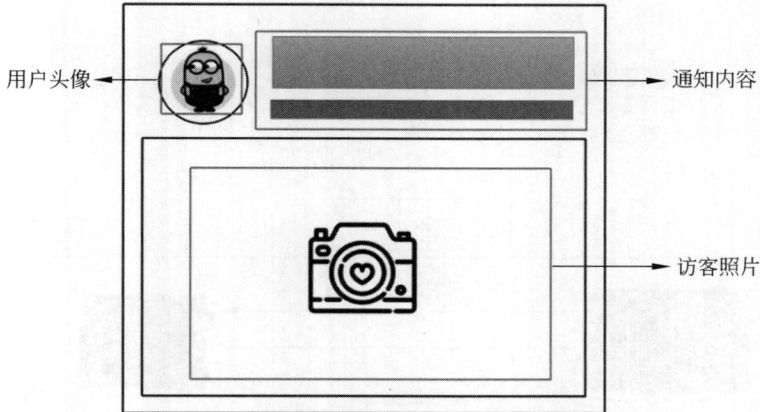

用户头像

通知内容

访客照片

图 7-38　消息推送 UI

7.4.5　基于 IIC 协议的通信控制功能设计与实现

本节将着重讨论以树莓派为上位机,Arduino 为下位机实现两者之间通信功能。

在物联网大背景下,通信技术可谓百家争鸣、百花齐放。因通信介质的不同,通信技术暂且可以分为有线通信和无线通信,有线通信有 ETH(以太网)、M-Bus、PLC、USB、RS-485/232、IIC 等,无线通信有 WiFi、蓝牙、ZigBee、Z-wave、NB-IoT、GPRS、3G、LTE(eLTE)、Sigfox、LoRa 等。

首先,回到开始即设计该系统的最初目的,初衷是设计一款适用于家庭的智能家居系统,适用环境是家庭住宅。

住宅中有微波炉等电器会对无线通信造成干扰,且住房结构设计中墙体较厚,这对无线通信的穿透能力有较高要求,各种因素加重了无线通信的不可靠性,使高速率、穿透能力差的 WiFi 无用武之地。考虑上、下位机之间的通信对于通信速率要求不高,虽可以考虑 ZigBee、Z-wave 或 NB-IoT 等低速率、高覆盖的无线通信技术,但是 ZigBee 产品太灵活,各厂家之间兼容性差,而 Z-wave 虽然是智能家居龙头企业使用的标准协议,但其标准不开放,NB-IoT 解决了前两者的缺点,但是对于一个家用产品,将通信建设在基于移动运营商又显得麻烦,因此,无线通信技术并不适用于该场景。而在有线通信中,USB、RS-232 这种一对一的通信结构,使其并不适用于该课题一对多的通信场景,而 M-Bus、RS-485 这种适用于大规模企业级通信方式的技术,用于此场景,会大材小用,最终选择使用 IIC 来作为上、下位机之间通信交互的基础。

上位机树莓派与下位机 Arduino 的通信不外乎 3 种情况:获取传感器的值、获取设备状态、发送 I/O 控制信号。两者通信过程如下。

(1) master(树莓派)向目标地址 0x40 的 slaver(Arduino)发送请求命令。

(2) 收到请求命令的 slaver(Arduino)根据命令内容确定执行动作,返回数据。

(3) master(树莓派)收到数据,处理数据。

具体协议如图 7-39 所示。

需要封装一个 I2CHelper 类,将通信过程封装成一个方法来方便调用。

然后考虑方法参数,首先需要定义一个枚举来存储上述 3 种状态,其次需要传入目标设

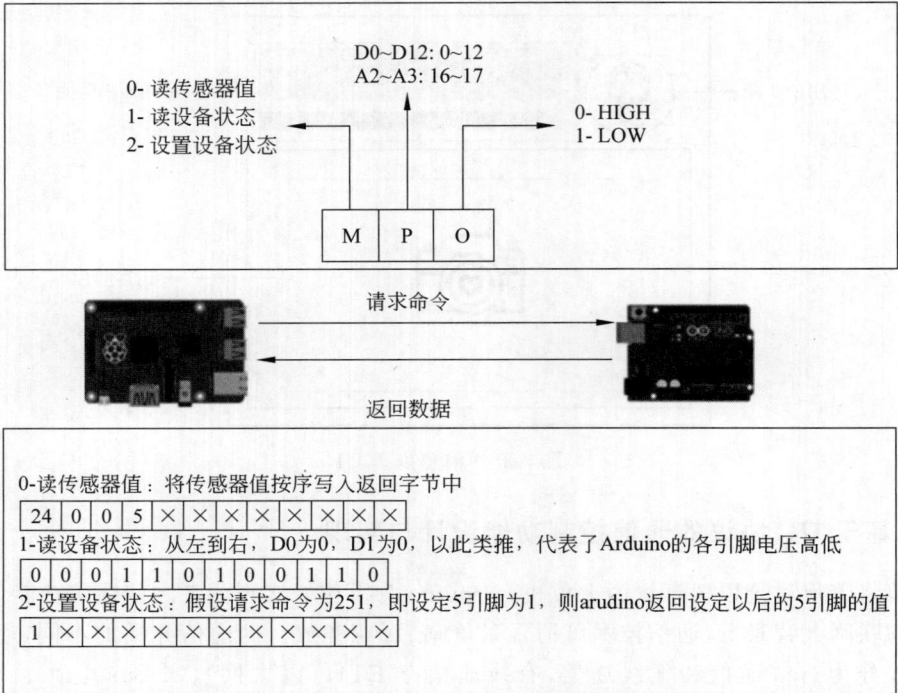

图 7-39　IIC 通信协议

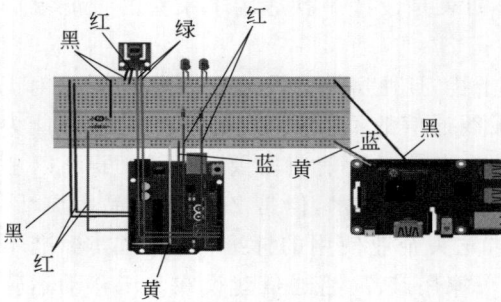

图 7-40　设备电路

备地址、引脚和引脚值。定义好参数后,需要注意一个问题,即通信信道占用的问题,由于这个过程的时间长短的不确定性,为了避免发生死锁,需要定义一个信号量,即当master 与其中一个房间的通信还未结束时,应等待当前通信请求,等待前者释放资源以后继续操作。

设计电路如图 7-40 所示,黑线为底线,红线为 5V 电压线,黄线为 IIC 通信中的SDA 总线,蓝线为 IIC 中的 SCL 总线,Arduino 的 A0 引脚接 LDR 传感器,数字引脚 2、3 分别接 SHT11 温湿度传感器的 data、clock 引脚,而数字引脚 4、5 分别接两个 LED。

完成通信协议和硬件连接的设计以后,需对系统增加两个界面,一个界面负责显示各房间及设备情况,一个界面用来设置添加房间和设备。

首先设计后者,添加房间和设备的界面。如图 7-41 所示,界面左侧由两个按钮和列表组成,一个按钮负责添加房间,另一个按钮负责将选定的房间删除,而两个按钮下方的列表负责显示房间号,右侧上方有两个文本框用来填写房间名和房间地址(即用来 IIC 通信的slaver 地址),下方是一个图标列表用来选择房间图标,上述三者共同构成了房间的详细属性,紧接着在页面的右下方,类似于房间属性,将有两个按钮(增、删)负责房间内设备的增、删,两个文本框负责修改设备的引脚号和设备名,图标列表负责设置设备的图标,确认所有的属性设置完成以后，单击"保存"按钮，按钮事件背后的代码将上述房间属性和设备属性以类封装，作为 Home 类，将其序列化以.bin 为后缀保存至程序安装目录下的子文件中。当进入该界面时，首先读取.bin 文件中的数据，将已有的房间信息相应地显示到该界面，以便操作。

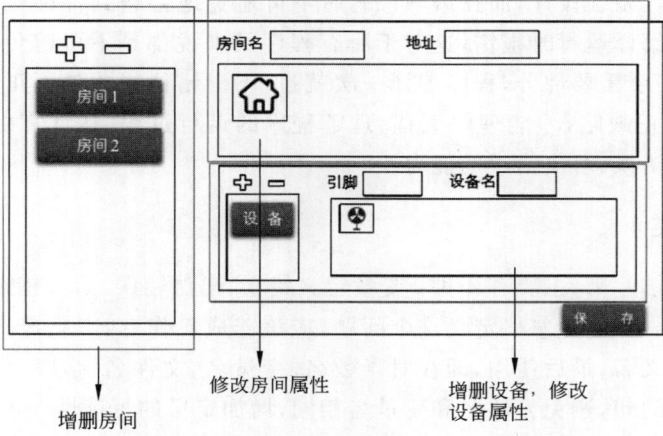

图 7-41　房间属性设置界面

完成房间属性和设备属性设置以后，单击"保存"按钮，程序将界面中房间的所有属性保存于 Home 的实例中，保存按钮事件调用 SaveHome 方法，传入 Home 实例，该方法将传入的 Home 类解析序列化，将其写入内存流中，再在程序目录下创建以.bin 为后缀的文件来存储数据，将之前准备好的流写入该文件中，到此，房间就以文件的形式保存了起来，之后页面在读取时便会载入该.bin 文件，将其中的数据反序列化成需要的类，以便在之后的程序中调用。在房间界面，页面载入时进行文件流读取，将数据反序列化以获取数据，赋予新的 Home 实例。

房间界面设计如图 7-42 所示，界面主要分两大部分，左边用来显示当前房间的名字和环境属性，右边列表界面用来显示该房间所有设备，当单击某设备图标时，将调用 I2CHelper 类下的 WriteRead 方法，传入房间地址等参数，进行树莓派与 Arduino 的通信，即向目标 Arduino 发送命令，执行开关设备的操作。

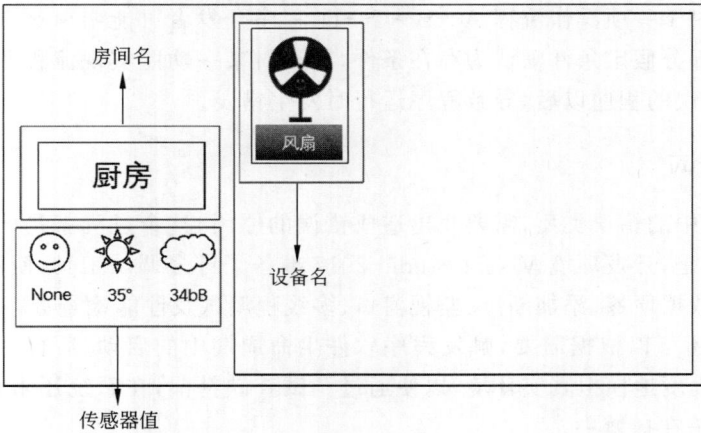

图 7-42　房间界面

7.5　程序调试与系统部署

经过系统分析、系统设计,而在编写代码时不可避免地会遇到种种错误,如编写的程序编译时出错、通过编译运行时报错,这对于所有程序员来说都是不可避免的。其实,编程出错是学习编程的一个重要部分,程序编译一次就过,不出错往往才是不正常的,只有经过反复出错、调试及修正缺陷,才能理解编程、理解程序的运行过程,从计算机的角度去思考问题,提高自己查找错误、解决错误的能力。

7.5.1　错误种类

程序出错,总结起来,主要有 4 种:变量定义错误、语法错误、语义错误和逻辑错误。

变量定义错误,要避免忽略定义这个问题,应该养成工作有计划、严谨的习惯。先对象分析,准备可用定义名,最后使用,即在对函数名、变量名、文件名、字段、数据库名等定义的时候,一定要斟词酌句,避免方法名和变量名相同,增加定义的可读性。考虑如下场景,需要一个函数,执行判断当前系统的网络状况,返回一个 bool 变量表示网络是否连接,如果给函数定义为 CheckNetConnectState,函数返回的 bool 变量定义为 NetConnectState,当别人在调用此方法时,如何确定这个变量 NetConnectState 的类型,是 string、int 还是 bool? 会发现这是一个经常遇到的问题,如果思考一下,对于 bool 类型的变量,定义为"Is+状态",对于该场景,可定义为 IsNetConnected,无论是新人还是大神很容易就能理解这是一个代表网络连接状态的 bool 变量,这使程序维护变得简单许多,在后期程序开发中将会节省大量时间,并减少出错。

语法错误,是编写程序过程中最容易遇到的错误,程序中几乎所有语法错误都能够被解释器和编译器本身及时发现,通过上下文分析,将语法错误的部分以下画波浪线的形式提示出来,同时在视图中的错误列表中显示出来,包括错误的具体信息、代码的行列数等,使查找语法错误变得便捷。

语义错误在程序代码编写过程中不易被编译器和解释器发现,开发人员自己也不容易发现,只有在程序运行以后,出现不合理结果和停止,通过调试才能逐步发现错误。

逻辑错误,对于一项操作流程 A→B→C→D,程序开发者可能明白这一过程,但由于在开发过程中,将部分假定条件默认为存在条件,甚至对某一功能实现流程并不明白,在实现了无语序语法错误的程序以后,导致程序运行时发生错误。

7.5.2　程序调试

明确了代码中的错误类型,需要找出造成错误的原因,这个过程就是调试,该如何调试呢? 值得庆幸的是,开发环境 Visual Studio 2017 准备了许多调试工具,使用的主要调试器包括错误列表、数据便签、添加断点、监视窗口、多线程调试及性能检查等,对于 UWP、WPF等程序,调试器还可以根据需要,触发程序软件生命周期中的启动、后台、挂起和结束等事件,达到最大化程度地模拟真实环境,以便通过调试查缺补漏,在系统还未投入真实生产环境前,将 bug 扼杀在摇篮中。

在 Visual Studio 2017 中写好程序以后,可以在界面上选中 Debug|Start Debugging 选

项或者按 F5 键开始调试,如图 7-43 所示。

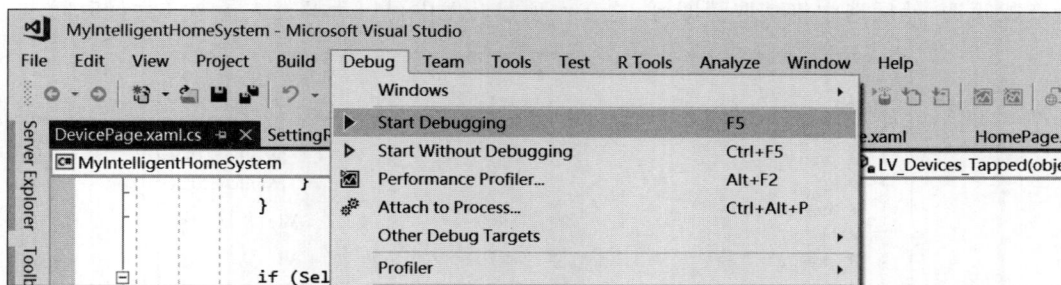

图 7-43　程序调试

在下拉列表中可以看到 Attach To Process,即附加到进程。作为另外一种启动调试的方法,通常会为应用程序启动一个调试会话,相信 ASP.NET Web 的开发者会更熟悉。

在调试过程中,有个工具一定会用到,就是断点。

断点的功能是告诉调试器,程序执行的过程中在何时何地停止,选择直接在问题代码最左侧的灰色带中单击或者将光标放在问题代码所在行时按 F9 键,就可以在目标代码前添加断点了,使用断点唯一需要的是确定代码出现错误的位置,通过断点将程序执行直接停止在错误代码处,此时,就可以使用其他调试工具来具体分析代码出现错误的原因了。添加断点操作如图 7-44 所示。

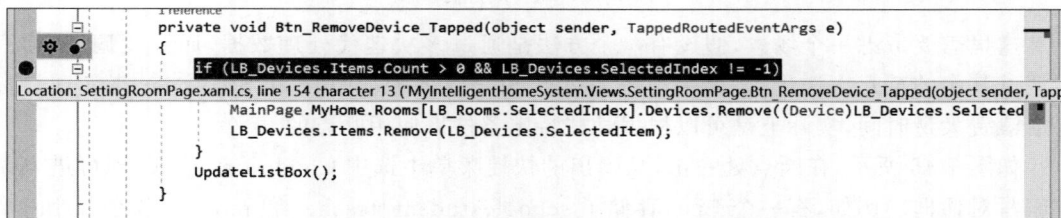

图 7-44　添加断点

当在房间设置界面单击"删除设备"按钮时,程序执行到这一步停止,以便分析代码。

当程序执行到断点时,就需要开始逐行寻找程序缺陷了,在 Visual Studio 的任务栏中,选中 Debug|Start Debuging 选项,这时会有 3 个选项 Step into、Step over 和 Step out。如果需要执行逐行测试,那么每一次单击 Step over,调试器便会执行当前高亮行的程序,然后暂停,如果当前行是执行调用方法,那么 Step over 以后,调试器将会停止在调用方法的下一句。如果怀疑程序缺陷存在于被调用的方法里,那么可以选择 Step into 方法,如果当前高亮行存在方法调用,那么调试器将跳转到被调用的方法体中,通过 Step over 一步一步调试,在发现程序缺陷完成修补以后,如果这时确定该方法体中不再存在程序缺陷,则可以使用 Step out 方法,接着调试器将返回主程序体中,执行高亮行的下一行程序。

随着项目工程逐渐增多,代码量也随之增加,导致程序调试过程需要的断点随之增加,为了更好地管理断点,Visual Studio 提供了断点标签功能,可以更好地分组和管理断点,并且可以根据需要使用 Enable、Filter 等方法来管理这些断点。

如图 7-45 所示,在断点视图中显示当前程序调试中有两个断点,且其 Labels 属性为空,在断点名处右击,在弹出的快捷菜单中选中 Edit Labels 选项,然后就可以对任意断点添加标签。默认情况下，断点是 Enable，所以当需要忽略部分断点时，就可以通过断点标签进行查找筛选，然后选中将其取消即可，这在大项目开发中可以为开发人员节省大量时间。

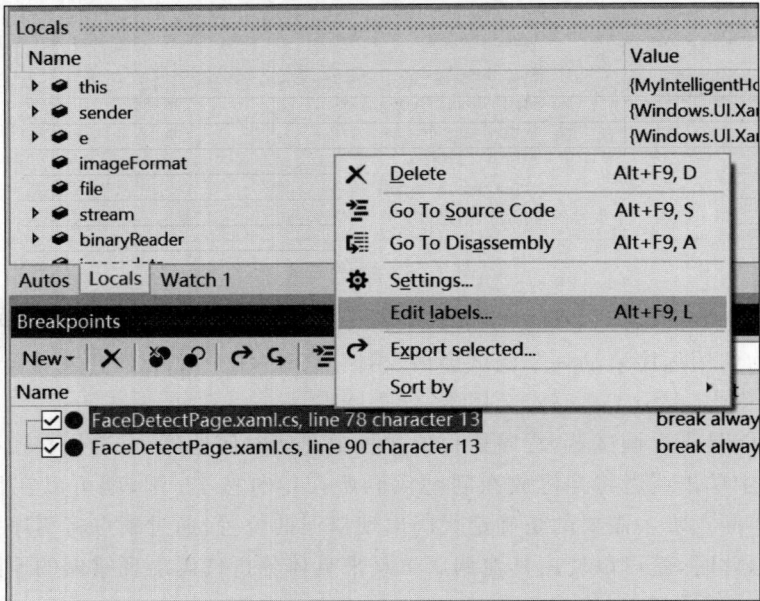

图 7-45　编辑断点标签

　　这里需要考虑一个场景，假设有一个方法是通过多次迭代处理数据，而开发调试时，只想调试其中的某几次迭代，如果手动地去执行 Step out、Step into 和 Step over 来实现目标将会浪费大量时间，实际上是可以根据某些特定条件来使用断点的。

　　如图 7-46 所示，在断点处右击，从弹出的快捷菜单中选中 Conditions 选项，即可进入条件编写对话框。例如，有一个 List，存储了 school、student、teacher 和 monitor 4 个 string 变量，当使用 foreach 方法遍历这个 List 时，想让程序在遍历到 school 时停止，那么只需在Condition 框里填写代码条件 label.Equals(school)即可，程序在进行到这一步时将会停止调试，以便查看变量变化。

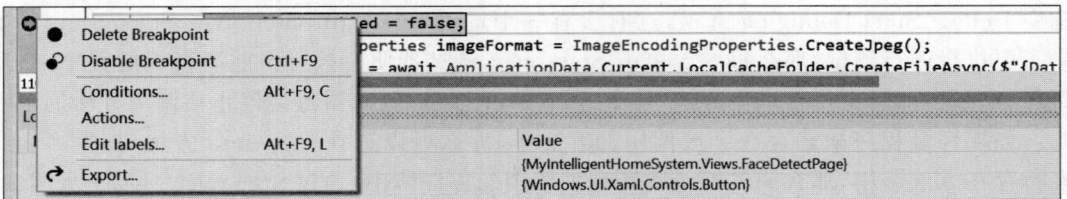

图 7-46　设置条件断点

　　在断点添加条件以后，断点的图标会在之前的红点内部增加一个"＋"，表示其是断点条件，设定断点条件以后，调试过程中，调试器自然只在条件满足时停止。这里添加条件的例子比较简单，可以很直接地写到条件文本框中，但是实际开发过程中，需要一个很复杂的条件，那该怎么办？Visual Studio 准备了自动补全功能，即便是在条件调试过程中，Visual Studio 仍然支持自动补全。

在程序调试过程中,关注的往往是某一变量的值在程序执行过程中是否符合假设,那么如何观察目标变量呢?在 Visual Studio 中,开发环境提供了方便的工具来关注目标变量——数据便签,其用于应用程序调试期间查看对象和变量的具体信息,在调试过程中,无论是一步一步地调试,还是加断点,当程序停止的时候,只要把鼠标放到变量上方,即可看到该变量的当前值,对于 List、Dictionary 等复杂对象,甚至可以单击"+"展开它的子对象或值。

不同于控制台程序,对于 WPF、UWP 的应用,实际生产环境中往往在其软件生命周期里还会有其他事件发生,如多线程操作等,Visual Studio 对此完美支持,单击 Start Debugging 按钮,会在任务栏处找到线程列表和事件列表,通过两者各自下拉表,选择不同的线程,即可观察跟踪该线程,同样可以触发应用在实际使用时会发生的事件,准确复现真实场景,方便开发者进行应用调试、排除程序缺陷。

7.5.3 异常捕获与处理

异常就是程序运行期间发生的各种错误,异常对象就是将程序运行时发生的各种错误封装成对象,在实际工作中,捕获异常、收集分析异常对解决具体问题至关重要。

大多数学生常遇到的异常多为 SystemException 类,继承于 Exception,前者是 System namespace 中所有异常类的基类。但异常的类型其实有很多,经常遇到的异常多继承于 SystemException,这些异常可以大概分为与参数有关、与算术有关、与成员访问有关、与数组集有关、与系统 I/O 有关等类型。

C♯提供了 try 和 catch 组成结构化的异常处理方案,try…catch 其实并不会影响系统的性能,只有在程序发生异常的时候才会影响系统性能。对于容易发生异常的代码块,用 try 加"{ }"将其括起来,程序执行时会先执行 try 里面的语句,如果抛出异常就会被 catch 捕获,除此以外还有一个关键字 finally,其作用为无论 try…catch 是否抛出异常都会执行,例如,当要打开一个文件,无论打开过程中是否出现异常,都必须进行关闭文件的操作。

7.5.4 软件测试

完成程序代码的编写和调试,系统基本完成,接下来就需要进行软件测试。软件测试从是否查看程序内部结构和具体实现的角度,可分为黑盒测试、白盒测试和灰盒测试;根据开发阶段可分为单元测试、集成测试、系统测试和开发测试。

测试时,应该避免自己检查自己的程序,所以测试时都是找其他开发人员来完成这个任务,同时还要考虑输入合法、不合法及各种临界条件,一定要注意测试时遇到的群集现象,完成测试以后一定要保存好测试用例、测试计划、出错统计和结果分析报告,以方便之后维护。

由于 UWP 程序出色的跨平台性,对于非 I/O、通信功能,可以在笔记本计算机上直接测试,例如,首页的 Bing 图片访问、天气预报界面的天气 API 访问的测试、人脸识别界面的摄像头初始化,以及微软认知服务的访问测试,这些功能的实现都不受平台限制,对于网络通信类的功能测试,需要留意系统对网络访问出现异常的处理,通过系统网络通信前的网络自检,明确网络异常的具体原因,以提示框消息通知用户,方便用户有针对地解决问题。

如图 7-47 所示,系统启动后,如果本机网络异常,通过网络自检明确是本机的网络适配器出了问题,则提示用户检查网络适配器来解决问题。

当程序进一步运行,到了获取用户地址信息的时候,如果发生用户拒绝提供位置信息,则应提示用户,如何打开位置信息,以及使用默认位置获取天气信息,避免发生系统出错。如图 7-48 所示为请求获取用户精确位置。

图 7-47　网络适配器错误

图 7-48　请求位置访问

图 7-49　地址访问错误

如果用户拒绝应用访问精确位置,如图 7-49 所示,系统将为用户提示错误的具体信息,以及如何解决问题。

7.5.5　系统部署

完成软件测试以后,需要将软件部署到自己的硬件平台上使用。微软提供了许多应用部署的方法,例如,通过 Windows 10 上的 PowerShell 连接树莓派进行配置设备,也可以使用 SSH 连接硬件设备进行设备配置,这里选用一个最简单的方法,使用 Windows 10 IoT Core DashBoard 来进行应用部署。

首先需要将应用程序打包,进入 Visual Studio,在项目解决方案处右击,从弹出的快捷菜单中选中 Store|Create App Packages 选项,选择创建目录,确定版本号,由于使用的树莓派是 ARM 架构的芯片,所以必须选中 ARM 选项,单击 Create 按钮完成打包。创建过程如图 7-50 所示。

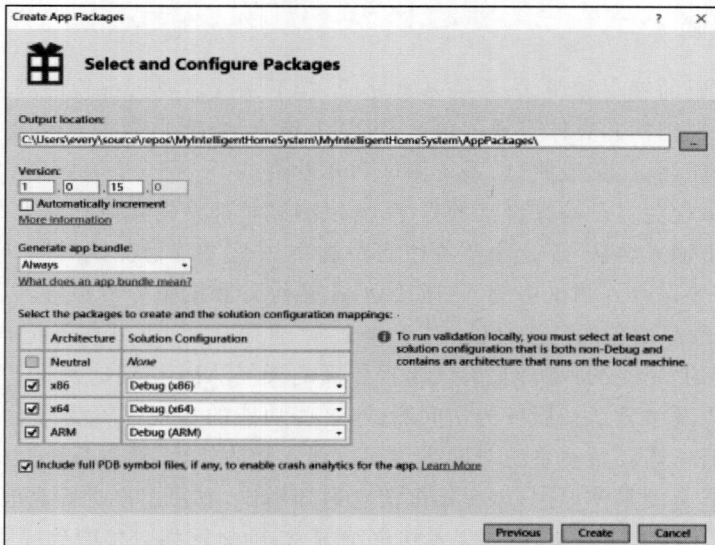

图 7-50　创建程序安装包

等待一段时间，Visual Studio 便会提示程序安装包成功生成，并将在对话框中提示输出路径。接着前往 https://developer.microsoft.com/en-us/windows/iot/Downloads，如图 7-51 所示，单击 Get Windows 10 Iot Core DashBoard，进行下载安装，就可以在"开始"菜单中看到已经安装好的软件了。

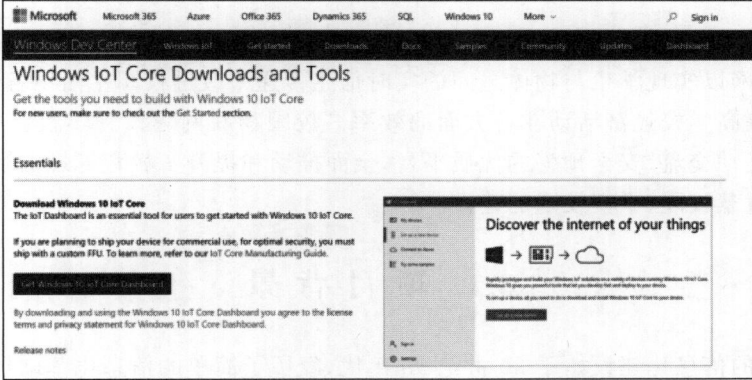

图 7-51　安装 Windows IoT Core DashBoard

设置好树莓派，将其连接至和 PC 同一局域网下，在 Windows 的"开始"菜单中打开 Windows 10 IoT Core DashBoard，即可在"我的设备"中看到树莓派设备，如图 7-52 所示，单击设备列表中的省略号按钮，进入 Windows Device Portal 页面。

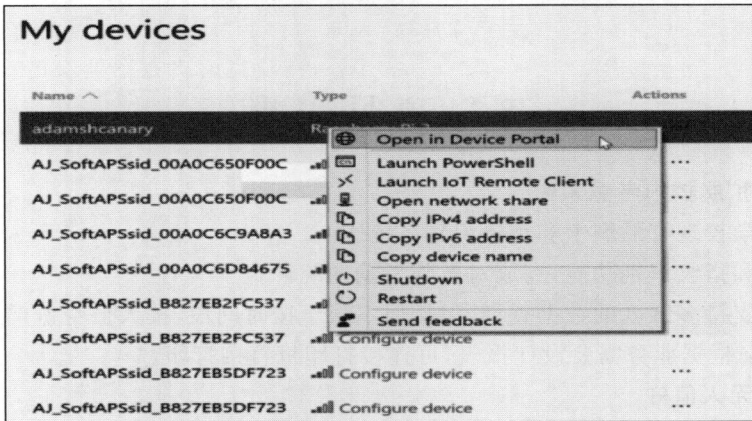

图 7-52　通过浏览器访问设备

进入 Windows Device Portal 页面以后，选中 Apps|App manager|Add app 选项，通过之前生成的软件安装包路径，找到后缀为 appxbundle 的程序包，选择添加，单击"下一步"按钮，经过稍微等待，对话框会在完成时提示 Done，将会在应用列表中看到刚刚安装完成的应用，在 action 下拉框中选中 Start 选项，将会通过树莓派的显示器看到应用启动。

第8章 智慧节能管控平台

本章介绍了利用物联网打造智慧节能校园,应用物联网实时监测技术,提高校园整体效率。校园物联网以实现学生与物体之间的实时信息传递来改进校园生活中各种功能的运作方式,并持续提高学校经济活动在各方面的效率。校园物联网建设为学校、老师、学生提供了信息感知、互动交流、安全预警的优质平台,全面推动和提升了教育管理的智能化、信息化水平,促进了智慧校园、平安校园的建设。

8.1 项 目 背 景

我国中学的信息化建设始于20世纪90年代,经历了简单的信息化基础建设、单一的业务应用、中等规模的网络基础建设、单一的管理信息系统建设、大规模高速的网络建设等历程,现进入高度集成化的网络基础及智慧校园建设阶段,简称智慧校园建设阶段。

以学校为例,建设试点学校,将通过物联网技术、传感技术、智能控制技术等对学校建设进行智慧校园提升改造,根据学校发展现状及需求,整合已有应用系统,为学校建立智慧节能管控平台,实现远程控制、信息推送、查询统计、实时报警等功能,达到对校园的智慧管理目的。

8.2 项 目 需 求

1. 兼容可扩展校内考勤系统

能够集成学校现有的刷卡和车辆识别系统。

增加人脸和指纹识别功能,完成对教师考勤的统计。

考勤系统支持多维度的数据查询,包括但不限于按时间段、按人员身份类别等。

智能报表:根据业务需要设计报表,可连接打印机直接打印。

2. 智能化无人值守

能够实时查看被监控场所的温度、湿度、水浸状况。

能够实时查看变电室电压、用电功率等数据。

能够实时进行视频监控,如实时查看监控点位周遭的环境情况。

系统支持智能反控策略,支持如阈值、模拟量等条件触发处置方案。如空调的开关、电源切断等。

支持本地声光报警和在线即时报警,如出现空调不启动、电源断电、水浸等进行报警。

支持报警信息的短信推送。

3. 图书管理系统的集成

要求集成学校现有的图书管理系统。

实现对图书管理系统的数据多维度查询,如图书查询、借阅查询等。

对在册的图书进行借阅预约，对状态显示可借阅预约的图书进行预约操作。

数据统计：查看学校、班级、师生及图书类别等借阅数据，并进行统计分析及报表导出。

4. 教学设备和化学药品管理

支持各种教学设备和化学药品起始数据的分类、参数、名称的设定及批量导入。

支持教师提出设备申领。

审批功能：教师申领教学设备和化学药品需要部门审核。

对各种教学设备和化学药品进行查询统计。

对教学设备和化学药品的时效限制进行设置，过期进行提醒。

5. 满足多种智能终端设备使用

支持基于 Web 的系统操作。

支持基于 App 的系统操作。

8.3 网络建设方案

本项目的网络覆盖建立在学校已建成的校园互联网基础之上，考虑到项目会有更多的不同类型和位置的设备接入，对校园网络覆盖有更高的要求，因此在现有覆盖基础上，本方案提出了基于补点和完善为主要思路的网络建设方案。

本平台系统对网络可能有两类需求，首先是基于传统 WiFi 覆盖的宽带网络覆盖需求，在网络中和变电室等监控场景中，WiFi 覆盖用于传输传感器数据和视频监控数据。对于能源管理需求，对覆盖要求较高，可考虑采用 WiFi 和窄带双覆盖的方案，对于需要反控的传感设备如断路器，首选是接入 WiFi 网络，其低延迟和高速率的特点能够满足断路器使用场景的用户体验，在 WiFi 无法覆盖的区域则使用窄带方案，窄带的低成本、深覆盖使项目总体投入和实用都能处在较为理想的水平。

8.3.1 网络覆盖的目的

网络覆盖的目的如下。

（1）进一步提升校园"智慧网络"的覆盖程度。

（2）满足智慧节能管控平台各类传感器接入的需求，保证数据传输链路通畅。

（3）降低学校在日常监控中的对于移动宽带网的费用投入。

（4）更加深入完善智慧校园感知层物理链路建设。

（5）宽窄混合网络是物联网项目建设的基础，让不同的设备通过更为合适的方式接入网络，是项目稳定、可靠、低成本运行的基础保障。

8.3.2 校园 WiFi 的深度覆盖

（1）定向式网桥覆盖。定向式网桥覆盖是指在某个方向 WiFi 不覆盖或覆盖不好的情况采用 CPE 和 AP 组合的方案完成宽带的覆盖，定向覆盖距离可根据需要调整为 1～5km，可满足在校内不同建筑物之间的定向覆盖。

（2）局部区域全向覆盖。区域全向覆盖，是指如果出现如断路器所处位置或摄像头所处位置没有信号覆盖又不方便调整天线，根据项目需要可借助全向基站 AP 来实现更为深入的 WiFi 信号覆盖,避免出现信号盲区而使设备无法被监控。

校园 WiFi 覆盖如图 8-1 所示。

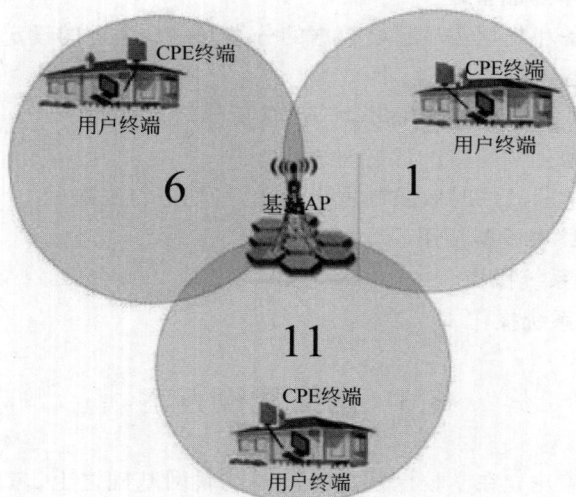

图 8-1　校园 WiFi 覆盖

8.3.3　窄带网络覆盖

窄带网络是传感器专用的物联网网络,其中以非授权频段的扩频通信最为常见。窄带网络的拓扑结构如图 8-2 所示。

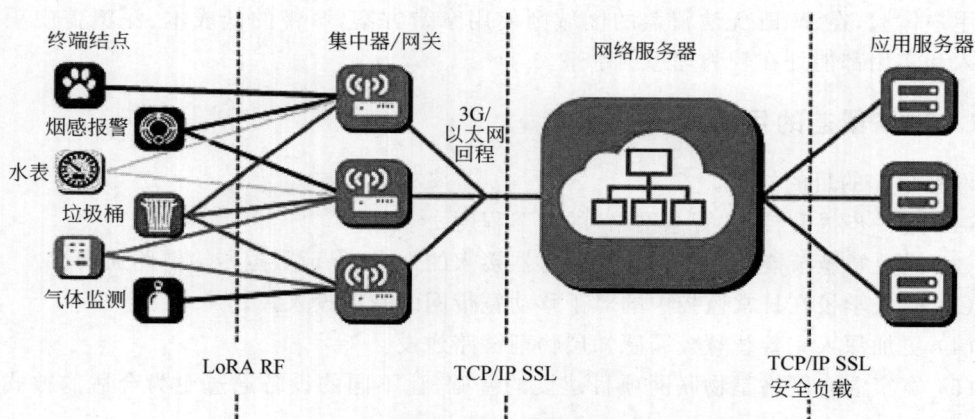

图 8-2　窄带网络的拓扑结构

1. 窄带网络主要特点

(1) 深覆盖。网络灵敏度能够达到-148dB·m。

(2) 低功耗。网络中的各结点设备均可实现在低功耗模式下工作(视项目而定)。

(3) 低速率。满足传感器传输需要。

2. 窄带覆盖基站建设

窄带覆盖基站是窄带网络建设的基础,基站可利用校园网无缝连接至智慧节能管控平台,上下行传感器数据,每个基站在覆盖半径 2km 的区域(空旷场地),在校内结合宽带技术可非常容易地实现窄带覆盖,实现两个网络的互补。

3. 窄带信号测试

针对覆盖的情况,可结合自行研发的窄带信号测试设备非常容易地进行评估,并针对盲区采用补盲设备进行二次覆盖,保证设备接入正常。

8.4　项目平台系统建设方案

本方案建立在学校实际需要分析之上,为用户量身打造一套智慧节能管控平台。平台按照标准物联网三层架构设计,包含能源管理、考勤管理、资产管理等 6 个主要业务子系统,并将传感、窄带、人工智能等技术同平台进行有机集合,使校园智慧化建设有更进一步的提升。

本系统的建设充分考虑了校园原有建设成果,各类功能、模块在 UI、命名、易用性等内容上最大化保持原有风格,降低使用门槛,并且实现同校内原有建成的系统进行无缝整合,最大化地保证原有投资的有效性和连续性,又避免出现系统碎片化和数据孤岛化。

8.4.1　系统总架构图

系统总架构图如图 8-3 所示。

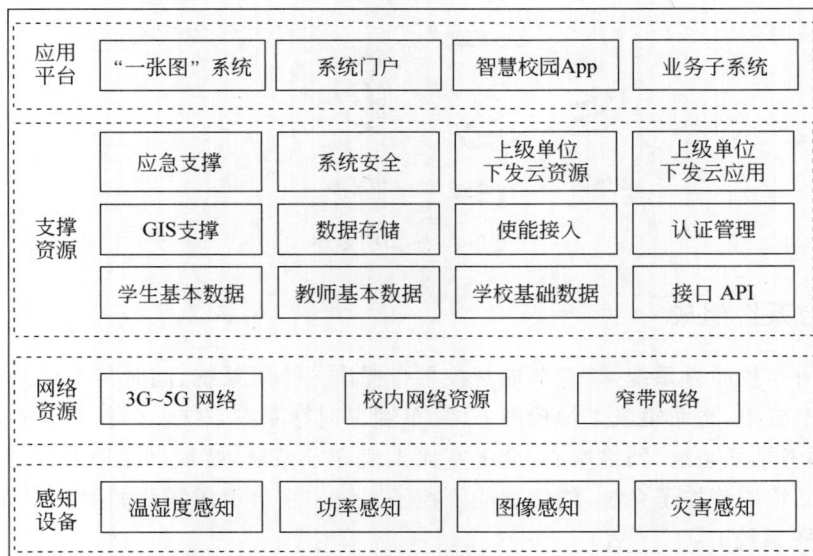

图 8-3　系统总架构图

应用平台层是系统主要用户接口,该层各类功能模块均面向用户开放,其中"一张图"是为了满足智慧校园的数据综合展示、查询、应急调度指挥等使用,保证数据多维度的查阅和分析,校园 App 是为满足校内各类日常管理工作而存在的,如实时查看各类监控数据、实时查询教师考勤情况等。

支撑资源是为保证系统各项功能模块、业务流等能够正常运行而出现的,其中主要涉及对外接口支撑、外部资源导入支撑、感知层设备接入、校内各系统集成、数据存储支撑等支撑系统。

网络资源是数据通信的链路资源，除传统软件系统所需的宽带、WiFi、以太网等网络资源外，考虑校内个别监测点可能存在联网困难的情况，系统设计了物联网其他的通信资源，可以作为感知层接入的额外备份链路。

感知设备主要是指为完成校内各类传感、监测任务而存在的设备，主要有物联网网关设备及温度、湿度、功率计、水浸、断电等各类专用传感器，满足校内不间断实时检测需要。感知设备可利用网络资源层链路进行数据上下行，感知层拓扑如图 8-4 所示。

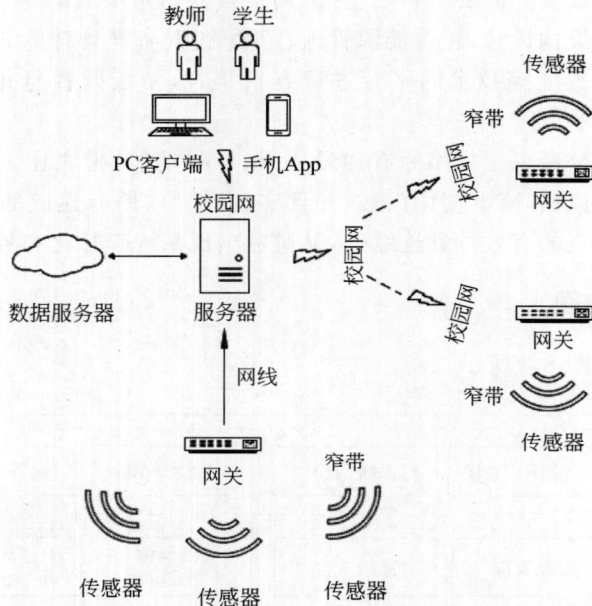

图 8-4　感知层拓扑

8.4.2　平台系统组成

通过调研学校原有系统，智慧节能管控平台提出 6 个子系统，同时将学校原有系统集成到对应的子系统中，从而集成了学校图书馆、车辆识别等原有系统。6 个子系统分别为使能子系统，教师考勤子系统，网络中心、变电室无人值守子系统，智能图书管理子系统，教学设备和化学药品智能管控子系统，能源智能管控子系统。平台组成拓扑如图 8-5 所示。

1. 使能子系统

使能子系统是搭建智慧节能管控平台物联网的基础部分。借助使能子系统，用户能够获取物联网侧数据，并为相应子系统提供数据，从而让其他子系统专注各自系统的部分。

2. 教师考勤子系统

该考勤子系统集成了学校原有的刷卡和车辆识别系统，同时增加考勤设备，从而实现了教师考勤情况的记录。通过该考勤子系统，学校不仅能够及时查找教师考勤记录，而且通过该系统的统计分析功能，能够有效分析教师的考勤情况。

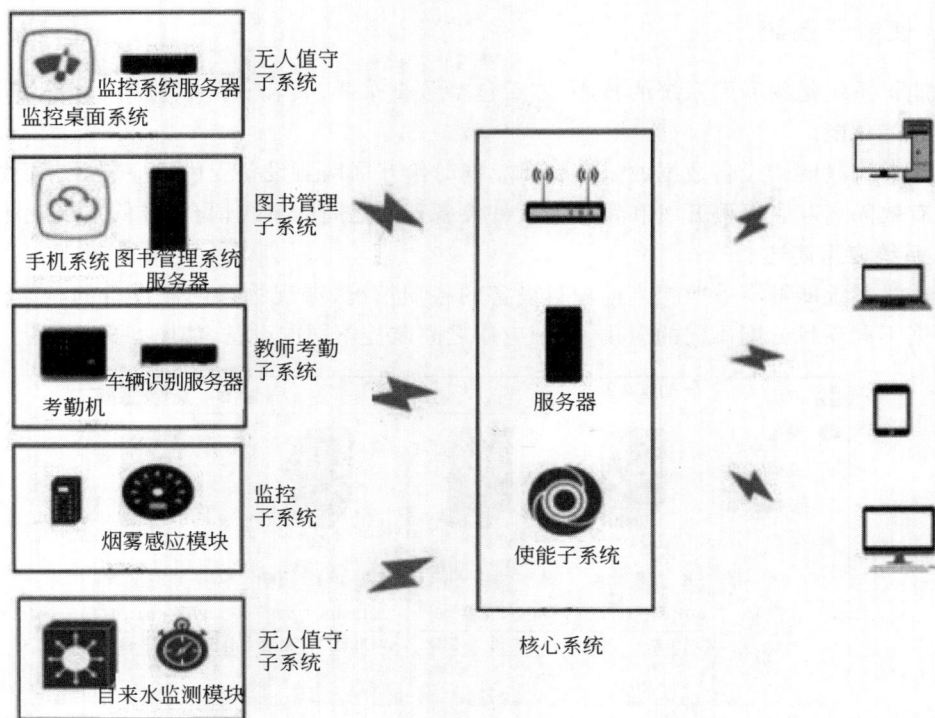

图 8-5　平台组成拓扑

3. 网络中心、变电室无人值守子系统

网络中心、变电室无人值守子系统通过前端网络中心、变电室摄像机、水浸传感器、断电传感器、温湿度传感器等采集模块,以及周界报警等高科技设备来实现管控,其中的音视频、环境变量数据、出入口控制等接入前端综合监控主机,音视频、环境变量等资料实时数字化存储记录,同时,管理中心可管理所有前端综合监控主机,实时监看前端图像、环境数据、门禁信息等,并对前端的突发情况做出高效、及时的处理动作。

4. 智能图书管理子系统

智能图书管理子系统在学校原有子系统基础上增加了移动端的模块,不仅集成学校原有图书管理子系统,同时借助移动平台使学生和教师在借阅书籍时更方便和简单。

5. 教学设备和化学药品智能管控子系统

教学设备和化学药品智能管控子系统通过物联网技术对教学设备和化学药品进行智能管控。该系统记录教学设备和化学药品,当出现物品丢失情况,该系统能够及时通知对应管理员,从而达到智能监控的目的。通过该系统不仅做到了实时监控,而且也减少了人力的投入。

6. 能源智能管控子系统

能源智能管控子系统与信息管理系统的总目标是建立一个全局性的能源管理系统,构成覆盖能源信息采集及能源信息管理两个功能层次的计算机网络系统,实现对电能、天然气和自来水等能源介质的自动监测,进而完成能源的优化调度和管理,实现安全、优良供能,提高工作效率,降低能耗,从而达到降低产品成本的目的。

8.4.3 使能子系统

使能子系统是物联网系统的核心,主要包括数据采集、传输、存储、分析、设备的反控及数据中心等功能。

用于对物联网侧设备数据的采集、存储,同时给互联网侧设备提供相应服务。通过该平台能够有效隔离互联网侧开发和物联网硬件设备开发之间的系统耦合,降低系统设计难度。

1. 系统应用简述

借助该系统能够有效监控当前项目设备的各项情况,展现物联网侧设备的状态。在系统上根据不同项目分配不同的应用,各个应用之间监控不同的设备,如图 8-6 所示。

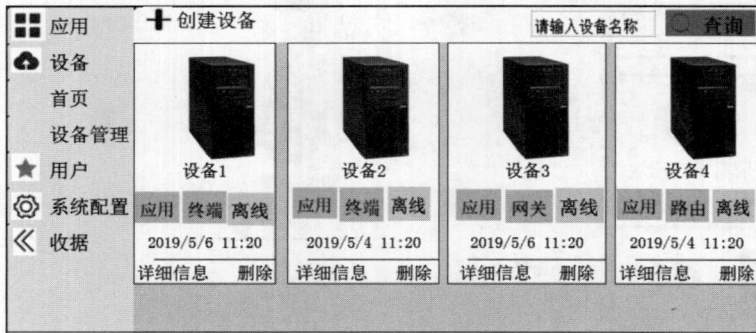

图 8-6　平台管理界面

通过单击不同的应用查看不同设备的详细信息,如图 8-7 所示。

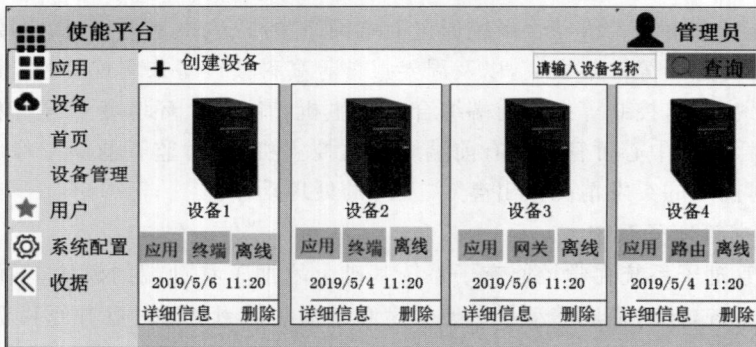

图 8-7　平台示意图

通过图 8-7 可知当前监控设备的数量,同时当打开设备后,可知设备当前统计信息,如图 8-8 所示。

通过以上方式,就能够监控物联网侧设备情况,查看设备上行数据情况、控制设备状态等。

2. 使能子系统内核架构

使能子系统主要由使能内核构成,该内核服务器主要功能有物联网运行管理、物联网数据解析、物联网数据的行为管理,以及物联网数据的存储和转发。该系统内核架构如图 8-9 所示。

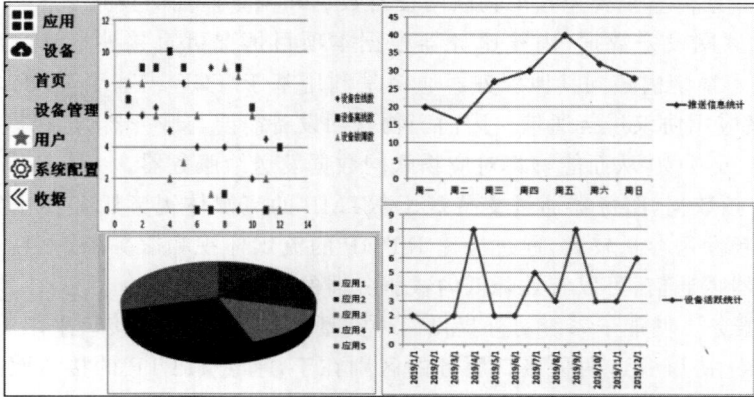

图 8-8 平台示意图

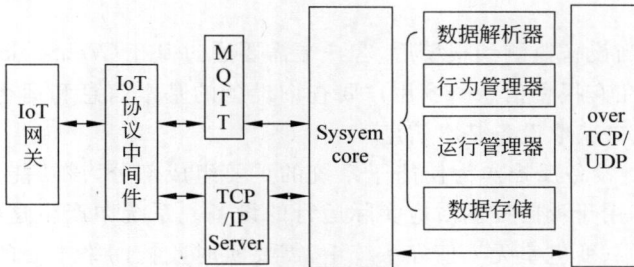

图 8-9 使能子系统内核架构

（1）数据解析器。数据解析负责把网关上发到云端的设备原始数据（一般为未解析的二进制数据包）结合设备的通信地址表（又称点表）数据进行数据解析，该解析部分可由系统内核配置数据解析，并将解析后的数据直接转发，解析部分可由开发团队或用户开发团队负责编程，有效过滤用户不需要的数据，减少传输数据载荷。

（2）行为管理器。行为管理器又称规则引擎，在数据解析后由行为管理两个模块做出相应处理方案（如立即报警、转译上行、无效数据剔除等），此模块进一步降低了网络传输载荷，减少无效数据、错误数据，可从应用层面提高系统监测的稳定性和实时性。

（3）运行管理器。物联网运行管理器主要用于控制内核服务器上解析数据流程，包括如设备入网、身份验证、数据的获取步骤等内容，此功能暂不实现。

系统内核配置数据解析、行为管理和物联网运行管理 3 个模块，用户可直接利用本平台图形界面查看其相关设备的在线情况、物联网的网络形态、数据发送延迟等基本内容。

（4）数据存储。数据存储为可选项，根据项目需求不同可选择是否进行存储，目前有的数据存储主要有时序数据库和结构化数据库。时序数据库主要应用于海量数据点，能够轻松存储海量数据，并能对这些数据进行查询并做可视化展示，帮助企业管理者分析数据。结构化数据库对数据的支撑量略低于时序数据库，但是结构化存储更利于查询。在本次项目中由于设备数量不多，因而不具备海量数据的条件，因此主要采用结构化数据库。

（5）内核服务器通信。内核服务器作为连接物联网侧网络和互联网侧服务器的桥梁，内核服务器提供良好的通信策略是有效将物联网数据和互联网数据互相传输的一个重要前提。在项目中数据传输主要包含了物联网设备数据和视频监控的视频数据。

① 针对物联网设备数据,内核服务器根据本项目情况可直接建立 TCP/IP Server 或 MQTT Server。系统内核同其他服务器通信是利用基于 TCP 或基于 UDP 之上的应用协议,或者自定义应用协议进行通信。因而当物联网设备需要与服务器通信时,物联网设备通过支持 MQTT 或 TCP 从而能够将对应物联网数据发送给服务器。

② 针对视频数据,服务器通过支持基于 RTMP 的流媒体视频服务器来实现视频数据获取。由于视频发送容量较大,通过搭建 RTMP 的流媒体视频服务器,然后让内核服务器与流媒体服务器再通信,可以有效降低内核服务器的压力。

(6) 接口服务。使能子系统对外提供两种类型接口服务,一种接口采用 HTTP,另一种采用 WebSocket 协议。这两种接口服务的区别在于,基于 HTTP 的接口服务是当客户端需要获取信息时,客户端作为主动方主动获取数据,同时 HTTP 是短连接协议。而 WebSocket 接口服务是服务器端可以直接将物联网侧的数据推送给客户端,客户端可以作为被动接收方。

目前在本项目当设备监测到报警后,客户端需要通过基于 WebSocket 接口服务提供及时获取设备是否存在有报警信息。当用户要查询设备的基本信息和运行状态时,客户端可通过基于 HTTP 接口获取设备基本信息。

(7) 设备反控。设备反控作为使能子系统的重要组成部分,该功能区别于设备正常的上行数据,是用户方用于反向控制对应实际运行的设备。系统中产生这种需求的原因有很多,例如,在网络中心、变电室无人值守系统中,需要实时监控网络中心的温湿度变化情况,当温度较高时,容易导致服务器等设备损耗。因而当无人值守系统检测到温度异常时,通过设备反控机制,便能及时调整网络中心的温度,以此来解决网络中心的异常情况。

"反控"的功能即指系统通过向目标设备下行数据,实现对目标设备控制的目的,其主要功能如下。

① 协议重组编码。本项目物联网侧涉及多种技术及协议的相互融合。下行数据根据不同的物联网技术协议对下行的数据包进行二次编码。编码的主要内容包括格式调整、压缩、加密、补位等工作。

② 数据重传。数据重传是物联网下行数据的重要保障性功能,能够根据不同的物联网协议实现"最多一次""最少一次""N 次重传"等逻辑。

③ 下行时机的判定。根据不同的物联网技术能实现"上行时即下行""任意时间下行""time slot 规则下行"等方式。下行时机决定着系统反控的延迟时间,例如,本系统为保证反控的低延迟时间在照明、插座等领域的控制中采用全双工物联网通信软硬件设备。

④ 反控规则编写。反控规则一般包括反控指令生成的时机、发送的时机及内容。本系统能够通过多个阈值类(模拟量需做转换)判定条件来编写下行数据规则,对于特别复杂的下行要求,可根据需要开发独立模块,并被本系统调用。

8.4.4 教师考勤子系统

1. 系统介绍

教师考勤子系统用于记录学校教师在一段时间内上下班的出勤情况。教师在学校的出勤情况主要通过考勤机做记录,该考勤机集成了人脸识别和指纹识别技术,能够快速有效地识别用户信息,并将用户考勤的信息记录下来,方便教师考勤系统对考勤方面的内容做统计。

教师考勤子系统上所使用的考勤机采用面部识别、人脸识别和指纹网络型打卡一体机。该考勤机将人脸识别和指纹识别合在一块,同时在考勤机的面板上还有一些功能模块方便用户操作。该考勤机允许 WiFi 连接,标配 WiFi 无线数据传输功能,摆脱数据线实现了完全无线传输。同时考勤机支持配置标准 TCP/IP,网络考勤通过网络连接到服务器(同个局域网机器),并可获取教师的考勤信息。

由于学校刷卡和车辆识别系统满足一定标准,因而教师考勤子系统能够较好与学校原有车辆识别系统进行对接,并能将该系统中的数据获取过来,从而完成对学校刷卡和车辆识别系统的集成工作内容。

2. 系统功能

系统功能主要包括查询、统计报表及考勤排班等功能。查询功能主要包含多种维护查询工作,包括考勤机基本信息查询、教师人员查询、教师考勤情况查询等。统计报表主要指考勤的各项统计信息,包括出勤率统计、工作时长统计等。考勤排班用于考勤排班设置。系统功能如图 8-10 所示。

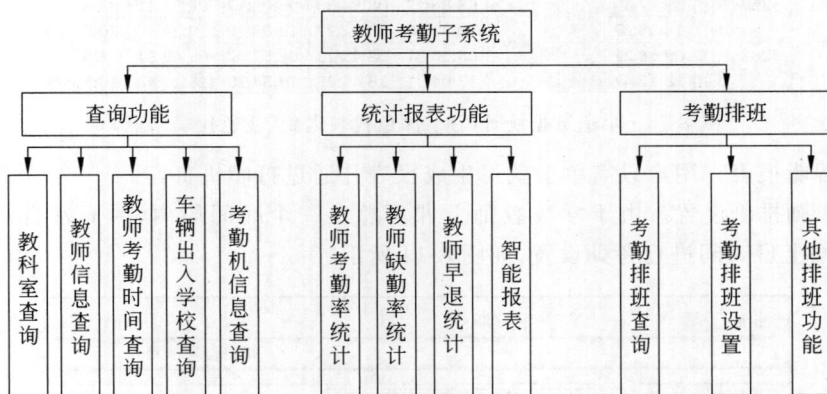

图 8-10　教师考勤子系统功能

(1)教科室查询。学校教师会按照多种分类作划分,教科室是主要划分的一类。通过查询可以了解到教科室的基本信息,如图 8-11 所示。

(2)基于多种分类教师人员信息查询。系统采用更高效的多种分类法完成业务数据的查询,如根据性别、科室等查询教师基本信息,如图 8-12 所示。

(3)教师考勤时间查询。该功能用于查询教师在对应时间段内打卡的时间。

(4)车辆出入学校历史查询。该功能用于查询学校车辆出入情况。

(5)教师排班查询。该功能用于查看教师各自排班安排,由于不同教师上课时间不一样,因而需要根据具体教师查看。

(6)考勤机基本信息及状态查询。该功能主要用于查询考勤机信息和考勤机当前的状态,当考勤机出现异常,管理人员能够及时更换对应考勤机。

(7)教师考勤率日统计、周统计、月统计。该功能用于统计学校教师的出勤情况,并生成日、周、月报表,方便学校进行统计分析。

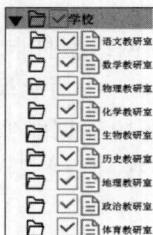

图 8-11 教科室查询

序号	用户名	登录账号	用户密码
1	张世豪	zsh	zsh
2	戴荃	tj	tj
3	张代聪	zdc	zdc
4	李姗芩	lsi	lsi
5	邓子恢	dzh	dzh
6	风清扬	fqy	fqy
7	李天一	lty	lty
8	蔡国强	cgq	cgq

图 8-12 教师人员信息查询

（8）教师缺勤情况统计。该功能用于统计学校教师缺勤情况。

（9）教师早退次数统计。该功能用于统计教师早退情况，如图 8-13 所示。

工号	姓名	1	2	3	4	5	6	7	8
3212	张三	08:49:17 11:56:43	14:05:24		09:05:22 18:07:50	08:51:52 18:03:06	09:56:19 17:14:36	10:08:44 18:10:32	09:00:36 18:06:58
3226	李四	09:02:14 18:30:21				08:50:40 18:02:47	08:44:57 18:00:19	08:58:49 18:01:15	09:01:07 18:27:43
3268	小明	09:42:35 18:35:37			08:56:12 19:31:50	08:54:30 19:02:27	09:03:17 19:08:28	08:57:11 19:27:49	08:54:01 20:09:16
3288	小红	09:58:21 18:12:47			08:50:31 17:04:31	08:45:13 18:45:26	08:57:07 19:34:30	08:49:31 18:15:48	08:57:56 18:15:45

图 8-13 早退数据统计（注：深色代表迟到，浅色代表早退）

（10）智能报表。用户只需单击就可生成报表并通过打印机打印。

（11）考勤排班设置。由于学校教师上课不总在一个时间段内，因而常常需要排班设置，针对不同上班时间进行考勤设置，如图 8-14 所示。

图 8-14 排班设置

8.4.5 网络中心、变电室无人值守子系统

1. 系统介绍

网络中心、变电室无人值守子系统由 3 部分组成。第一部分，前端综合监控设备（音视频监控、环境变量监控、出入口监控等）、综合监控主机、综合监控软件；第二部分，网络传输部分（宽带网络、无线网络或行业用户专网）；第三部分，管理中心软件平台，无人值守服务器、监控终端、手持终端等。网络中心、变电室无人值守子系统网络拓扑如图 8-15 所示。

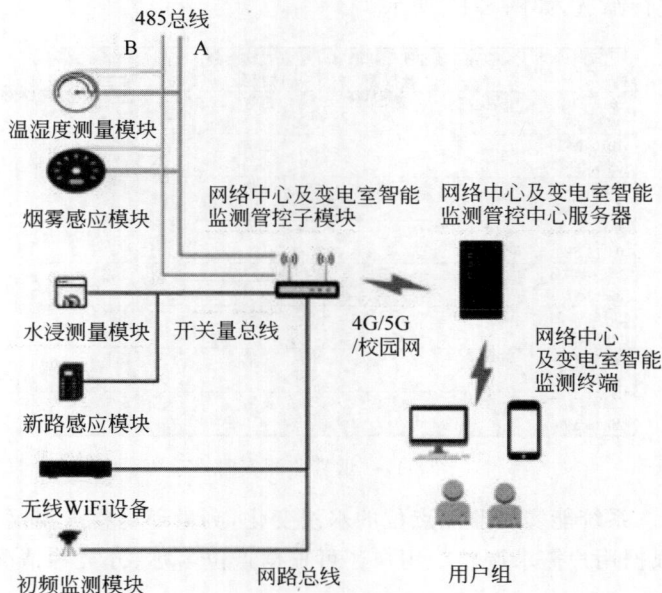

图 8-15 网络拓扑

2. 系统功能

本系统涵盖了学校对网络中心、变电室无人值守系统管理的各项内容,可划分为 4 个功能,包括实时监测、综合查询、报警处置及系统设置等,除以上功能外,该系统还包含数据安全备份管理、对外数据接口管理等底层管理模块。网络中心、变电室无人值守子系统既可在 Web 网页上访问,又可在手持终端通过 App 登录系统。

1) 实时监测

(1) 温度监测。系统目前能实时监测 $-20 \sim 60$℃的温度变化,可根据用户需求调整,且误差在± 0.5℃范围内。用户还可根据点位名称、分类等情况对不同的点位进行筛选,如图 8-16 所示。

点位编号:	请输入内容			
序号	点位编号	总数	温度	风速
1	13846	2886	22.13	5.00000
2	14000	2887	55.31	1.94000
3	14001	2888	50.95	3.33000
4	14002	2889	33.38	3.34000
5	14003	2890	20.84	0.50000
6	14004	2891	69.31	2.79000

图 8-16 温度实时监测

(2) 湿度监测。系统能实时监测 $0\% \sim 100\%$的温度变化,可根据用户需求调整,且误差为$\pm 5\%$。用户还可根据点位名称、分类等情况对不同的点位进行筛选。

(3) 烟雾监测。系统能实时监测点位的烟雾变化。用户还可根据点位名称、分类等情况对不同的点位进行筛选,如图 8-17 所示。

上行时间	火灾报警	独立式烟感低电量报警	独立式烟感故障报警	无线底座其他故障报警
2018-11-06 08:08:53.0	正常	正常	正常	正常
2018-10-24 08:13:57.0	正常	正常	正常	正常
2018-10-24 06:13:58.0	正常	正常	正常	正常
2018-10-24 04:13:58.0	正常	正常	正常	正常
2018-10-24 02:13:58.0	正常	正常	正常	正常
2018-10-24 00:13:58.0	正常	正常	正常	正常
2018-10-23 22:13:58.0	正常	正常	正常	正常
2018-10-23 20:13:59.0	正常	正常	正常	正常

图 8-17　烟雾监测实时

（4）水浸监测。系统能实时监测点位的水浸变化,测量环境要求温度−20～60℃,湿度为 0%～80%,可根据用户需求调整。用户还可根据点位名称、分类等情况对不同的点位进行筛选。

（5）断电监测。系统能实时监测点位的电量变化,判断是否断电。用户还可根据点位名称、分类等情况对不同的点位进行筛选。

（6）视频监测。用户可实时查看监控点位周遭的环境情况。同时,摄像头云台角度可在水平 340°,垂直 90°内调节,用户可在终端根据云台控制功能全方位、无死角地自由转动摄像头,可根据用户需求调整,确保用户能查看到监控点位周遭全部的环境情况。

2）综合查询

（1）烟雾历史数据查询。用户可以按照时、日、周、月等常用单位快捷查询在该段时间内所有的烟雾监测历史数据,还可以按照不同点位的名称、时间范围进行分类查询,方便用户快捷查看数据,如图 8-18 所示。

开始时间：	选择日期及时间		结束时间：		选择日期及时间		
火灾报警	独立式烟感低电量报警	独立式烟感故障报警	无线底座其他故障报警	无线底座低电压报警	无线底座温度超限报警	独立式烟感与无线底座失联报警
正常	正常	正常	正常	报警	正常	正常
正常	正常	正常	正常	报警	正常	正常
正常	正常	正常	正常	报警	正常	正常
正常	正常	正常	正常	报警	正常	正常
正常	正常	正常	正常	报警	正常	正常
正常	正常	正常	正常	报警	正常	正常
正常	正常	正常	正常	报警	正常	正常
正常	正常	正常	正常	报警	正常	正常
正常	正常	正常	正常	报警	正常	正常
正常	正常	正常	正常	报警	正常	正常
正常	正常	正常	正常	报警	正常	正常

图 8-18　烟雾历史数据

（2）温湿度历史数据查询。用户可以按照时、日、周、月等常用单位快捷查询在该段时间内所有的温湿度监测历史数据,还可以按照不同点位的名称、时间范围进行分类查询,方便用户快捷查看数据。

(3)水浸历史数据查询。用户可以按照时、日、周、月等常用单位快捷查询在该段时间内所有的水浸雾监测历史数据,还可以按照不同点位的名称、时间范围进行分类查询,方便用户快捷查看数据。

3)报警处置

(1)即时报警。通过预设相关参数,针对温度超过45℃、湿度小于10%等异常环境参数,或出现空调不启动、电源断电、水浸等情况进行报警,并将报警信息在 Web 页面和 App 界面进行展示,同时以短信形式发送给相关工作人员,确保工作人员在第一时间收到报警信息,及时处理、解决,避免引发更大事故,如图8-19所示。

网络中心、变电室无人值守系统

主页　　在线监测　**x**　报警查询　**x**

单条取消　　　全部取消

点位名称：请输入内容　　　开始时间：2019-11-10 00:00:00

序号	报警点位	报警类型	报警内容	温度（℃）	湿度（%RH）
1	网络中心一号室	超限报警	超限报警	86	
2	变电室一号房间	超限报警	超限报警	88	
3	变电室二号房间	超限报警	超限报警	89	

图 8-19　报警查询

(2)应急处理。通过预设相关参数,对一些超出设定参数的异常情况可以自行处理。如两台空调定时转换启动,室温超出参数电源自动关闭;用电功率在某些时间异常增长,可自动关闭断路器、关闭电路等。

4)系统设置

(1)远程重启。摄像头在长时间工作后可能会出现画面延迟、卡顿甚至死机的情况,此时如果派维修人员去前端重启摄像头,既耽误时间,又耗费人力资源。用户可在系统上通过远程重启功能一键完成摄像头的重启工作,方便、简单、快捷,大大满足用户的需要。

(2)系统参数设置。对系统中的数据参数进行配置,设置不同的数据类型及展示方式,方便用户对系统进行测试,如图8-20所示。

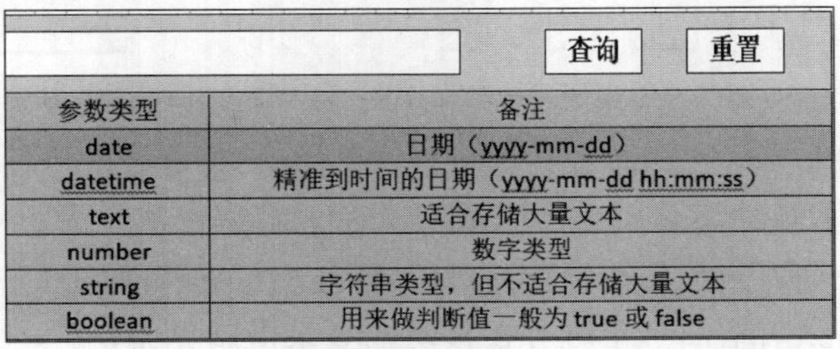

　　　　　　　　　　　　　　　　　　　　　　查询　　　重置

参数类型	备注
date	日期（yyyy-mm-dd）
datetime	精准到时间的日期（yyyy-mm-dd hh:mm:ss）
text	适合存储大量文本
number	数字类型
string	字符串类型，但不适合存储大量文本
boolean	用来做判断值一般为 true 或 false

图 8-20　系统参数设置

(3)菜单维护。用户可在该界面对子系统的菜单进行维护,如新增、删除、修改菜单。

(4)数据备份。用户能手动对子系统中的所有数据进行备份,除此之外,还有自动备份功能。用户可按照时、日、周、月等时间结点设置系统每隔一段时间自动备份安全数据。

8.4.6 智能图书管理子系统

1. 系统介绍

智能图书管理子系统通过集成学校现有的图书管理系统,并在原有系统的基础上增加了手机移动端的功能。通过将学校现有图书管理系统功能迁移到手机移动端,满足学生和老师对图书查询、图书借阅等功能需求。手机移动端目前包含图书查看、借阅预约及数据统计功能。

目前,学校图书管理系统中数据交换广泛遵循的协议是 SIP,因而移动端图书管理系统能够较好地从现有图书管理系统上获取数据,达到集成学校现有图书管理系统的目的。

2. 系统整体架构

智能图书管理子系统如图 8-21 所示。

(1) 图书管理功能。对于购进的新书,系统必须具备图书信息资料的录入,当图书资料发生变化,如图书丢失或有错误信息输入时,则应能够及时对数据进行修改和补充。

(2) 查询功能。读者可以通过系统查询图书的信息、查询自己的借阅信息和借阅到期时间。

(3) 图书借还功能。用于书库管理员给读者借阅图书、归还图书进行登记,还包括读者对图书预约。

(4) 统计分析及报表。该功能能够查看各书籍的借阅分布情况,并能够将各个统计以报表的形式导出。系统设置功能,对系统参数,管理员的权限进行设置。

3. 系统功能

(1) 用户登录。用户登录界面如图 8-22 所示。

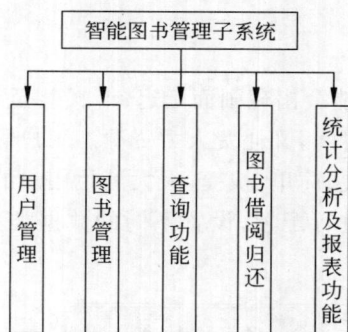

图 8-21 智能图书管理子系统功能 　　　　　图 8-22 用户登录界面

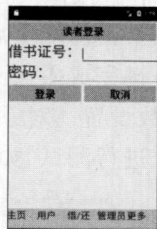

(2) 读者信息批量导入。当搭建新图书管理系统时,很可能已经有相应读者的信息,因而通过批量导入功能,能快速将用户信息导入图书管理系统。

(3) 图书录入。当有新的书籍时,需要将书籍录入系统中,如图 8-23 所示。

(4) 图书续借。读者借阅书籍时可在移动端登录借阅界面,输入书籍证号进行图书续借,如图 8-24 所示。

(5) 图书归还。当图书到了对应期限,需要归还书籍时,移动端会相应提醒读者归还书籍。

(6) 网络预约。读者第一次借阅书籍,没有办法进行续借,可以通过网络预约方式进行书籍借阅。

（7）图书信息查询。用户可以根据不同书籍名称进行查询，该查询支持模糊查询和精确查询，查询后用户可以查看到书籍基本信息、借阅情况等，如图 8-25 所示。

图 8-23　图书录入　　　　图 8-24　图书借/还　　图 8-25　图书查找

（8）图书借阅信息查询。用户根据书籍名称查看对应数据借阅情况，获取到该图书当前的状态，以此判断该书籍能否借阅。

（9）个人历史借阅查询。查看个人借阅历史情况。

（10）统计分析及报表。该系统能够对用户借阅书籍的情况进行统计，用户可以查询对应数据的统计情况，并能将对应数据的报表进行导出。

（11）图书借还次数统计。该项用于统计图书借阅使用的频度，从而可以根据不同数据借阅频度增加相应图书的数量，如图 8-26 所示。

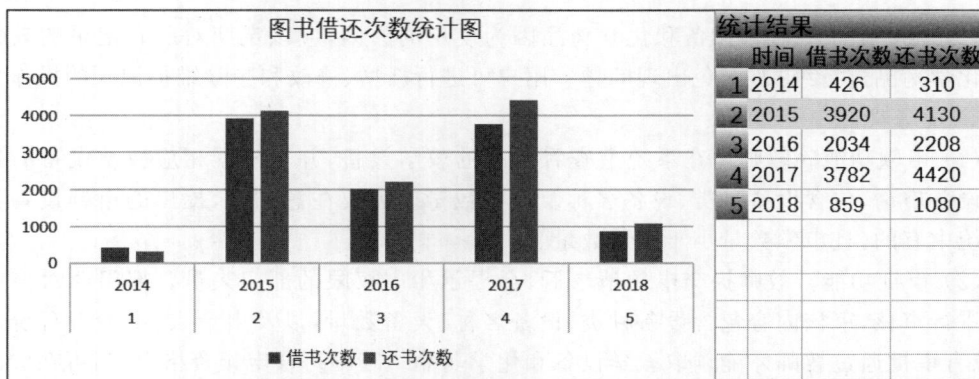

图 8-26　图书借还次数统计

（12）图书查看检索排名统计。该项功能用于统计用户搜索相应名词频度，从而判断用户借阅书籍的趋势。

（13）读者延迟归还书籍统计。该项功能用于统计延迟归还书籍的读者，可以根据具体拖欠统计结果，采取相应措施。

8.4.7　教学设备和化学药品智能管控子系统

1. 系统介绍

该系统利用物联网技术实现教学设备和化学药品智能管控，在遵守现有物资管理流程的基础上，对物资的分类、数量、位置、所属等内容进行更为准确的核对，防止出现账物不符甚至是无账可查的情况。

2. 系统功能

该系统涵盖了学校对教学设备和化学药品智能管控的各项内容,从功能上可划分为四大功能,包括设备维护、业务功能、查询统计及系统设置等,除以上功能外,该系统还包括安全备份管理、对外数据接口管理等底层管理模块。

1) 设备维护

(1) 数据录入。完成对教学设备和化学药品的分类、参数、名称的设定等,根据分类、参数、名称等将各种教学设备和化学药品导入,既完成数据的统一性、完整性和正确性,又因为数据的统一保证批量导入数据的方便性。用户可对设备进行新增、修改、删除等工作,如图 8-27 所示。

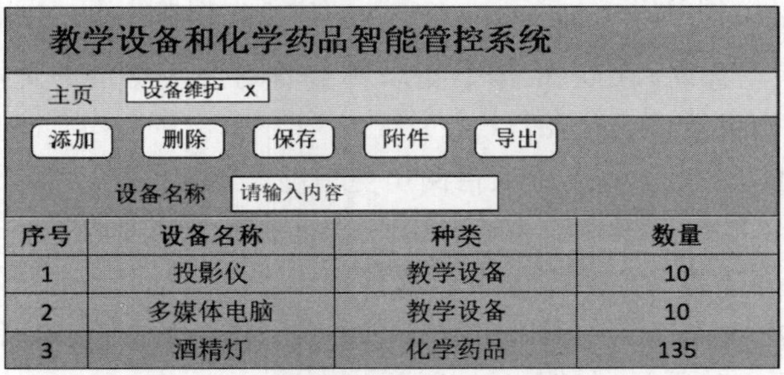

图 8-27 设备清单

(2) 维护记录。教学设备和化学药品因为使用的原因,应该定期对所有记录的教学设备和化学药品进行维护,避免出现问题。用户可进行新增、修改和删除维护记录的操作。

2) 业务功能

(1) 申领功能。教师可在系统上查看所有的教学设备,并可根据相应教学设备的数量提出设备申请,包含设备种类、设备名称及设备数量。需要注意的是,提出的申领设备必须是系统中有的,且申领数量小于设备数量。

(2) 审批功能。教师提交申领请求后,会提示相应权限的部门人员。部门会对该申领请求进行审核,审核内容包含设备种类、设备名称、设备数量,以及申请人、申请人身份信息等,只有审批通过教师才能领取教学设备和化学药品。若不符合申领资格,部门可在驳回的同时备注驳回理由,方便教师修改申领请求单,如图 8-28 所示。

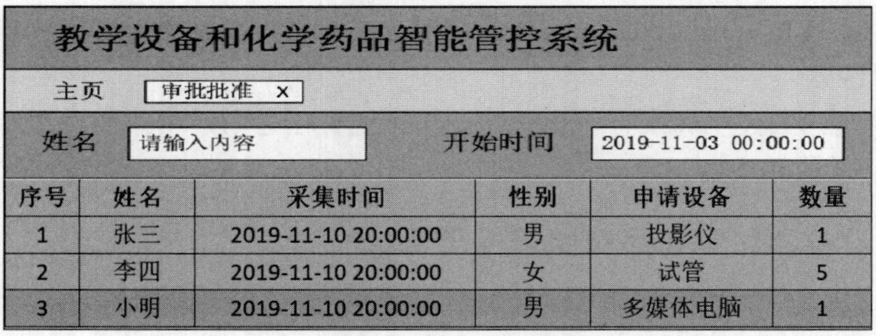

图 8-28 申领审批

(3) 过期提醒。录入数据时对设备设定生产日期和保质期参数,对教学设备和化学药品的时效限制进行设置,检验教学设备和化学药品是否过期,当教学设备和化学药品过期时,可在 Web 页面、手机 App 界面,或通过短信等方式对相应权限的用户进行过期提醒,提示用户及时处理。

3）查询统计

（1）录入数据查询。用户可以按照时、日、周、月等常用单位快捷查询在该段时间内所有的教学设备和化学药品的录入情况,包括设备名称、录入时间、设备数量等各种信息。用户还可以按照不同教学设备和化学药品的名称、时间范围进行分类查询,方便用户快捷查看数据。

（2）申领数据查询。用户可以按照时、日、周、月等常用单位快捷查询在该段时间内所有的教学设备和化学药品申领情况,包括设备名称、申领时间、设备数量等各种信息。用户还可以按照不同教学设备和化学药品的名称、时间范围进行分类查询,方便用户快捷查看数据。

（3）过期数据查询。用户可以按照时、日、周、月等常用单位快捷查询在该段时间内所有的教学设备和化学药品过期情况,包括设备名称、过期时间、设备数量等各种信息。用户还可以按照不同教学设备和化学药品的名称、时间范围进行分类查询,方便用户快捷查看数据。

4）系统设置

（1）系统参数设置。对系统中的数据参数进行配置,设置不同的数据类型及展示方式,方便用户对系统进行测试。

（2）菜单维护。用户可在该界面对子系统的菜单进行维护,新增、删除、修改菜单都可实现。

（3）数据备份。用户能手动对子系统中的所有数据进行备份,除此之外,还有自动备份功能。用户可按照时、日、周、月等时间结点设置系统每隔一段时间自动备份安全数据。

8.4.8 能源智能管控子系统

1. 系统介绍

能源智能管控子系统在学校设置一个集中能源监控中心,该中心通过宽带、窄带等通信方式从各能源子站中获取能源数据,实现学校的能源数据集中监控和管理。并实现能源数据的集中管理和归档、实现在能源管理部门范围内的数据发布;学校能源管理中心和各能源子站通过学校已有网络结合在一起构成一个完整的系统。能源智能管控子系统网络拓扑如图 8-29 所示。

2. 系统功能

能源智能管控子系统主要完成能源数据采集、存储、分析、数据发布和智能管控等几大块功能,包括实时监测、综合查询、报警处置及系统设置等,除以上功能外,该系统还包括安全备份管理、对外数据接口管理等底层管理模块。

1）实时数据

（1）用电数据查询。系统能实时监测点位的电压、电流、用电量变化。用户还可根据点位名称、分类等情况对不同的点位进行筛选。

（2）天然气数据查询。系统能实时监测点位的流量变化。用户还可根据点位名称、分

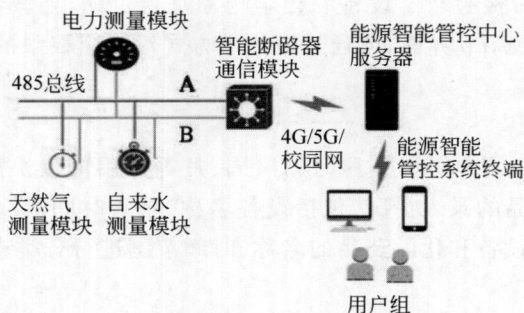

图 8-29 能源智能管控子系统网络拓扑

类等情况对不同的点位进行筛选。

（3）自来水数据查询。系统能实时监测点位的流量变化。用户还可根据点位名称、分类等情况对不同的点位进行筛选。

2）综合查询

（1）用电数据查询。用户可以按照时、日、周、月等常用单位快捷查询在该段时间内所有的电压、电流、用电量等监测历史数据，还可以按照不同点位的名称、时间范围进行分类查询，方便用户快捷查看数据，如图 8-30 所示。

教学设备和化学药品智能管控系统

主页 ___x___

点位名称	请输入内容		开始时间	2019-11-03 00:00:00	

序号	点位名称	采集时间	电流（A）	电压（V）	用电量（kw.h）
1	1 号教学楼	2019-11-10 20:00:00	2	232	0.000
2	1 号宿舍楼	2019-11-10 20:00:00	10	241	0.000
3	3 号食堂	2019-11-10 20:00:00	22.140	220	0.000

图 8-30 用电数据查询

（2）天然气数据查询。用户可以按照时、日、周、月等常用单位快捷查询在该段时间内所有的用气量等监测历史数据，还可以按照不同点位的名称、时间范围进行分类查询，方便用户快捷查看数据。

（3）用水量数据查询。用户可以按照时、日、周、月等常用单位快捷查询在该段时间内所有的用水量等监测历史数据，还可以按照不同点位的名称、时间范围进行分类查询，方便用户快捷查看数据。

3）报警处置

（1）即时报警。通过设定某些参数，如电压、用电量、电流等，与实时监测数据相对比，对异常情况进行报警，并将报警信息在 Web 页面和手机 App 界面进行展示，同时以短信形式发送给相关工作人员，确保工作人员能在第一时间收到报警信息。

（2）智能开关。当人员接收到报警信息后，能通过操作能源智能管控子系统远程开启或关闭开关实现能源的使用或禁止使用命令；也能通过能源智能管控子系统，定时开启或关闭智能开关。

4）系统设置

（1）查询统计及报表生成。能源智能管控子系统可实时查询各个监测点位的能源使用情况，并能查询以往各个时间点的能源状态。并可对各个点位的报警信息进行统计，分析各个点位的报警频率，方便解决问题。同时还可对以上查询信息生成报表，方便用户做能源的统计汇报。

（2）系统参数设置。对系统中的数据参数进行配置，设置不同的数据类型及展示方式，方便用户对系统进行测试。

（3）菜单维护。用户可在该界面对子系统的菜单进行维护，新增、删除、修改菜单都可实现。

（4）数据备份。用户能手动对子系统中的所有数据进行备份。除此之外，还有自动备份功能。用户可按照时、日、周、月等时间结点设置系统每隔一段时间自动备份安全数据。

参考文献

[1] 丛林. 基于技术、应用、市场三个层面的我国物联网产业发展研究[D]. 沈阳：辽宁大学,2016.

[2] 孙建梅,刘丹,樊晓勇,等. 物联网系统应用技术及项目开发案例[M]. 北京：清华大学出版社,2018.

[3] 朱赛男. 基于物联网平台的 NoSQL 数据库设计与实现[D]. 上海：东华大学,2016.

[4] 施晴红. NoSQL 在信息反馈系统中的应用研究与实现[D]. 重庆：重庆大学,2016.

[5] 吴勤,庄红,铁治欣,等. 业务逻辑层与数据访问层的 NoSQL 模型研究[J]. 软件,2017,38(8)：43-49.

[6] 赵琨. 基于 NoSQL 的电子商务平台用户路由系统设计与实现[D]. 镇江：江苏大学,2016.

[7] 杨瑞. 面向 NoSQL 的安全审计系统的设计与实现[D]. 北京：北京理工大学,2016.

[8] 曾海峰. 传统 RDBMS 向非关系型 MongoDB 数据模型转换与数据迁移方法研究[D]. 成都：西南交通大学,2017.

[9] 吴秀君. 面向电子政务的 MongoDB 与 MySQL 混合存储策略[J]. 计算机与现代化,2014(8)：62-66.

[10] 沃叶红. 基于 neo4j 的电视台设备管理系统的设计与实现[J]. 视听界(广播电视技术),2016(5)：37-42.

[11] 马文杰. 基于 CAP 理论的海量数据存储研究与应用[D]. 苏州：苏州大学,2013.

[12] Ge Junwei,Yang Feng ,Fang Yiqiu . Data Consistency Research of the Cloud Storage Environment Based on P2P Technology[J]. Applied Mechanics and Materials,2013(647).

[13] 万川梅. 基于大数据下的 NoSQL 和 MySQL 融合的数据存储模型研究[J]. 数字技术与应用,2014(2)：96-96.

[14] 陈明. 分布系统设计的 CAP 理论[J]. 计算机教育,2013(15)：109-112.

[15] 李绍俊,杨海军,黄耀欢,等. 基于 NoSQL 数据库的空间大数据分布式存储策略[J]. 武汉大学学报(信息科学版),2017,42(2)：163-169.

[16] 沈天辰,李欣,孙海春. 基于 MongoDB 的云服务可靠性测量[J]. 信息网络安全,2017(11)：80-83.

[17] 任凯. 基于 NoSQL 海量数据分析引擎的研究与实现[D]. 成都：西南石油大学,2016.

[18] Shen Haifeng, Sun Chengzheng. Achieving Data Consistency by Contextualization in Web-Based Collaborative Applications[J]. ACM Transactions on Internet Technology(TOIT),2010(4).

[19] 于海鹏. 基于 NoSQL 数据库的路网最短路径查询及优化研究[D]. 北京：北京工业大学,2016.

[20] 周莉. 基于 BSON 文档树的 NoSQL 数据库与关系数据库双向映射算法研究[J]. 江师范大学学报(自然科学版),2016(5)：476-480.

[21] Xu Junwu ,Liang Junling. Research on a Distributed Storage Application with HBase[J]. Advanced Materials Research,2013,2200(631).

[22] 白京. 基于 MongoDB 的企业分布式图片服务系统设计与实现[J]. 软件导刊(教育技术),2016(6)：89-90.

[23] Yan Zhao. Research on MongoDB Design and Query Optimization in Vehicle Management Information System[J]. Applied Mechanics and Materials,2013,2095(246).

[24] 葛宇锋. MongoDB 查询优化技术研究[D]. 南京：南京邮电大学,2017.

[25] 黄博玉. 基于 MongoDB 的电子健康档案数据存储设计和优化研究[D]. 北京：中国人民解放军军事医学科学院,2017.

[26] 胡小春. 基于 NoSQL 的海量文档分享平台的设计与实现[D]. 南宁：广西大学,2014.

[27] 卢至彤,李翀,柯勇,等. 一种 MongoDB 应用优化策略[J]. 计算机系统应用,2017,26(5)：55-61.

［28］　Lv Qi,Xie Wei. A Real-Time Log Analyzer Based on MongoDB［J］. Applied Mechanics and Materials,2014,3253(571).

［29］　Hanen Abbes,Faiez Gargouri. BigData Integration：A MongoDB Database and Modular Ontologies based Approach［J］. Procedia Computer Science,2016,96.

［30］　杨桥. 基于 MongoDB 的非结构化数据管理的研究与应用［D］. 成都：电子科技大学,2017.

［31］　蔡将勇. 基于 MongoDB 和 Storm 的个人健康服务系统设计与实现［D］. 北京：北京邮电大学,2016.

［32］　陈涛,叶荣华. 基于 Spring Boot 和 MongoDB 的数据持久化框架研究［J］. 电脑与电信,2016(Z1)：71-74.

［33］　邱新忠. 基于 MongoDB Grid FS 的地图瓦片数据存储研究［J］. 地理空间信息,2016,14(2)：50-52,8.

［34］　陈韶男. 基于 NoSQL 的综合信息汇聚平台的设计与实现［D］. 北京：北京邮电大学,2015.

［35］　曹陈宸. 关系数据库向 MongoDB 数据库自动迁移技术框架的研究［D］. 南京：南京大学,2016.

［36］　祁兰. 基于 MongoDB 的数据存储与查询优化技术研究［D］. 南京：南京邮电大学,2016.

［37］　王振辉,王振铎. MongoDB 中数据分页优化技术［J］. 计算机系统应用,2015,24(6)：243-246.

［38］　高乐. 物联网通用资源管理平台设计与实现［D］. 成都：电子科技大学,2018.

［39］　柯博文. 树莓派 3 实战指南［M］. 北京：清华大学出版社,2016.

［40］　周家安. Windows 10 应用开发实战［M］. 北京：清华大学出版社,2016.

［41］　微软平台技术顾问团队. Windows 10 开发入门经典［M］. 北京：清华大学出版社,2016.

［42］　徐敬德. C♯经典实例［M］. 北京：人民邮电出版社,2016.

［43］　徐君明,陈振林. 嵌入式硬件设计［M］. 北京：中国电力出版社,2007.

［44］　Sharpe J. Visual C♯从入门到精通［M］. 周靖,译. 北京：清华大学出版社,2016.

［45］　Nagel C. C♯高级编程：C♯6 ＆. NET Core 1.0［M］. 李铭,译. 10 版. 北京：清华大学出版社,2017.

［46］　Michaelis M,Lippert E. C♯ 6.0本质论［M］. 周靖,庞燕,译. 北京：人民邮电出版社,2017.

［47］　Karvinen T,Karvinen K,Valtokariv. 传感器实战全攻略［M］. 于欣龙,李泽,译. 北京：人民邮电出版社,2017.

［48］　单正翔. 基于 Windows IoT 的智能家居系统的设计［J］. 科技视界,2017(2)：151-151.

［49］　林政. 深入浅出：Windows 10 通用应用开发［M］. 北京：清华大学出版社,2016.

［50］　施炯,梁丰. Windows IoT 应用开发指南［M］. 北京：清华大学出版社,2016.

［51］　Gajjar R. 树莓派＋传感器：创建智能交互项目的实用方法、工具及最佳实践［M］. 胡训强,张欣景,译. 北京：机械工业出版社,2016.

［52］　张佳进,陈立畅. Arduino 编程指南：75 个智能硬件程序设计技巧［M］. 北京：人民邮电出版社,2016.